Good Enough

평범한 종을 위한
진화론

—

다니엘 S. 밀로 지음 **이충호** 옮김

굿
이너프

Good Enough

다산사이언스

해제

'적자생존'은 비교급이었어야

반갑다, 드디어 이런 책이 나와줘서. 사실 나는 거의 10년 전인 2012년 1월에 출간한 『다윈 지능』에 소개한, 곰에 쫓기는 두 친구 이야기를 통해 자연 선택은 최상급을 선별하는 게 아니라, 그저 남보다 조금만 나으면 제거되지 않을 수 있는 과정을 설명하는 비교급 메커니즘이라고 주장했다. 그 이야기는 이렇다. 곰에게 쫓기는 상황에서 한 친구가 홀연 걸음을 멈추고 신발 끈을 고쳐 매기 시작하자 곁에 있던 친구가 다음과 같이 말했다고 한다. "다 쓸데없는 일일세. 우린 결코 저 곰보다 빨리 달릴 수 없네." 그러자 그는 "내가 저 곰보다 빨리 달릴 필요는 없네. 그저 자네보다 빨리 달리기만 하면 되니까."라고 대답했다." 자연 선택은 최고만 선택하는 게 아니라 '충분히 훌륭한good enough' 개체들도 "그럭저럭 버텨

나갈 만큼" 생존을 허용한다.

나는 『다윈 지능』에서 이 주장 외에도 "진화가 만일 바람직한 변이의 출현을 기다리며 돌연변이에만 목을 맸다면 지금과 같이 현란한 생물 다양성은 나타나지 않았을 것"이라며 돌연변이 맹신 경향의 무모함을 지적했다. 이 책의 저자, 다니엘 밀로와 마찬가지로 나 역시 유전적 부동이나 창시자 효과처럼 운에 좌우되는 생태 진화적 메커니즘이 자연 선택보다 새로운 변이를 만들어내는 데 실제로 더 효율적일 수 있다고 설명했다. 그러면서 나는 적이 걱정했다. 다윈을 추종하는 선택주의자들로부터 뭇매를 맞을까 두려웠다. 다행히 나는 몇 차례 비판을 받았을 뿐 집단 테러 수준의 공격은 받지 않았다. 이 책은 내게 가뭄에 단비 같은 응원을 아끼지 않는다. 그래서 반갑다.

밀로와 내가 그려내는 자연의 진화는 2011~2012년에 방영된 '나는 가수다'라는 TV 프로그램에서 마치 실제처럼 펼쳐졌다. 매주 7명의 내로라하는 가수들이 경연을 하면 일반인 500명으로 구성된 평가단의 심사를 거쳐 1명이 탈락하고 다음 주에는 또 한 명의 가수가 충원되는 방식으로 진행됐다. 만일 이 프로그램이 평가단으로부터 가장 높은 점수를 받은 가수 1명만 살아남고 매주 6명씩 충원되는 방식을 채택했다면 경연이 끝난 다음 탈락한 동료 가수 곁에 모두 모여들어 마치 본인이 탈락한 것처럼 슬퍼하는 장면은 연출되지 않았을 것이다. 경연이 모두 끝나던 맨 마지막 날에는 사회자가 홀연 "오늘은 탈락자를 발표하지 않습니다. 프로그램이

종료되어 아무도 탈락하지 않습니다."라고 말해 모두를 안심시켰다. 밀로와 내가 관찰하는 자연은 이런 곳이다. 가장 잘 적응한 개체 하나만 살아남고 나머지 모두가 제거되는 게 아니라 가장 적응하지 못한 자 혹은 가장 운이 나쁜 자가 도태되고 '충분히 훌륭한' 대부분은 살아남는다. '나는 가수다' 마지막 회처럼 모두 운 좋게 살아남을 수도 있다. 자원이 풍족하면 '특별히 나쁘지 않은not bad' 개체라면 모두 생존할 수 있는 가능성을 지닌다. 이 책은 자연과 사회가 언제나 특출남만 추구하는 게 아니라 오히려 평범함을 폭넓게 관용한다는 사실을 포괄적으로 설명한 최초의 책이다.

그렇다고 해서 내가 밀로의 모든 주장에 동조하는 것은 아니다. 그는 자기의 "굿 이너프 이론은 다윈주의가 누락한 것을 설명함으로써 다윈주의를 보완한다"고 사뭇 은근히 시작하더니 이내 이 책은 "우상 파괴를 지향하는 책"이라고 선언하며 급기야 "자연 선택은 지구에서 인류의 독특한 위치를 제대로 설명하지 못하기 때문에 새로운 이론이 필요하다"고 주장한다. 밀로와 나의 동행은 여기서 멈춘다. 그는 "자연 선택을 부정할 수는 없더라도, 우리는 다윈주의가 상정하는 자연 선택이 개념적으로 문제가 있다는 점을 인정해야 한다"고 역설하지만 나는 다윈의 자연 선택 이론을 부정하지도 않거니와 개념적으로 문제가 있다고 생각하지도 않는다.

밀로가 "문제는 자연 선택이 인위 선택의 상대적 개념으로 잘못 유추되어 탄생한 데 있다"고 지적했지만, 다윈은 자연 선택을 인위 선택의 상대적 개념으로 제시한 게 아니라 인위 선택의 연장으로 간주했다. 다윈에 관한 강의를 할 때 나는 종종 다윈이 한 일은 한마디로 압축하면 인위 선택의 '인위artificial'를 '자연natural'으로 바꾼 것뿐이라고 설명한다. 여기서 '자연'은 '자연에서in nature'라는 의미가 아니다. 다윈은 우리 인간이 조작해서 벌어지는 인위적 과정과 자연에서 벌어지는 현상을 대비하려던 게 아니라 우리의 노력으로 일어나는 놀라운 변화들이 자연에서도 '스스로 그러하게自然' 나타난다는 사실을 알려주려 했다.

2019년 『종의 기원』을 새롭게 번역해낸 서울대 장대익 교수가 지적했듯이, 다윈이 "사육과 재배 하에서 발생하는 동물과 식물의 변이"를 책의 첫 장에서 다룬 이유는 당시 품종 개량을 위한 인위 선택이 빅토리아 시대 영국인들의 최대 관심사였기 때문이다. 더글러스 호프스테터와 에마뉘엘 상데가 집필한 『사고의 본질』에 따르면 유추는 인간이 하는 모든 사고의 중추에 자리한다. 그러니 인위 선택에서 자연 선택을 유추해낸 다윈의 시도는 충분히 훌륭하다. 그럼에도 불구하고 "다윈의 잘못된 유추는 특수한 것을 일반적인 것으로 확대하는 더 넓은 종류의 잘못된 추론에 속한다"는 밀로의 비판은 매우 타당하다.

밀로와 나는 자연을 바라보는 관점에서 상당히 많은 공통점을 지닌다. 심지어는 2016년 『거품예찬』이라는 책에서 자연은 낭비를 선택해 자연 선택의 손에 맡겼다는 나의 궤변에 가까운 논리가 이 책에서 거품과 폴리퀸티즘 설명으로 이어진다. 그러나 여기서부터는 독자 여러분의 몫이다. 나는 애써 분류하자면 밀로가 지칭

하는 선택주의자이자 영원한 다윈 맹종자이다. 다윈의 이론은 적용 범위와 해석 방식에 대한 이견은 있을 수 있으나 개념 자체가 틀린 것은 아니라고 생각한다. 이 책에서 밀로가 지적하는 것의 대부분은 월리스의 종용으로 다윈이 스펜서의 '적자생존' 메커니즘을 수용할 때 최상급the fittest이 아니라 비교급the fitter으로 수정 보완했더라면 애당초 일어나지조차 않았을 오해라고 생각한다. 다윈의 논리는 절대적 평가가 아니라 상대성 원리를 기반으로 세워져 있다. 밀로 역시 다윈과 그의 추종자들이 여러 이슈에서 애써 눈을 감았다고 비난하면서도 자신의 주장 중 그 어느 것도 "자연선택의 현실을 부정하지 않는다"며 지적설계론자들의 섣부른 편승을 단호히 거부한다.

이 책은 근래에 보기 드물게 흥미진진한 책이다. 기존의 다윈 진화론 책들과 함께 읽으며 밤새도록 토론해볼 만한 아주 매력적인 책이다. 진화에 조금이라도 관심이 있는 독자라면 모두 반드시 읽게 될 책이라고 확신한다.

최재천
이화여자대학교 에코과학부 석좌교수
생명다양성재단 대표

차례

살아 있는 것들의 세계에는…… 다양한 생명 형태와 구조를 위한 넓지만 경계가 없는 방이 있으며, 이 다양한 생명 형태와 구조는 일견 무한해 보이지만 엄격하게 제한된 치환과 범위의 가능성을 향해 나아가는 경향이 있다. 큰 것과 작은 것을 위한 공간도, 약한 것과 강한 것을 위한 공간도 있다. …… 부적자라는 선고가 낭독되고 멸종이라는 형벌이 내리기 전에 삶의 방식이 변할 수 있고 많은 피난처를 발견할 수 있기 때문이다.

- 다시 웬트워스 톰프슨D'Arcy Wentworth Thompson

『성장과 형태에 관하여On Growth and Form』(1942)

머리말

지그문트 프로이트Sigmund Freud는 연달아 일어난 세 차례의 "[인류의] 순진한 자기애에 대한 [과학의] 분노"를 주제로 글을 썼다. 첫 번째 분노는 "지구가 우주의 중심이 아니라, 상상하기 어려울 만큼 거대한 세계 체계에서 하나의 티끌에 불과하다는 사실"을 발견한 코페르니쿠스Copernicus가 분출했다. 마지막 분노는 프로이트 자신이 분출했는데, "우리 각자의 자아에게 자신의 집에서조차 주인이 아니라는" 사실을 폭로했다. 그리고 두 사건 사이에 있었던 두 번째 과학의 분노는 "찰스 다윈과 [앨프리드 러셀] 월리스와 그들보다 앞선 사람들의 선동"으로 생겨난 개념이었다. 자연 선택에 의한 종의 진화라는 이 개념은 "인간에게서 자신이 특별히 창조되었다는 특권을 박탈하고, 인간을 동물계에서 유래한 존재로 강등시켰는데, 이것은 인간에게 지울 수 없는 동물의 본성이 있음을 암시했다."[1]

이 '분노' 중에서 두 번째와 세 번째가 미친 파장은 아주 컸다. 코페르니쿠스의 혁명은 일반 대중이 쉽게 받아들이기 힘들었던 반면(우리는 편평하지 않은 지구나 동쪽에서 떠서 하늘을 가로지른 뒤 서쪽으로 지지 않는 태양은 경험한 적이 없기 때문에), 진화와 정신 분석은 우리의 세계관에 큰 영향을 미쳤다. 『꿈의 해석』을 펼쳐본 사람이 거의 없고, 생물학자들조차 『종의 기원』을 읽은 사람이 드문데도 불구하고 그렇다. 프로이트의 핵심 개념들—잠재의식, 오이디푸스 콤플렉스, 리비도, 현실 원리와 쾌락 원리, 방어 기제, 승화, 자기애, 이드와 자아와 초자아—은 치료 방식뿐만 아니라 일상생활 속에 깊이 뿌리를 내렸다.[2] 이와 비슷한 다윈주의(다윈이 자연 선택과 적자생존을 바탕으로 진화의 원리를 규명한 이론. 원어 그대로 다위니즘Darwinism이라고도 한다—옮긴이)도 마찬가지다. 자연 선택, 생존 경쟁, 맬서스식 경쟁, 인류의 유인원 기원설, 적응 등은 모두 자연과 인간 사회에 관한 사고에 깊숙이 스며들어 있다.

특히 다윈주의는 자본주의 윤리를 관통하고 있다. 자본주의의 용어—최대화, 최적화, 경쟁력, 혁신, 효율, 비용-편익 트레이드오프, 합리화—는 자연에 관한 다윈의 견해가 지닌 권위가 그 바탕에 깔려 있다. 사회다윈주의는 한물갔을지 몰라도, 자연자본주의natural capitalism는 멀쩡히 살아 있다. 이어지는 페이지에서 나는 다윈주의와 신다윈주의(20세기 중엽에 자연 선택과 유전학의 결합으로 탄생한)가 신자유주의와 공통점이 많음을 똑똑히 보여줄 것이다. 자연은 자신이 무슨 일을 하는지 알고, 우리는 시장을 신뢰한다. 호모 에코노미쿠스Homo economicus(경제적 인간)와 애니멀 에코노미쿠스 animal economicus(경제적 동물)는 동일한 목적을 추구하고 동일한 규칙을 따른다.

만약 진화적 사고가 자본주의의 경쟁 열정을 너무나도 손쉽게 자연스러운 것으로 만든다면, 그것은 다윈이 부분적으로만 옳기 때문에 그렇다. 모든 생물이 공통 조상으로부터 유래했다는 사실은 의심의 여지가 없다. 하지만 다윈은 자연 선택에 압도적으로 많이 의존해 진화를 설명했다. 사회다윈주의의 아버지인 허버트 스펜서Herbert Spencer도 바로 이 견해에 영감을 얻어 '적자생존survival of the fittest'이란 용어를 만들어냈다. 그리고 월리스의 제안으로 다윈 자신도 결국 이 개념을 받아들였다.[3] 이것은 오늘날 보통 사람들이 이해하는 진화의 기반을 이루고 있다. 모든 사람은 자연이 혹독하며 오직 강자만이 살아남는다고 알고 있다. 하지만 이 생각은 일부만 옳다. 자연은 가끔 혹독하고, 강자가 자주 살아남지만, 약자에게도 기회가 주어진다.

전문가와 일반 대중 모두 자연 선택을 지나치게 강조한 다윈의 주장에 동조하고 나서는 태도는 자연과 인간 사회에서 자연 선택이 담당하는 역할에 대한 우리의 느낌을 왜곡시킨다. 자연 선택은 일어나지만, 유전적 부동浮動이나 지리적 격리, 창시자 효과 같은 비적응적 변화 메커니즘도 존재한다. 이 경로들 중 어떤 것도 가장 강한 경쟁자나 최선의 표본에게 보상을 제공하지 않는다. 이들에게 돌아가는 보상을 좌우하는 것은 우수한 능력이 아니라 운이다.

이 메커니즘들 중에서 가장 중요한 유전적 부동은 한 개체군 내에서 어떤 유전자 변이 또는 대립 유전자의 상대 빈도에 일어나는 무작위적 변화이다. 유전적 부동의 결과는 적자생존이 아니라 운 좋은 개체의 생존이다. 그 예로 북방코끼리물범*Mirounga angustirostris*을 들 수 있다. 북방코끼리물범은 진화생물학자들이 병목boottleneck이라고 부르는 현상을 경험했다. 병목은 환경 충격으로 인해 개체군 크기가 갑자기 크게 줄어드는 현상을 말한다. 19세기 후반에 북방코끼리물범은 지방에서 기름을 얻으려는 사람들에게 심하게 남획당하는 바람에 멸종 위기에 내몰렸다. 지금은 100여 마리만 살아남아 바하칼리포르니아주 앞바다에 있는 과달루페섬에서 멕시코 정부의 보호를 받으며 살아가고 있다. 오늘날의 개체군에 북방코끼리물범의 대립 유전자들이 계속 남아 있는 것은 선택을 받아서가 아니라 운이 좋아서 그런 것이다.

지리적 격리는 한 개체군이 같은 종의 나머지 구성원들과 완전히 분리될 때 일어난다. 지리적 격리는 좁은 유전자 풀 내에서 근친 교배를 강요함으로써 종 분화를 초래할 수 있다. 격리된 개체군은 변이의 수가 제한돼있으며, 오직 이것들만 다음 세대로 전달되고 재조합될 수 있다. 그 결과로 이 개체군은 원래 개체군으로부터 분기하게 되는데, 이제 각각의 개체군이 서로 다른 대립 유전자들의 집단을 만들어내기 때문이다. 이 경우, 새로운 종의 기원은 자연 선택이 아니라 우연이다.

이와 비슷하게 창시자 효과는 개체군 중 일부 구성원이 서식지를 떠나 새로운 공동체를 만들 때 일어난다. 그런데 이 창시자들은 지속되는 계통을 만들어낼 수는 있어도, 이들이 반드시 같은 종 중에서 적자는 아니며, 유리한 돌연변이 상태가 안정적으로 뿌리를 내렸다고 해서 꼭 새로운 환경에 잘 적응하는 것도 아니다. 유명한 예로는 오래전에 모리셔스섬에 도착한 비둘기 집단이 있는데, 이들은 이 섬에서 살아가다가 나는 능력을 잃고 몸무게가 20kg까지 증가해 도도*Raphus cucullatus*로 진화했다.[4] 이 종을 탄생시킨 원인은 우연이다.

전문가들은 이 모든 것을 알기 때문에 '적자생존'이란 용어를 되도록 사용하지 않으려고 한다. 이들은 또한 자연 선택이 최선의 돌연변이만 보존하고 쓸모없거나 지나치고 비효율적인 돌연변이를 모두 도태시키지 않는다는 사실도 알고 있다. 하지만 2007년에 리처드 도킨스Richard Dawkins는 "푼돈을 아까워하고, 시계를 주시하면서 아주 작은 낭비도 '용서치 않는' 수전노 같은 회계사. 무자비하고 멈출 줄 모르는" 자연의 이미지를 옹호했다.[5] 사실, 진화과학자들은 대중이 알고 있는 다윈의 개념들을 바로잡으려는 노력을 거의 기울이지 않았다. 자연 선택의 레이더망을 피해 그 아래로 지나간다고 알려진 현상들의 명단은 길고, 또 점점 더 길어지고 있지만, 과학자들은 자연 선택을 마치 자연 법칙인 양 대한다. 이들은 도킨스만큼 공개적으로 그러진 않지만, 적응을 발견하고 확인하는 데에만 전적으로 매달리는 태도는 이들의 편향을 드러낸다. 저널리스트들은 대중의 선택 편향을 반영하고 강화하면서, 진화가 실제로 작용하는 더 복잡한 이야기 대신에 적응이 일어났을 가능성을 뒷받침하는 최신 증거를 찾으려고 《사이언스》와 《네이처》를 샅샅이 뒤진다.

실제 진화 이야기에서는 미천한 개체들도 살아남아 번식한다. 비효율적이고 낭비적인 것은 분명히 적자適者(우리말로는 흔히 '적자'라고 번역하지만, 사실은 '최적자the fittest'임—옮긴이)는 아니지만, 그럭저럭 버텨나갈 만큼 충분히 훌륭하다(good enough). 자연 선택은 아름다운 작품들을 빚어냈지만, 평범한 것도 많이 허용한다. 심지어 1859년에 『종의 기원』이 출판되기 전까지는 다윈과 월리스도 그렇게 생각했다. 3년 전에 다윈은 자연을 "서툴고 낭비적이고 끔찍하게 실수를 많이 저지른다고" 묘사했는데, 이것은 푼돈을 아까워하고 효율성에 집착하는 이미지와는 정반대이다.[6] 같은 해에 월리스는 자연은 무용無用을 너그럽게 용인한다고 단언했다. "독자 중에는 분개하면서 이렇게 묻는 사람도 있을 것이다. 그렇다면 당신은 이 동물 혹은 어떤 동물에게 아무 쓸모도 없는 기관이 있다고 주장하는 것입니까? 이에 대한 우리의 대답은 이렇다. 그렇다, 우리는 많은 동물에게 물질적 또는 물리적 목적이 전혀 없는 기관과 부속 기관이 있다고 주장한다."[7] 이 책은 다윈과 월리스가 공동 발견을 통해 완고한 선택설에 집착하기 이전에 인식하고 있던 사실에 대한 관심을 되살리려고 시도한다.

게다가 나는 흔히 진화론의 필연적 결과물로 알려진 것들을 바로잡길 희망한다. 스펜서와 우생학에 대한 혐오에도 불구하고, 적자생존은 여전히 정치적 원리를 뒷받침하는 용도로 사용되고 있다. 우리는 다윈의 경쟁 개념이 무자비한 능력주의의 기반을 이루고 있는 사례를 자주 본다. 승자는 생존/성공의 원인을 탁월성에서 찾고, 패자는 멸종/실패의 원인을 탁월성의 결핍에서 찾는다. 승자는 자신을 칭찬하고, 패자는 자신을 탓한다.

제2장에 자세히 나오지만, 진화론의 개념을 자연에서 사회로 비약해서 적용하려고 처음 시도한 사람은 바로 다윈이었다. 다윈은 『종의 기원』에서 "모든 생물은 자연의 경제 안에서 각자의 자리를 차지하려고 경쟁하기 때문이다. 만약 어떤 종이 경쟁자들과 같은 정도로 변하거나 발전하지 않는다면, 도태하고 말 것이다."라고 썼다.[8] 그 이후로 생물학은 시장 근본주의에 승인 도장을 찍어주었다. 로버트 프랭크Robert Frank의 『다윈 경제: 자유와 경쟁과 공동선The Darwin Economy: Liberty, Competition, and the Common Good』(국내에서는 『경쟁의 종말』이란 제목으로 번역 출간되었음—옮긴이)에 따르면, 적자생존은 밀턴 프리드먼Milton Friedman의 사상에서 복음이 되었다.[9] 경제를 다루는 언론 매체들은 "경기 순환은 다윈주의적이어서 약한 기업을 솎아내고 살아남은 기업을 더 강하게 만든다."라고 말한다.[10] 또한 투자 회사들은 '기업 다윈주의'를 설파한다.[11]

사회적 모형을 찾기 위해 먼저 자연을 살펴보아야 하는가는 중요하고도 복잡한 질문이지만, 나는 이 문제를 다루지 않는다. 대신에 나는 자연자본주의 윤리에 대한 지지를 자연에서 찾으려고 해서는 안 된다고 말하고 싶은데, 자연은 변화와 창의성보다는 관성과 복제를 더 좋아하기 때문이다. DNA의 복제 기구는 매번 새로운 세대를 이전 세대와 완벽하게 똑같이 만들려고 하면서 100% 성공률을 목표로 삼는다. 생물은 스트레스를 받을 때에만 이동하며, 그렇지 않으면 살던 곳에 계속 머물려고 한다. 일반적으로 선조를 모방하는 것보다 더 좋은 전술은 없는데, 선조는 이미 생존과 생식 기술에서 그 능력을 증명했기 때문이다. 실러캔스*Latimeria chalumnae*를 보라. '살아 있는 화석'이라 불리는 이 폐어는 지난 4억 년 동안 그 모습이 거의 변하지 않았다.

자연에서 변화는 돌연변이의 경우처럼 우연히 일어나는 사고이거나 이동의 경우처럼 마지막 수단이다. 변화 자체가 목적인 경우는 절대로 없다. 다윈주의의 진리를 기반으로 한 인간 사회에서 변화는 여전히 우연한 사고나 필요에 의해 일어날 수 있지만, 변화 자체를 위한 변화도 도처에서 볼 수 있다. 정체停滯는 자본주의와 그 문화가 요구하는 것의 정반대에 해당하며, 성장 신의 신전에서 추방된 이단이다. 우리는 그냥 가만히 있지 않고 새로운 제품과 예술 작품, 연구를 추구하도록 프로그래밍되어 있다. 계획적 진부화planned obsolescence(새로운 제품의 판매를 촉진하기 위해 제품을 제작할 때 일부러 제품의 수명을 짧게 만드는 것) 체제하에서는 혁신은 낡은 모델의 실패가 아니라 그 자신의 충동에서 일어난다. 산업계와 학계, 정치

계, 패션계를 비롯해 현대 세계의 모든 경제적, 문화적 노력은 인위적으로 제품 수명을 제한한 제품을 만들어낸다.

그 결과로 우리가 생산하고 소비하는 것은 거의 다 과잉이다. 우리의 필요는 대개 우리의 생존과 무관하다. 수술용 도구와 다양한 품종의 개, 갖가지 시리얼 제품, '경이로운 것'에 해당하는 온갖 물건을 포함해 거의 모든 것이 지금보다 훨씬 적게 있더라도, 우리는 별 문제 없이 살아갈 수 있다. 그리고 우리는 가끔 생존을 위해 힘들게 노력할 때도 있지만, 일부 사람들은 대부분의 나날이 자신의 가치를 입증하기 위해 굳이 힘들게 경쟁할 필요 없이 평화롭게 흘러간다. 우리는 현실이 그렇다는 걸 아는데, 비록 프리드먼의 견해는 존중하지만, 공짜 점심 같은 것이 실제로 '존재하기' 때문이다. 제9장에서 다루겠지만, 인간 사회는 구성원들을 돌보기 위해 공짜로 아주 많은 일을 한다. 이 책도 공짜로 얻을 수 있는 것의 한 예이다. 자신의 조언에 대한 대가로 돈이나 이름 표기 같은 것을 전혀 요구하지 않았던 많은 생물학자의 도움이 없었더라면, 이 책은 나오지 못했을 것이다.

인간 사회는 무자비하게 경쟁적이지 않으며, 그것은 자연도 마찬가지다. 둘 다 과잉과 관성, 오류, 평범성, 실패한 실험을 너그럽게 용인한다. 사회와 자연에서 큰 성공이 일어나는 곳에서는 능력보다 운이 훨씬 중요한 비중을 차지할 수 있다. 하지만 그래도 자연과 인간사에서 중요한 것은 오로지 능력(때로는 적합도, 때로는 장점으로 표현되기도 하는)이며, 그 모든 것은 다윈주의의 법칙을 따른다고 말하는 사람들이 많다. 나는 바로 이 도그마를 무너뜨리려고 한다.

중요한 과학적 개념들

다윈주의를 더 자세히 비판하기 전에 이 용어가 정확하게 무엇을 의미하는지부터 설명할 필요가 있다. 왜냐하면, 다윈주의에는 변화를 동반한 대물림(가끔 단순히 '진화'라고 부르는)과 자연 선택이라는 두 가지 이론이 들어 있기 때문이다. 다윈이 『종의 기원』에서 썼듯이, 변화를 동반한 대물림 이론에 따르면, "지구에서 살아간 모든 생물은 생명의 숨결이 처음으로 불어넣어진 하나의 원시 형태로부터 유래한 것이 틀림없다."[12] 다윈은 이 예언과도 같은 추측을 생명의 나무 그림(〈그림 0-1〉 참고)으로 설명했는데, 이 나무는 조상으로부터 새로운 종들이 가지를 치며 뻗어나가는 모습을 보여준다. 그중에서 어떤 가지는 계속 뻗어나가지만, 어떤 가지는 끊어져 사라진다. 분자생물학은 다윈의 생각이 옳음을 증명했다. 자연 선택 이론은 변화를 동반한 대물림이 다음 과정을 통해 일어난다고 주장한다. "매일 매시간 전 세계 각지에서 자연 선택은 아무리 사소한 것이라도 모든 변이를 연구한다. 나쁜 것은 내치고, 좋은 것은 보존하고 축적한다. '각' 종류의 생물을 자신의 유기적 및 '무기적' 생활 조건에 더 적합하게 만들 수 있다면, 자연 선택은 시간과 장소를 가리지 않고 소리 없이 그리고 보이지 않게 작용한

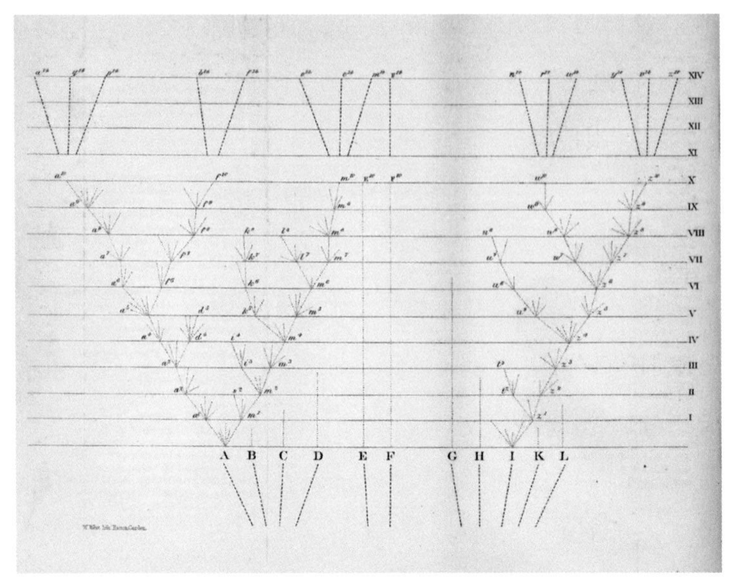

〈그림 0-1〉『종의 기원』에 나오는 생명의 나무는 15세대에 걸쳐 뻗어나가고 지속되며 사라지는 여러 계통을 보여주면서 변화를 동반한 대물림을 설명한다. 각각의 종은 변화를 동반한 대물림의 산물이지만, 이 과정의 주도적 동인이 자연 선택이라고 한 다윈의 주장은 틀렸다.

다."[13] 이 책은 이 이론에 대해서 다윈이 가끔은 옳지만 틀린 경우가 많다고 주장한다.

다윈은 변화를 동반한 대물림과 자연 선택이 불가분의 관계에 있다고 보았고, 그래서 『종의 기원』의 정식 제목을 "자연 선택에 의한 종의 기원에 관하여, 또는 생존 경쟁에서 선호되는 품종의 보존에 관하여On the Origin of Species by Means of Natural Selection, the Preservation of Favoured Races in the Struggle for Life"로 정했다. 서로 뚜렷이 구별되는 두 이론을 이렇게 결합한 체계는 그 후에 정통 학설로 자리잡았지만, 다윈 자신의 시대에는 많은 의심을 받았다. 현존하는 모든 종이 공통 조상에서 유래했다는 주장은 그 당시 많은 사람들이 별로 의심하지 않고 받아들였다. 처음부터 동료 진화론자들의 거센 반발에 부닥친 것은 자연 선택이었다. 19세기의 생물학자 세인트 조지 잭슨 미바트St. George Jackson Mivart는 변화를 동반한 대물림은 받아들였지만, 자연 선택에는 완전히 반대했다.[14] 다윈은 미바트의 반론을 중대하게 생각해 『종의 기원』 제6판이자 마지막 수정판에서 이를 반박하기 위해 "자연 선택 이론에 대한 여러 가지 반론"이란 제목으로 한 장을 새로 썼다. 또, 진화생물학자 조지 로메인스George Romanes는 자연 선택을 부정하진 않았지만, 자연 선택이 진화의 유일한 원동력이라는 주장에는 의심을 품었다. 그는 "나는 진화가 사실이라는 주장과 자연 선택이 진화의 한 가지 방법이라는 주장은 의심하지 않는다."라고 썼다. 다시 말해서, 자연 선택은 사실이 아니라, 사실을 바라보는 한 가지 방법이라는 것이다. 로메인스는 다른 진화 방법들도 지적했는데, 예컨대 지리적 격리를 통한 종 분화, 지금은 이소적 종 분화allopatric speciation라 부르는 설명을 내놓았다.[15] 나는 제대로 인정받지 못했지만 통찰력이 뛰어난 로메인스의 기여를 강조하기 위해 이 책 전체를 통해 그의 주장을 반복해서 소개할 것이다.

또 한 사람의 반대자는 윌리스였다. 자연 선택 이론의 공동 발견자인 윌리스는 이 이론을 열렬하게 옹호했지만, 「사람에게 적용할 때 나타나는 자연 선택의 한계」라는 논문에서 호모 사피엔스에게 특별한 예외를 허용했다.[16] 윌리스는 사람의 진화가 "더 높은 지능이나 초지능의 의지"에 따라 일어났다고 보았다. 이 머리말 후반부와 제10장에서 다시 이야기하겠지만, 월리스가 그 용어가 만들어지기도 전에 지적 설계 쪽을 향해 발을 내디디는 실수를 저지른 것은 이 잘못된 개념과 다윈이 지나치게 빠진 선택설 사이의 경계가 모호했다는 것을 말해준다.

이렇게 진화라는 이름 아래에 두 가지 이론이 있는데, 그렇게 말하는 대신에 두 가지 진화가 존재한다고 말할 수도 있다. "자연선택에 의한 종의 진화에 관하여"라는 제목이 시사하듯이 첫 번째 진화는 종 분화나 종간 변이성을 설명한다. 다윈과 그 후계자들이 이해한 진화는 바로 이것이었다. 두 번째 진화는 기원부터 멸종까지 종의 존재 자체를 다룬다. 원한다면 그 종의 정상성normalcy이라고 불러도 좋다. 종의 평균 수명은 100만~1000만 년이다. 다윈식 진화라는 관점에서 본다면 이 시간은 별 의미가 없는데, 아무 변화 없이 흘러가는 정적인 시간이기 때문이다. 하지만 그동안에도 많은 변화가 일어난다. 비록 그 적응적 영향은 겉으로 드러나지 않더라도, 변이성이 양적으로나 질적으로 축적된다. '굿 이너프good enough' 이론(good enough는 직역하면 '충분히 훌륭한'이지만, 적자가 아닌 평범한 생물도 살아남고 번성하기에 충분히 훌륭하다는 의미를 함축하고 있다. 적자생존 이론과 상대되는 의미여서 범자凡者 생존 이론이라고 하면 적절할 것 같지만, 적절한 용어는 학계의 결정을 기다리기로 하고 이 책에서는 '굿 이너프' 이론으로 부르기로 한다—옮긴이)의 목표는 종 내 다양화를 설명하는 것이다.

내가 주장하고 싶은 요점은 생물은 자연 선택에 의해 방해를 받거나 개선되지 않는 정체 기간에도 자유롭게 변할 수 있다는 것이다. 자연사에서 특정 폭발적 변화가 일어날 때마다 생물들은 환경의 격변과 강제 이동으로 인해 새 생태적 지위—새로운 경쟁자들과 변화한 서식지—에 적응해 살아남거나 아니면 사라지거나 양자택일을 강요받았다. 이것이 첫 번째 진화이다. 적응하는 생물은 자신을 더 강하게 만들어 멸종 요인에 영향을 덜 받는 형질을 후손에게 전달한다. 그 후손은 생애 중 대부분을 상대적으로 평화롭게 살아가며, 따라서 중성 변이(즉, 아무런 이득도 주지 않는 변이)가 축적될 수 있다. 자원이 모두에게 돌아갈 만큼 충분하고, 기본 생활 조건도 충분히 건강한 상황에서는 치명적인 것만 아니라면 어떤 변이(우수한 것이건 평범한 것이건)라도 살아남을 수 있다.

생물학자들은 1960년대에 집단유전학자 기무라 모토木村資生가 도입한 중성 돌연변이neutral mutation 개념을 중요하게 생각한다. 하지만 이 이론은 유전자형에만 적용된다. 표현형(유전자가 발현되어 겉으로 드러나는 형질) 발현이나 행동에는 적용되지 않는다. 내가 주장하는 표현형 중성phenotypic neutrality은 다윈주의의 관점에서 보면 모순 어법이다. 개체에 이롭지 않은 표현형은 정의상 해로운 것인데, 에너지를 소비하면서 그 대신에 얻는 것이 아무것도 없기 때문이다. 그래서 생물학자는 겉보기에 아무 쓸모가 없거나 해로운 형질에 맞닥뜨리면, 그것이 이롭지만 아직 그 이유가 발견되지 않았다고 가정하거나 결국은 자연 선택이 그것을 따라잡을 것이라고 가정한다.

표현형 수준에서 중성을 허용하는 것은 패러다임 전환에 해당한다. 다윈은 그 가능성을 열어놓은 것처럼 보이지만, 조건부로만 그것을 인정했다. 『인간의 유래The Descent of Man』에서 다윈은 "나는 이전에 현재 우리의 판단으로는 이롭지도 해롭지도 않은 구조의 존재를 충분히 고려하지 않았다. 나는 이것이 내 연구에서 지금까지 발견된 큰 실수 중 하나라고 믿는다."라고 썼다.[17] 이 문장에서는 '현재'에 큰 방점이 찍혀 있는데, 우리는 아직 특정 형질의 이득을 알지 못하지만, 언젠가는 알게 될 것이라는 믿음이 깔려 있다. 어쨌거나 다윈의 추종자들은 표현형 중성이 옳다고 믿은 적이 없다. 하지만 로메인스만큼은 예외였다. 그는 "종들을 구분하는 특징들 중 다수는 아니더라도 상당한 비율은 실용적으로 아무 의미가 없는 특징들이다."라고 썼다.[18] 하지만 로메인스의 견해는 1890년대 이후에 월리스의 강경한 선택설과 궤를 같이하는 견해에 압도되어 생물학에서 거의 사라지다시피 했다. 월리스는 "생물의 본성에 관한 확실한 사실들 중 어느 것도, 어떤 특별한 기관도, 어떤 특징적 형태나 무늬도, 어떤 특이한 본능이나 습성도, 종들 사이나 종들의 집단들 사이의 어떤 관계도, 지금 또는 한때 그것을 가진 개체나 품종에 '유용한' 것이 아니라면 존재할 수 없다."라고 썼다.[19]

나는 전통의 막강한 압력에 맞서면서 로메인스를 따라 중성의 원리를 분자 수준에서부터 행동 수준에 이르기까지 생명의 모든 층위로 확대한다. 어떤 것의 무용無用을 증명하는 것은 당신에게 여동생이 없음을 증명하는 것만큼이나 불가능하다. 대신에 나는 무용에 가까운 사촌을 통해 무용 문제에 접근하려고 하는데, 그 사촌은 바로 과잉이다. 그런데 과잉이란 무엇인가? 어떤 것을 덜 쓰고도 같은 일을 하거나 오히려 더 잘할 수 있다면, 그것이 바로 과잉이다. 무용은 무엇인가? 어떤 것이 없더라도 아무 지장이 없다면, 그것이 무용이다.

정통 견해에 따르면, 양적 과잉은 대사에 부담을 초래하기 때문에 도태되어야 한다. 어떤 것을 필요한 것보다 많이 가진 생물은 여분의 칼로리를 얻기 위해 더 많은 힘을 써야 하는데, 이것은 맬서스식 경쟁 조건에서는 적응 면에서 불리하다. 따라서 자연에 과잉 형질이 존재한다는 사실을 감안한다면, 과잉을 바로잡고 확산시키는 자연 선택의 역할에 대해 의심을 품지 않을 수 없다. 사실, 과잉은 인간 사회에서와 마찬가지로 자연에서도 보편적으로 존재한다. 제6장과 제7장에서 그 이유를 자세히 설명하겠지만, 자연에는 과잉이 넘쳐난다.

질적 과잉과 양적 과잉의 구분이 아주 중요하다. 설사 모든 형질이 선택되거나 한때 선택되었다고 인정하더라도, 그 크기와 양까지 반드시 선택된다고 말할 수는 없다. 예를 들면, 기린은 다리가 없이는 살아갈 수 없지만, 다리가 더 짧은 편이 유리한 측면이 적어도 한 가지 있다. 기린은 서서 새끼를 낳는데, 몸무게가 70kg이나 나가는 새끼가 태어날 때 머리를 아래로 향한 채 땅으로 추락하기 때문이다.[20] 혹은 아보카도를 생각해보라. 아보카도나무는 평균적으로 꽃이 약 100만 개나 피지만, 열매는 겨우 100개만 열린다.[21] 아보카도나무는 지나친 낭비에도 불구하고 어떻게 해서 살아남는 데 성공했다. 그리고 파리스 자포니카*Paris japonica*의 유전체 과잉을 자연 선택으로 설명하려고 하면 큰 애를 먹는다. 이 작은 꽃의 유전체를 이루는 DNA 염기쌍의 수는 호모 사피엔스보다 50배나 많다.

만약 자연에 양적 과잉이 이렇게 넘쳐나는 현상만으로는 자연 선택의 한계를 선뜻 받아들이기 어렵다면, 넓은 표현형 범위를 생각해보라. 명백하지만 잘 알려지지 않은 사실이 하나 있는데, 대부분의 형질은 살아남을 수 있는 양과 크기의 범위가 넓다. 세 대륙에서 다섯 인종 집단을 대상으로 콩팥을 조사한 결과에 따르면, 건강을 유지하는 데 필요한 최소한의 콩팥단위(콩팥을 이루는 기본 단위)의 수가 콩팥 하나당 적게는 21만 332개부터 많게는 270만 2079개까지 분포하는 것으로 드러났다.[22] 콩팥단위는 50만 개만 있어도 충분한데 굳이 자연 선택이 약 300만 개를 '선택했을' 리 없다. 넓은 범위wide range와 최적화는 전혀 어울리지 않는다. 제6장에서 주제로 다루는 넓은 범위는 자연 선택의 상습적 오류성을 명백하게 뒷받침하는 증거이다.

넓은 범위는 내가 존재론적 중성ontological neutrality이라 부르는 개념을 뒷받침한다. 어떤 사람의 콩팥단위가 50만 개이든 200만 개이든 그것은 중요하지 않다. 하지만 제5장에 나오듯이, 중성은 그저 현실에 불과한 것이 아니다. 그것은 현실을 바라보는 한 가지 방법이기도 하다. 예를 들어 형법의 무죄 추정 원칙에는 방법론적 중성이 내재한다. 모든 사람은 기본적으로 무죄이며, 증명의 책임은 고소인에게 있다. 과학에서는 방법론적 중성이 귀무가설歸無假說, null hypothesis로 표현된다. 즉, 현상들 사이의 모든 관계는 기본적으로 우연의 산물로 보아야 한다. 반증의 책임은 연구자에게 있다. 여러분은 무죄를 증명하거나 우연을 정당화하려고 애쓸 필요가 없다.

진화생물학자들은 이 원칙을 뒤집는다. 선택되는 것이 기본값 상태이며, 우연한 결과는 이상치outlier이다. 자연에서는 당연히 선택이 일어난다고 상정하며, 따라서 생물학자는 그것을 증명해야 할 책임을 면제받는다. 대신에 증명의 책임을 어떤 형질이나 크기가 선택된 것이 '아니라고' 주장하는 사람에게 떠넘긴다. 이제 생물학자들이 동료 과학자들의 방법을 포용하고 귀무가설(우연, 즉 중성)을 받아들여야 할 때가 되었다. 이것은 반드시 자연 선택을 부정하라는 의미는 아닌데, 자연 선택을 무조건 부정하는 견해는 어떤 경우에도 정당화될 수 없다. 대신에 자연 선택을 자연의 기본값 상태로 상정하는 것을 부정하라고 한다.

하지만 자연 선택을 부정할 수는 없더라도, 다윈주의가 상정하는 자연 선택은 개념적으로 문제가 있다는 점을 인정해야 한다. 문제는 자연 선택이 인위 선택의 상대적 개념으로 잘못 유추한 결과로 탄생한 데 있다. 제2장에서 자세히 이야기하겠지만, 다윈은 표본들 중에서 바람직한 형질을 선택하고 이어지는 세대들에서 그것을 촉진하는 품종 개량가의 이미지를 빌려 자연 선택을 이론화했다. 이 잘못된 유추 때문에 우리는 자연이 선택을 하며, 그것도 최선의 형질을 선택한다는 잘못된 견해를 받아들이게 되었다. 다윈주의의 이 결함은 다윈 시대에도 지적되었다. 월리스는 비록 독실한 선택주의자가 되었지만, 가축화 유추가 다윈의 추론에서 큰 약점이라고 주장했다.

자연을 행동을 취하는 주체로 간주하는 보편적 오해의 원인은 바로 가축화 오류에 있다. 자연은 무엇을 선택하거나 조작하거나 야기하거나 면밀히 검사하거나 정제하지 않는다. 자연은 아무것도 '하지' 않는다. 대신에 자연은 늘 변화하는 조건들의 집합으로, 이 조건들은 서로 다른 형질들이 생물의 생존과 생식 확률에 더 많이 혹은 더 적게 기여하게 만든다. 적응 능력이 떨어지는 생물은 거의 틀림없이 도태되고 마는데, 이들의 생존 확률은 사실상 0에 가깝다. 적응 능력이 더 뛰어난 생물은 생존과 생식 확률이 더 높다. 넓은 범위와 과잉이 입증하듯이, 이들의 형질이 반드시 이들을 우수하게 만들지는 않는다. 어떤 종이나 개체가 잘 적응하건 않건, 아무도 그 형질들을 선택하지 않는다. 우리가 아는 것이라곤 그 종이나 개체가 도태되지 않을 만큼 충분히 훌륭하다는 것뿐이다. 이런 이유로 나는 자연 선택을 자연 도태natural elimination나 자연 확률natural probability로 대체하자고 제안한다. 하지만 진화생물학 분야와의 연속성을 유지하기 위해, 나는 과학자들이 그 용어를 사용하는 맥락에서 고려한 과정을 가리킬 때에는 '자연 선택'이란 용어를 사용하려고 한다.

비록 모든 생물학자들은 자연을 주체로 묘사하는 언어를 불만스럽게 생각하지만, 사실상 모든 생물학자들과 그 뒤를 따라 일반 대중도 품종 개량가처럼 최적화를 추구하는 자연 선택이 자연의 기본값 상태라는 견해를 여전히 충성스럽게 받아들인다. 상대적으로 낮은 빈도에도 불구하고 자연 선택이 진화 사상에서 지배적 위치를 차지하고 있는 이유는 무엇일까? 나는 인간의 편향된 뇌가 그 범인이라고 주장한다. 우리 뇌는 예외적인 것을 매우 선호하는 경향이 있는데, 자연 선택은 희귀할 뿐만 아니라 경외감을 불러일으킨다는 점에서 바로 그런 예외적인 것에 해당한다. 우리는 예컨대 적응적 선택의 작용에는 큰 감동을 느끼지 않는다. 제3장에 나오는 갈라파고스핀치가 유명한 사례이다. 이 종들은 모두 300만 년 전에 남아메리카에서 이주해온 한 종에서 진화했다. 이 종들은 하나의 일반종에서 유래했지만, 자원이 부족한 섬들에 정착한 뒤에는 각자 살아남기 위해 특별한 능력을 발전시켰다. 그래서 선인장핀치*Geospiza scandens*는 선인장 꽃에서 꿀과 꽃가루를 파내기에 편리하도록 끝이 뾰족한 긴 부리를 갖고 있다. 흡혈핀치*Geospiza septentrionalis*는 날카로운 부리로 바닷새의 몸에 상처를 낸 뒤 피를 빨아먹는다. 큰땅핀치*Geospiza magnirostris*는 아주 깊고 넓적한 부리를 펜치처럼 사용해 단단한 씨를 깬다. 자연 선택의 위력을 보여주는 또 하나의 예는 베이츠 의태Batesian mimicry(다른 종의 모습이나 행동을 흉내내어 적을 착각에 빠뜨리는 의태—옮긴이)이다. 점박이베짱이*Chlorobalius leucoviridis*는 여치과 곤충의 한 종인데, 짝짓기 준비가 된 암컷 여치를 흉내내 수컷 여치를 유인한 다음 잡아먹는다. 이 공격적이고 정교한 모방은 음향학적으로는 찌르륵거리는 소리로, 그리고 시각적으로는 일사불란하게 움찔거리는 몸동작을 통해 일어난다.[23] 마지막 예로 신호 원리를 살펴보자. 남아프리카 공화국에 서식하는 영양의 한 종류인 스프링복*Antidorcas marsupialis*은 가끔 프롱킹pronking이라는 독특한 행동을 보인다. 포식 동물을 만나면, 등을 활처럼 구부리고 엉덩이의 흰 부분을 추켜올리면서 네 다리를 죽 뻗은 자세로 풀쩍 점프를 한다. 이런 식으로 스프링복은 자신이 젊고 건강하며 쫓아와봤자 아무 소용이 없다는 신호를 보낸다.

그런데 이 사례들에서 자연 선택이 아주 극적으로 나타나는 것처럼 보이긴 하지만, 대부분의 새는 주로 일반종이고, 대부분의 여치는 단세포적이며, 대부분의 영양은 책략이 모자라고, 스프링복은 포식 동물이 없는 상태에서도 프롱킹을 한다. 종과 개체는 특별해서가 아니라 특별해야 할 필요가 없어서 살아남는 경우가 많다. 하지만 이 견해에 따르면, 종과 개체는 아무런 매력도 우아함도 없다. 이들은 아무런 이야기도 들려주지 않으며, 세상은 큰 의미가 없다. 살아남은 생물은 대부분 선택된 것이 아니라, 그저 도태될 만큼 충분히 나쁘지 않아서 살아남았다는 주장은 생명의 원칙에서 높은 자리를 차지하고 있는 자연 선택을 바닥으로 끌어내린다. 자연 선택은 생물학 분야에서 가장 위대한 지적 업적이고,

당연히 매우 중요한 것으로 간주된다. 우리 모두는 자연 법칙에 경외감을 느끼지만, 우연은 오직 도박사들의 관심만 끌 뿐이다.

다윈주의의 자연 선택 편향이 일반 대중이 이해하는 진화 개념에 깊이 뿌리박혀 있기 때문에, 진실만, 그러니까 오로지 진실만 이야기하는 것만으로는 충분치 않으며, '전체' 진실을 이야기할 필요가 있다. 생물학자들은 중성 형질일 가능성이 아주 높은 현상에 대해 선택주의자의 설명을 상정하고 추구하는 대신에, 설사 예외적인 것에 경이로움을 느끼더라도 중성 형질이 도처에 존재한다고 상정해야 한다. 그리고 이것을 공개적으로 이야기해야 한다. 그렇게 한다면 아주 큰 차이를 만들어낼 수 있을 것이다. 미분대수와 유기화학, 광물리학은 우리의 세계관에 아무런 영향을 미치지 않지만, 진화론은 아주 큰 영향을 미친다. 다른 분야에서는 전문가들이 자신들이 여태까지 근거가 박약한 추정을 바탕으로 활동해왔다는 사실을 깨달으면, 그것을 바로잡기 위한 행동이 '내부'에 국한돼 일어나는 경향이 있다. 그런 분야는 해체되고 재건되더라도, 나머지 사람들은 별로 큰 영향을 받지 않는다. 이와는 대조적으로 적자생존, 최적화, 적응, 맬서스식 경쟁 같은 다윈주의와 신다윈주의의 개념들은 우리가 현실과 사회와 자신을 경험하는 방식에 큰 반향을 일으킨다. 이 개념들이 자연을 잘못 나타낸다면, 우리의 자기 표상까지 왜곡하는 결과를 낳는다.

지적 설계 문제

이제 생물학자들은 자연 선택에 진화의 독점적 지위를 부여하는 것이 잘못이라는 사실을 대체로 알고 있지만, 그렇다고 해서 자신들의 편향을 버린 것은 아니다. 나는 이들이 이렇게 완고한 태도를 보이는 원인 중 하나는 의미의 매력에 있다고 주장했다. 그런데 또 한 가지 원인은 지적 설계를 옹호하는 창조론자들과의 논쟁에서 틀린 쪽의 주장을 뒷받침할지도 모른다는 두려움에 있을지 모른다. 사실, 철학자인 내가 진화를 공부하는 동안 나를 이끌어준 관대한 생물학자들은 항상 용기를 북돋워주었지만, 내가 하는 모든 말이 과학에 반대하는 용도로 사용될 수 있다는 경고도 했다. 예를 들어 만약 내가 제3장에서 이야기하는 것처럼 갈라파고스 제도에 서식하는 대다수 동물이 다윈이 이 제도를 방문했을 때 만든 원리들을 따르지 않는다고 주장한다면, 지적 설계를 옹호하는 사람들은 진화 자체가 신화에 불과하다고 해석할 것이다.

그래서 여기서 나는 중요한 사실을 단호하게 강조하려고 한다. 이 책에 실린 주장 중 어느 것도, 확고하게 입증된 자연 법칙인 '변화를 동반한 대물림 이론'에 이의를 제기하는 것으로 간주해서는 안 된다. 내 주장 중 그 어느 것도, 자연 선택의 현실을 부정하지 않으며, 단지 자연 선택이 널리 보편적으로 작용한다는 것을 부정할 뿐이다. 이 책의 어떤 주장도 종의 창조와 형태를 결정하는, 자연을 초월한 힘이 존재한다고 상정하지 않는다.

지적 설계를 지지하는 사람들은 잘못인 줄 알면서도 주장을 펼치기 때문에, 여전히 내 견해가 자신들의 그릇된 개념을 지지한다고 주장할 수도 있다. 사실, 내 주장은 그들의 주장에 불리한데, 중성이 도처에 존재한다는 개념과 지적 설계가 틀렸다는 개념 사이에는 강한 상관관계가 있기 때문이다. 그 이유는 지적 설계가 자연 선택 이론에 기생해 살아가기 때문에 그렇다. 지적 설계는 자연 선택 이론이 제공하는, 종이 최적화된다는 전제에서 시작한다. 지적 설계는 다윈의 가축화 유추를 단순한 비유 대신에 아주 진지한 개념으로 받아들여, 위대한 우주적 품종 개량가나 조각가에 해당하는 지적인 힘의 개입과 관리가 없이 어떻게 자연—혹은 월리스의 경우에는 특히 인간—이 완성될 수 있느냐고 묻는다. 자연 선택 이론과 지적 설계와는 대조적으로 굿 이너프 이론은 자연의 많은 결함에 주목한다. 자연은 최적화되지 않았기 때문에, 지적 설계를 지지하는 사람들은 실제로는 초자연적 지성을 가진 전지전능한 존재가 만든 작품에 넘쳐나는 낭비와 평범성을 지적하는 셈이다. 그렇게 게으르고 서투른 신이라면, 우리가 어떻게 숭배할 수 있겠는가? 우리가 자연 선택 이론에 대한 기대치를 낮추면, 지적 설계의 불합리성이 두드러지게 부각된다.

방법에 관한 주석:
자연철학을 위한 장소

프랑수아 자코브François Jacob는 "과학자는 해결 가능한 것으로 보이는 문제들 중에서 가장 중요한 것이라고 믿는 문제에 몰두한다. 즉, 옳은 생각이건 틀린 생각이건, 자신이 풀 수 있다고 믿는 문제에 몰두한다."라고 썼다.[24] 노벨상을 수상한 또 다른 생물학자 피터 메더워Peter Medawar는 과학을 "해결 가능한 것의 기술"이라고 불렀다.[25]

소크라테스 이전의 철학자들부터 베이컨과 다윈에 이르기까지 자연철학자들은 그러한 제약을 느끼지 않았다. 소크라테스와 아리스토텔레스는 철학은 경이감에서 시작되며, 경이감을 주는 것이면 어떤 것이건 탐구할 가치가 있다고 말했다. 혹은 마르틴 하이데거Martin Heidegger의 표현을 빌리면, 철학자는 모두가 합의한 증명과 반증의 지침에 따라 답을 내놓을 수 있는(fraglich) 질문에만 국한될 필요가 없다. 철학자는 그런 지침이 없더라도 물을 가치가 있는(fragwürdig) 질문을 탐구할 수 있다.

'답을 내놓을 수 있는' 질문에 대한 답만 과학 학술지에 실리는 것은 유감스러운 일인데, '물을 가치가 있는' 질문은 패러다임을 만들고 다시 고치는 종류의 질문이기 때문이다. 데모크리토스Democritos는 원자설을 증명할 방법이 없었고, 다윈은 모든 생물의 공통 조상이 존재한다는 것을 증명할 방법이 없었다. 데모크리토스는 물질의 단단함 차이로부터 자신의 이론을 추론했다. 철은 물보다 단단하므로, 둘은 서로 다른 구성 성분으로 이루어져 있을 것이라고 생각했다. 다윈은 유추와 아 포르티오리a fortiori 논증(만약 전에 인정한 것이 진실이라고 한다면, 현재 주장하는 것은 한층 더 강력한 이유로 진실일 수 있다는 가정에 입각한 논증), 연역, 상식, 개인적 경험에 의존했다. 특히 중요하게 여겼던 것은 현재는 과거의 열쇠라는 금언으로, 자신의 스승이던 지질학자 찰스 라이엘Charles Lyell에게서 배운 것이었다. 이 금언은 현재 자연을 지배하는 것과 동일한 과정들이 과거에도 항상 자연을 지배했다는 원리를 가리킨다. 데모크리토스의 추론은 《사이언스》의 어떤 호에도 실리지 못했다. 다윈의 내집단이 다윈의 개념을 널리 알리기 위해 1869년에 창간한 《네이처》도 다윈의 논문들을 싣지 못했는데, 그 논문들은 임의적 관찰과 간접 정보와 원시적인 실험에 기반을 두었기 때문이다.[26]

오늘날의 기준에서 보면 다윈의 연구는 원시 과학적이긴 하지만, 과학을 잘 아는 사람들은 그의 기여를 "단일 연구로는 지금까지 나온 것 중 가장 훌륭한 개념"으로 간주한다.[27] 만약 과학이 자연철학에 적절한 생태적 지위를 할당했더라면 어떻게 되었을까? 내가 나아가고자 하는 길이 바로 이 길이다. 나는 다윈의 어깨 위에 올라앉았지만, 다윈과는 다른 측면 시야 가리개를 두르고 있다. 다윈의 측면 시야 가리개는 선택된 형질들의 빛을 통과시키지만 나머지는 모두 차단한다. 내 측면 시야 가리개는 자연 선택의 잔재를 차단하도록 설계돼 있다. 나는 또한 다윈이 알 수 없었던 발견, 특히 유전학과 고생물학 분야의 발견에 접근할 수 있는 이점이 있다. 우리는 집착하는 대상도 서로 다르다. 다윈의 성배聖杯는 영국의 박학다식한 학자 존 허셜John Herschel이 라이엘에게 보낸 편지에서 썼고 『종의 기원』 서두에 인용된 "불가사의 중의 불가사의, 즉 멸종한 종이 다른 종으로 대체되는 과정"이었다.[28] 나의 불경한 성배는 진화생물학이 등한시하고 진화윤리학이 경멸하는 특징인 과잉과 중성과 평범성의 기원이다. 나는 다윈주의의 편향을 뒤집어 탁월성 추구를 자명한 원동력이 아니라 문제점으로 바라보기로 마음을 정했다. 그러면서 나는 익숙한 것을 낯선 것으로 보이게 하려고 하는데, 이것은 모든 지적 노력에서 첫걸음에 해당하는 것이다.

비록 나는 다윈의 연장 세트를 사용하지만, 과학자들은 내 방법을 부주의한 것으로 여길 가능성이 높다. 이들의 생각은 틀린 것이 아니다. 과학과 철학은 연구 방식이 서로 다르다. 과학자는 가설을 제안하고 나서 그 가설이 옳음을 증명하려고 한다. 철학자는 먼저 가설을 주장하고 나서 그 가설을 급진적인 것으로 만든다. 이 책에서 나는 사변思辨(철학에서는 경험이 아니라 순수한 논리적 사고만으로 현실 또는 사물을 인식하려는 노력을 가리킴—옮긴이)에 많이 빠지는데, 불과 6만~7만 년 전(지질학적 시계에서는 초침이 한 번 재깍거리는 순간에 불과한)에 멸종의 벼랑에 내몰렸던 호모 사피엔스의 부활과 번성을 설명하려고 할 때에는 특히 그렇다. 나의 일부 주장에 사변적 요소가 있다는 사실을 부인하지 않겠다. 하지만 선택주의자의 설명 자체도 사변적인 경우가 많다는 점을 지적하고 싶다. 나는 나의 모든 사변이 결국 실험을 통해 입증되리라고는 기대하지 않으며, 일부는 절대로 입증될 수 없다. 나는 그저 굿 이너프 이론이 생물학에서 받아들여질 자격이 있다는 사실을 독자들에게 알리고 싶을 뿐이다.

문화에서 자연까지

나는 생물학자는 아니지만, 오랫동안 축적된 이 분야의 전문 지식을 갖고 있다. 나는 연구실에서 유전자를 자르진 않지만, 오랜 경력을 과잉과 탁월성, 장점, 혁신을 철학적으로 연구하면서, 그것도 다윈주의의 눈으로 자주 연구하면서 보냈다. 텔아비브대학교에서 대학원생으로 공부하던 1979년, 나는 "정체 이론A Theory of Stagnation"이란 제목으로 강연을 했는데, 여기서 나는 변화와 새로운 것을 훌륭한 문화적 산물 생산의 필요조건으로 간주하는 관행에 의문을 제기했다. 그 연장선상에서 나는 1986년에 「문화적 생존의 제반 측면Aspects of Cultural Survival」이란 제목으로 박사 학위 논문을 썼는데, 여기서 나는 다윈주의에서 유추해 문화적 선택 이론을 전개했다. 문화적 위대성의 만신전은 맬서스의 이론을 따른다. 만신전의 자리 수는 산술적으로 증가하는 반면, 그 자리를 차지하려고 하는 자들의 수는 기하급수적으로 증가한다. 집단 기억 속에서 생존 경쟁은 후손이 중재하는데, 여기서 후손은 문화의 자연 선택에 해당한다.[29] 후손은 두 가지 발견법에 도움을 받아 선택을 하는 경향이 있다. 하나는 현직 편향이다. 만신전에 먼저 들어간 것일수록 작품의 질과 상관없이 거기서 쫓아내기가 더 어렵다. 또 하나는 게으름 편향이다. 후손은 이미 자기들 사이에서 인정받은 자를 선택하는 경향이 있다. 성공적인 생애는 사후에 추앙을 받는 데 반드시 필요한 조건은 아니지만 중요한 조건이다.[30] 그레고어 멘델Gregor Mendel처럼 희귀한 예외는 뿌리 깊은 낙관주의자에게만 위안을 줄 뿐이다.

나는 진화론 연구를 10년 이상 한 뒤에 쓴 이 책에서 나의 문화적 아이콘 연구에서 아이콘의 원천이 되었던 대상으로 되돌아가는데, 그것은 바로 다윈주의이다. 나는 여기서 또다시 선택 과정에서 새로운 것의 역할과 장점에 이의를 제기한다. 비록 나는 철학적 관점에서 이 주제에 접근하지만, 내 편에 선 진지하고 심지어 선구적인 생물학자들도 있다는 점을 덧붙이고 싶다. 이들 중에서 다윈과 그의 추종자들이 빠뜨린 것을 설명하는 포괄적인 보완 이론을 내놓은 사람은 아무도 없는 것이 사실이다. 그렇다 하더라도, 나는 전령 RNA(mRNA)를 발견한 공로로 노벨상을 수상한 시드니 브레너Sydney Brenner의 말에서 힘을 얻는다. 브레너는 "수학은 완벽을 추구하는 분야이고, 물리학은 최적을 추구하는 분야인 반면, 생물학은 진화 때문에 그저 만족을 추구하는 분야이다."라고 설명했다.[31] 종은 완벽하거나 최적이어야 할 필요가 없으며, 단지 만족스럽기만 하면 된다. 프랑수아 자코브는 자서전에서 자크 모노Jacques

Monod의 데카르트주의적 자연 개념에 반대했다. "나는 자연을 약간만 좋은 소녀라고 본다. 너그럽지만 약간 추잡하고 지저분하다. 되는대로 조금씩 일을 해나가고, 발견할 수 있는 것을 가지고 할 수 있는 일을 해나간다."[32] 이것이 자연과 사회에 대한 우리의 개념에 무엇을 의미하는지 생각해보자.

다윈주의의 편파성이 정치에 어떤 의미를 지니는지 생각한 사람은 내가 처음이 아니다. 진화에서 공생 이론을 개척한 린 마굴리스Lynn Margulis[33]는 자신을 변화를 동반한 대물림의 지지자인 동시에 그것의 주요 행위자로 일컬어지는 자연 선택의 적이라고 정의했다. 마굴리스는 다윈의 "자본주의적, 경쟁적, 비용-편익적" 해석을 거부했다.[34]

마굴리스가 인터뷰에서 "자연 선택은 제거하고 어쩌면 유지하기도 하지만, 창조하지는 않는다."라고 말했을 때,[35] 거기에는 이상한 것이 전혀 없었다. 나는 이 책 전체에서 더 논란이 많은 주장을 자세히 다루는데, 그것은 자연 선택의 유지가 대부분의 시간 동안 중지되었다는 주장이다. 자연 선택은 자연 법칙이 아니다. 그것은 상대 빈도이다. 적응해야 할 압력을 덜 받으면, 평범한 것도 살아남고 번성한다. 저 밖에는 정글의 세계가 펼쳐져 있지만, 정글은 사막과 달리 경쟁이 아주 치열한 장소가 아니다. 정글은 자원과 기회가 널려 있어 생명의 온상이 될 수 있다. 정글(그리고 나머지 모든 곳)에 사는 모든 종이 선택의 산물인 형질을 갖고 있는 것은 사실이지만, 각 종은 또한 그저 용인되는 형질도 갖고 있다. 결국 살아 있는 모든 생물에 대해 우리가 말할 수 있는 최선은 그것이 죽지 않을 만큼 충분히 훌륭하다는 것이다.

이 책의 구조

이 책은 크게 세 가지 주제를 중심으로 나누어져 있다. 제1부에서는 확립된 이론들의 문제점을 다룬다. 모든 선택 편향 사례를 비판할 수는 없기 때문에, 나는 다윈주의의 몇몇 아이콘에 초점을 맞춰 살펴보면서 자연 선택 이론이 자신의 전형적 사례를 과연 제대로 설명하는지 판단하려고 한다. 그 아이콘을 통해 어떤 패러다임에 접근하는 방법은 많은 이점이 있다. 아이콘이 그 지위를 획득한 이유는 대표적인 것으로 간주되기 때문이므로, 아이콘은 문제의 핵심에 접근하는 지름길을 제공한다. 아이콘은 풍부한 문헌을 통해 논의되기 때문에, 필요한 정보를 얼마든지 얻을 수 있다. 나는 학계에 들어오고 나서 평생 동안 의심스러운 의견 일치 사례를 조사할 때에는 아이콘에 초점을 맞추었다. 아이콘으로 인정받는 인물이나 작품, 기념물, 신화—에펠탑, 1000년의 공포, 햄릿, 아담과 하와, 지킬 박사와 하이드 씨, 판도라의 상자, 반 고흐, 나르키소스—의 연구를 통해 나는 이론들이 자신의 논지에 부합하지 않는 경우가 많다는 것을 보여주려고 시도했다.[36] 그런 경우에 아이콘은 그것을 전형적인 사례로 내세운 이론으로 정확하게 설명되지 않거나, 자신이 속한 집단 내에서 대표적인 구성원이 아니라 특이한 존재였다. 여기서 내가 던지는 질문은 본질적으로 이것이다. 만약 자연 선택이 자신의 아이콘들을 제대로 설명하지 못한다면, 그 설명력에서 벗어나는 것들이 그 밖에 또 얼마나 많이 있겠는가?

나는 기린이, 그중에서도 특히 그 목이 사람들의 큰 흥미를 끈 역사를 살펴보면서 제1장을 시작한다. 기린은 다윈주의의 창공에서 오랫동안 찬란하게 빛나는 별이었다. 진화론자들이 왜 이 사례를 선택했는지 이해하면, 그들이 어떻게 엉뚱한 길로 벗어났는지 이해하는 데 도움이 된다. 특이하고 얼핏 보기에 비자연적으로 보이는 이 동물에 사람들이 경이로움을 느끼기 시작한 것은 다윈과 장-바티스트 라마르크Jean-Baptiste Lamarck와 그 동시대인들보다 훨씬 이전부터였다. 이 사실은 기린이 진화의 아이콘으로 선택된 이유가 자연 선택의 작용을 보여주기에 특별히 좋은 사례여서가 아니라, 과학적 틀을 사용해 자연을 이해하려는 노력의 대표적 사례였기 때문이었음을 암시한다. 수백 년 동안 기린은 많은 문화에서 초자연적 존재의 화신으로 간주되었다. 그래서 기린은 진화론자들에게 매력적인 사냥감이었다. 초자연적 존재를 이해하려면 불가능해 보이는 것을 세속적으로 설명할 필요가 있었다. 만약 기린의 목처럼 낭비적인 것이 선택되었다면, 아 포르티오리 논증에 따라 자연의 나머지 모든 것도 선택되었을 것이다.

제2장에서는 다윈이 인위 선택으로부터 자연 선택을 유추한 이야기를 중점적으로 살펴본다. 이것은 다윈의 원죄인데, 진화를

생각하고 가르치는 관행에서 이 원죄는 지금까지도 지워지지 않고 남아 있다. 앞에서 말했듯이, 아직도 많은 사람들이 자연을 변이들이 크고 작은 생존과 생식의 이득을 제공하는 조건들의 집합으로 간주하는 대신에 최선의 개체를 선택하는 행위자로 간주하는 이유는 바로 이 유추 때문이다. 제3장에서는 갈라파고스 제도에 초점을 맞춰 살펴본다. 이곳에서 다윈은 자연 선택의 강력한 증인(핀치)을 발견했지만, 선택 패러다임에 들어맞지 않는 종들의 사례도 많이 발견했다. 그러고서는 그런 사례들을 싹 무시했다. 자연 선택을 과대평가하는 대신에 제대로 평가하려면, 갈라파고스 제도는 면밀히 조사해야 할 또 하나의 아이콘이다.

제4장에서는 자연 선택의 가장 밝은 불빛인 사람의 뇌를 다룬다. 인류가 진화에서 승리를 거둔 이유가 우리 뇌 덕분이라는 것은 자명한 사실이다. 우리의 지성이 없었더라면, 우리는 절대로 지구에서 지배적인 종이 되지 못했을 것이다. 하지만 만약 뇌가 자연 선택이 빚어낸 위대한 작품이라면, 자연 선택을 변호하기 위해 너무 지나친 주장을 펼치는 셈이다. 뇌는 비용이 너무 많이 드는 불명예스러운 기관으로, 조금만 더 크다면 죽음의 원인이 될 것이 거의 확실하다. 도구와 불, 초보적인 언어만으로는 모든 기관 중에서 가장 탐욕스러운 이 기관의 유지에 드는 비용을 상쇄하기에 역부족이다. 영장류보다 훨씬 큰 뇌를 가진 사람속*Homo*의 나머지 종들은 모두 멸종했다. 그들이 멸종했다는 사실은 그들과 우리의 뇌가 선택되었다는 가설과 양립할 수 없다.

제2부에서는 중성과 과잉과 평범성이 자연에서 계속 살아남는다는 사실에 왜 놀랄 필요가 없는지 설명하면서 굿 이너프 이론을 자세히 소개한다. 제5장은 독자들이 중성이 자연의 구성 요소라는 사실을 잘 이해하도록 중성에 대한 철학적 연구를 소개하는 것으로 시작한다. 제6장과 제7장은 굿 이너프 이론의 과학적 핵심 내용을 소개한다. 제6장에서는 자연 선택 이론을 반박하는 최강의 증거를 제시하는데, 그 증거는 바로 넓은 표현형 범위이다. 또한 여기서 나는 이 범위와 거기에 반영된 과잉이 계속 증가한다고 주장한다. 그리고 두 가지 진화 개념을 더 완전하게 설명한다. 질적 변이에 관련된 첫 번째 진화는 다윈주의와 적응의 영역이다. 양적 변이에 관련된 두 번째 진화는 굿 이너프 이론과 중성의 영역이다. 또다시 자연 선택은 실재하고 적응도 실재한다. 하지만 개체들을 서로 구별하는 속성들, 특히 크기 차이는 적응적인 것이 아니다. 이러한 변이들은 선택되는 것이 아니라 자연의 관용을 통해 허용되는 것이다.

제7장은 이러한 관용의 기반을 이루는 메커니즘을 설명하기 위해 마크 커슈너Marc Kirschner와 존 게하트John Gerhart의 촉진된 변이 이론을 다룬다. 이 이론은 30억 년 동안 일어난 자연 선택 과정이 현존하는 모든 생물의 생물학적 기반을 제공했다고 주장한다. 내가 자연의 안전망이라고 부르는 이 튼튼한 기반 위에서 생물들은 많은 낭비와 비효율성을 즐기면서 지난 4억 년을 보낼 수 있었다. 생물들은 고도로 최적화된 선택 형질들 덕분에 이러한 낭비를 즐

길 여유가 있지만, 낭비 자체는 선택된 것이 아니다.

마지막으로 제3부에서는 굿 이너프 이론을 호모 사피엔스에게 적용해 이것이 인간 사회에 어떤 의미를 지니는지 살펴본다. 제8장과 제9장에서는 안전망 개념을 인간에게까지 확대해 우리가 어떻게 과잉과 무용에 탐닉하면서도 진화의 각축장에서 압도적인 승자가 될 수 있는지 알아본다. 제8장에서 나는 우리가 지닌 위대함의 근원이 우리 자신을 미래로 투사하고, 계획을 동료 인간들과 공유하는, 인간 특유의 강력하고도 유연한 능력에 있다고 주장한다. 이런 능력을 가진 동물은 우리 외에는 아무도 없다. 미래는 우리의 안전망이다. 그것은 우리 뇌가 초래했을 멸종으로부터 우리를 구해주었고, 우리 뇌가 끊임없이 야기하는 어리석음으로부터 우리를 계속 구해준다.

제9장에서는 이 안전망이 우리 종의 유례없이 광범위하고 지나친 낭비성을 초래하는 방법에 관해 살펴본다. 나는 미래가 분업을 극도로 촉진하여 인류의 생존에 방해가 되는 것들을 모조리 없앰으로써 공짜 점심과 안락, 따분함이 넘쳐나는 세계를 가져올 것이라고 주장한다. 불가피한 과잉의 산물인 생태학적 위협을 제외하고는, 종의 수준에서 우리를 위협하는 것은 아무것도 없을 것이다. 인류는 다른 것에 관심을 돌리면서 시간과 자원을 낭비하는 궁극적인 사치를 누리게 되었다. 우리 조상이 생존을 위해 개발한 기술들은 더 이상 그 목적에 쓰이지 않지만, 그럼에도 불구하고 계속 남아 있다. 우리는 더 이상 염려할 필요가 없는 목적을 이룰 수 있

는 수단을 손에 쥐고 있으며, 그래서 그 수단 자체가 목적이 된다. 우리의 과잉이 거품처럼 일어나 활짝 꽃을 피우는 이유는 생존 경쟁 과정을 거쳐 선택되어서 그런 것이 아니라 경쟁이 전혀 없어서 그렇다.

제10장은 인류의 안전망이 윤리에 미치는 의미를 탐구하면서 끝을 맺는데, 사회 내 경쟁이 헛수고라고 결론짓는다. 우리는 탁월성을 개발하려고 애쓰지만, 실제로는 그것보다 훨씬 적은 것으로도 충분하다. 그리고 우리는 애쓰지 않아도 충분한 탁월성을 갖고 있는데(그러는 것이 필요하거나 심지어 많은 경우에는 유용해서가 아니라), 우리를 멸종에서 구해준 최상 수준의 신경세포들이 제대로 사용되지 않을뿐더러 필요 이상의 능력을 갖고 있기 때문이다. 탁월성에 집착하는 것은 오히려 해가 될 때가 많다. 탁월성에 크게 집착하며 살아가는 나는 그것을 추구하는 노력의 무용성과 마조히즘적 성격을 잘 안다. 비록 자본주의 제도는 우리에게 끊임없이 노력해야 한다고 말하지만, 자연은 사실 생존과 생식 외에는 아무 보상도 주지 않는다. 그리고 최적 상태보다 훨씬 못하더라도 잘 살아갈 수 있도록 해주는 안전망이 생존과 생식을 보장해준다. 우리 모두가 이만하면 충분히 훌륭한데도 불구하고, 굳이 치열하게 경쟁하면서 무리할 필요가 있을까?

• 제1부 •

진화의 아이콘

Icons as Test Cases

제1장

기린: 과학은 경이로움에서 시작한다

The Giraffe: Science Begins in Wonder

파리에 있는 국립자연사박물관은 권위와 명성이 아주 높은 곳이어서 현지 주민은 그냥 뮈제옴Muséum(박물관)이라고 부른다. 동물원과 식물원을 갖춘 뮈제옴의 유산은 계몽 운동과 19세기 박물학자들의 기여 덕분에 탄생했는데, 박물학자 중에는 생명과학의 연대기에서 중요한 인물이 많이 포함돼 있다. 뷔퐁 백작Comte de Buffon인 조르주-루이 르클레르Georges-Louis Leclerc는 50년 동안 뮈제옴 관장을 맡았다. 장-바티스트 라마르크Jean-Baptiste Lamarck, 루이-장-마리 도방통Louis-Jean-Marie Daubenton, 에티엔 조프루아 생틸레르Étienne Geoffroy Saint-Hilaire를 비롯해 그 밖에도 여러 유명 인사가 관장을 지냈다.

뮈제옴 왕관에서 보석은 진화관이다. 진화관은 1994년에 재

개장한 이래 뮈제옴에서 가장 큰 인기를 끄는 전시관으로, 매년 약 100만 명이 방문한다.[1] 이곳에서 관람객은 보이지 않는 노아의 방주를 향해 행진하는 것처럼 전시된 수십 마리의 박제 동물들(〈그림 1-1〉)을 보고 경탄을 금치 못한다. 모든 종은 한 마리 또는 두 마리가 대표하는데, 기린만은 예외적이다. 기린은 모두 네 마리가 있는데, 목을 빳빳하게 치켜든 기린들 아래로 나머지 동물들은 난쟁이처럼 보인다. 뮈제옴에는 곤충 표본이 4000만 점, 어류가 100만 점, 조류가 8만 점, 포유류가 350점 있으며, 루이 15세가 소유했던 코뿔소와 루이 16세의 콰가(얼룩말의 친척인 멸종 동물), 세이셸 제도에서 온 코끼리거북, 조르주 퐁피두Georges Pompidou 대통령이 중국에서 선물 받은 판다 릴리를 비롯해 유명한 동물도 다수 있다. 하지

〈그림 1-1〉 진화의 아이콘: 파리 국립자연사박물관의 진화관에서 기린은 특별히 눈길을 끈다. 하지만 다윈의 이론은 기린의 특이한 속성을 제대로 설명하지 못한다.

만 이 모든 표본들 중에서 기린은 키로 보나 수로 보나 독보적이다. 진화관을 만든 사람들은 기린을 진화의 한 아이콘, 아니 어쩌면 대표적인 아이콘으로 보았다.

기린에게 진화의 스타 역할을 맡긴 것은 탁월한 선택처럼 보인다. 진화의 대의를 위해 기린만큼 자주 인용된 종도 없다. 스티븐 제이 굴드Stephen Jay Gould는 주요 고등학교 생물학 교과서들을 모두 조사한 적이 있다. "하나의 예외도 없이 모든 교과서는 진화에 관한 장을 먼저 라마르크의 획득 형질 유전 이론을 소개하면서 시작한 뒤, 다윈의 자연 선택 이론을 그 대안으로 제시했다. 그러고 나서 모든 교과서는 다윈의 이론이 옳다는 걸 설명하기 위해 하나

같이 동일한 예를 드는데, 그 예는 바로 기린의 목이다."[2]

하지만 기린을 진화의 아이콘으로 제시한 것은 잘못된 판단인데, 기린은 자연 선택 도그마의 결점을 보여주는 대표적 사례이기 때문이다. 앞에서 언급했듯이, 기린의 긴 다리는 생식에 큰 위험 요소가 된다. 그리고 그 유명한 목에 대해 말하자면, 라마르크와 월리스와 다윈은 긴 목이 높이 달린 잎을 뜯어먹는 데 도움이 된다고 가정하고서 이 적응 형질이 고정된 배경에 경쟁 메커니즘이 있다고 주장했다. 이 장 끝부분에서 나는 최근에 발견된 사실을 통해 이 가정이 무너진다는 것을 자세히 설명할 것이다.

기린이 특별한 주목의 대상이 된 것은 다윈주의를 입증하는 전형적 사례여서가 아니다. 기린은 늘 그런 주목을 받아왔다. 진화론자들이 갖다 쓰기 전부터 기린은 이미 수천 년 동안 사람들에게 경이감을 불러일으켰다. 기린은 믿기 어려울 정도로 경이로운 동물이어서 이슬람 군주들은 수백 년 동안 기린을 외국 지도자들에게 외교적 선물로 보냈다. 로마 시대의 시인 호라티우스Horatius는 여러 가지 특징이 뒤범벅돼 있어 자연보다는 상상력의 산물처럼 보이는 이 동물을 보고서 믿을 수 없다는 반응을 보였다. 15세기의 명나라 조정 관리들은 기린을 보고서 중국 신화에 등장하는 일각수인 '기린麒麟'의 화신이라고 확신했다(영어 giraffe가 중국어로 처음 번역될 때 전설상의 동물 '기린'으로 옮기는 바람에, 동양권에서는 전설상의 동물과 실제 동물의 이름을 모두 기린으로 부른다. 하지만 서양에서는 실제 동물 기린과 전설상의 동물 '기린'을 구별하고, 당연히 이 책에서도 서로 다른 단어로 구별한다. 그래서 전설상의 동물 '기린'을 가리킬 때에는 따옴표를 사용해 구분하기로 한다—옮긴이). 중세의 프랑스 역사학자들은 기린을 키메라라고 생각했다. 반투어 중 하나인 쇼나어(짐바브웨의 쇼나족이 쓰는 언어) 사용자들 사이에 전해지는 신화에 따르면, 창조자가 이 세상에서 어떤 목적을 가지고 살아가려고 하는지 묻기 위해 트위가(기린)를 면담했을 때, 트위가는 질문을 분명하게 들으려고 목을 길게 뻗었다. 그 노력을 가상하게 여긴 창조자는 트위가에게 길고 우아한 목을 선물했다고 한다. 그 이후로 트위가는 아주 높은 나무에 달린 잎도 뜯어먹을 수 있게 되었고, 이를 통해 결단력이 좋은 열매를 가져다준다는 교훈을 다른 동물들에게 주었다고 한다.[3]

따라서 처음으로 이 웅장한 초식 동물의 길이를 특별한 선물로 생각한 사람은 진화론의 창시자들이 아니었다. 그들의 관점에서 우주의 작용을 설명하는 것처럼 보이는 이야기를 사용해 이 선물을 설명하려고 최초로 시도한 사람들 역시 이들이 아니었다. 하지만 라마르크로부터 시작된 이들의 이야기는 중세 역사학자들이나 명나라 조정 관리들이 생각한 것과는 아주 달랐다. 초기의 이 진화론자들은 기린이 그들이 생각한 자연의 질서 개념을 부정하자, 기린이 다른 동물들과 질적으로 다르다고 주장했다. 생물학자들 역시 기린의 색다른 속성을 알아챘는데, 그들은 이전의 생물학자들과 달리 어떤 종이 독특할 수 있다는 개념, 즉 자연의 추세를 거스를 수 있다는 개념을 참을 수가 없었다. 이들은 기린의 독특성이 기묘한 비율에 있다고 생각했다. 과학의 승리는 독특한 것은 없으며, 특이한 것은 대표적인 것에 불과함을 보여주는 데 있었다. 라마르크와 월리스와 다윈은 모두 이 기묘한 비율이 생존 경쟁에서 어떻게 이득이 되는 지위를 차지했는지 설명함으로써, 그래서 나머지 모든 종과 동일한 설명의 우산 아래에 집어넣는 결과를 낳음으로써 기린 문제를 풀었다고 믿었다.

진화론자들에게 기린이 그토록 매력적이었던 이유는 진화론을 뒷받침하는 사례로 내세우기에 아주 큰 위력이 있었기 때문이다. 만약 그토록 불가사의한 동물을 진화론으로 설명할 수 있다면, 생명과학의 다른 수수께끼들 역시 진화론의 명쾌한 설명력으로 풀 수 있지 않겠는가? 진화관의 큐레이터를 맡았던 사람들과 라마르크를 조롱한 사람들을 포함해 다윈의 추종자들은 오늘날까지도 이 동일한 대표적 사례를 내세운다. 기린의 목이 선택되었다는 사실을 증명할 방법이 전혀 없는데도 불구하고 말이다. 어떤 이야기들은 너무나도 훌륭해 그냥 무시하고 넘어가기 어렵다.

경이로운 동물

기원전 270년, 프톨레마이오스 2세Ptolemaeos II가 유대인 학자 70명에게 히브리어 성경(여기서는 구약 성경의 처음 다섯 권인 모세 오경을 가리킴)을 그리스어로 번역하는 작업을 맡겼을 때, 번역자들은

〈신명기〉 14장에 나오는 정결한 짐승 10종을 확인해야 했다. 아홉 종은 쉽게 알 수 있었는데, 그중에는 사슴, 산염소, 영양도 포함돼 있었다. 마지막 짐승인 제메르zemer는 성경에서 딱 한 번만 나와 그 정체는 수수께끼로 남아 있었다. 그에 해당하는 짐승을 찾아내야 했던 학자들은 기린을 선택했는데, 그들은 아마도 기원전 279년에 왕실이 주최한 축제 프톨레마이에이아Ptolemaieia 때 알렉산드리아에서 벌어진 웅장한 퍼레이드에서 기린을 보았을 것이다.[4] 유대인 학자들의 번역은 전 세계에서 수백 년 동안 지속되는 경향을 보여준 초기의 사례였다. 심지어 기린을 직접 본 사람들도 기린에게 딴 세상 동물이라는 지위를 부여했다.

기원전 46년에 율리우스 카이사르Julius Caesar가 알렉산드리아에서 로마로 기린을 데려왔을 때, 유럽에 살던 사람들은 기린을 처음 보았다. 로마인은 이 동물을 낙타와 표범의 잡종이란 뜻을 담고 있는 그리스어 이름을 그대로 따 카멜로파르달리스*Kamelopardalis*라고 불렀다. 이 이름은 훗날 린네Linné가 붙인 학명 기라파 카멜로파르달리스*Giraffa camelopardalis*에도 영향을 주었다. 기린은 로마의 퍼레이드에서 블록버스터 같은 존재감을 과시했지만, 호라티우스는 큰 감명을 받지 않았다. 호라티우스는 『시학Ars Poetica』의 서두를 장식한 "통일성과 조화에 관하여"에서 극단적인 예술적 혼합을 경계해야 한다고 말한다.

만약 화가가 그림을 그리면서 사람 머리를

말의 목 위에 얹고, 팔다리를
다양한 색의 깃털과 함께 여기저기 붙여서,
위는 아름다운 여성인데,
아래는 역겹게 검은 물고기 꼬리로 끝나게 만들었다면,
이 그림을 보고서 여러분은 웃음을 참을 수 있겠는가?

……

……"하지만 화가와 시인은
늘 어떤 시도도 과감히 할 수 있는 권리를 누려왔다."
나도 그것을 안다: 나도 그 허가권을 주장하고, 그것을 되돌려주려고 한다.
하지만 야생 동물과 길들인 짐승을 짝지어서는 안 되며,
뱀을 새와 혹은 양을 호랑이와 결합해서는 안 된다…….
당신 마음대로 해도 되지만, 온전하고 자연스러운 방식으로 해야 한다.[5]

또, 호라티우스는 아우구스투스Augustus 황제에게 보낸 편지에서 "만약 데모크리토스가 어떻게 하여 저 세상에서 이 세상으로 돌아온다면, 아주 크게 웃을 것입니다. 군중의 시선이 어디—아마도 낙타와 표범이 반반씩 섞인 잡종 괴물이나 흰 코끼리—에 고정되어 있건, 그의 시선은 그러한 구경거리보다 군중에 주의 깊게 고정될 것입니다."라고 썼다.[6]

고전 시대의 시인에게 잡종 괴물은 예술의 기반을 이루는 사

실성에 위배되는 범죄였다. 잡종 괴물은 조화가 결여되었고, 따라서 그 존재를 믿을 수 없었다. 낙타와 표범이 반반씩 섞인 잡종은 조롱의 대상이었다. 달리 표현하면, 호라티우스는 자연스러운 것에 대한 개념을 갖고 있었는데, 기린은 바로 그 개념에서 벗어나는 것이었다.

로마 제국이 멸망한 뒤, 기린은 유럽에서 수백 년 동안 사라졌지만, 딴 세상 동물 같은 그 속성에 대한 비유는 살아남았다. 역사학자 푸셰르 드 샤르트르Foucher de Chartres(1059~1127)와 자크 드 비트리Jacques de Vitry(1180~1240)는 기린을 본 적이 없었지만, 몸 앞부분이 뒷부분보다 높고, 사라센인(십자군 시대에 유럽인이 이슬람교도를 부르던 말)이 엄숙한 의식 때 화려한 옷을 입혀 전시한 동물을 상상했다. 중세 프랑스인은 카멜로파르달리스를 머리는 사자, 몸통은 염소, 꼬리는 뱀으로 된 신화 속 동물인 '키메라'라고 불렀다.[7]

기린을 실제로 본 중국인의 반응에도 초자연적 요소가 넘쳐났다. 이 기이한 짐승에 관한 소문은 13세기에 중국에 전해졌는데, 1414년에 실제 기린이 베이징에 오자 그 소문은 더 크게 부풀려졌다. 벵골의 무슬림 왕이 선물로 보낸 그 기린은 말린디(오늘날의 케냐 지역)에서 온 것이었다. 아프리카 동물에 대한 호기심은 보편적인 것이었지만, 기린은 너무나도 놀라울 정도로 이질적인 동물이어서 이를 설명하기 위해 유교 경전까지 동원되었다. 중국 학자들은 자신들의 백과사전을 조사한 끝에 기린이 그토록 오래 기다렸던 전설 속 동물인 '기린'이 틀림없다고 생각했다. 중국 전설에서

'기린'은 용, 봉황, 거북과 함께 상서로운 네 동물로 꼽혔다(전설상의 신령하고 상서로운 이 네 동물은 『예기禮記』에 사령四靈 또는 사서四瑞로 나온다—옮긴이). 기린은 "머리에 살로 된 뿔이 하나 돋아 있고, 사슴 몸통에 황소 꼬리, 말의 발굽을 가진"[8] 것으로 묘사되었다.

기린은 세계적으로 중요한 동물이었고, 그래서 황제의 외교적 선물이나 퍼레이드 동물로서 가치가 높았다. 하지만 중국인에게 '기린'은 이보다 더 특별한 존재였는데, 성군의 출현을 예고하는 영험한 동물로 간주되었다.[9] 궁정에서 화려한 환영식이 끝난 뒤, 학자들은 기린을 만지고 그 냄새를 맡고 울음소리를 듣고 나서 기린을 초자연적 존재의 반열에 올렸다. 궁정화가들은 기린을 느긋하게 관찰하면서 충분한 시간을 갖고 충실하게 그림으로 옮겼다. 하지만 그들은 표범 반점 같은 무늬를 물고기 비늘 모양으로 바꾸었다. 기린은 너무나도 기이한 동물이어서 사실주의 화법으로는 그것을 제대로 표현할 수 없다고 느꼈다. 직접 두 눈으로 보고서도 그들은 신비적인 환상을 첨가해 기린을 묘사했다(〈그림 1-2〉 참고).

사람들이 기린을 딴 세상 동물처럼 간주한 마지막 사례는 이집트 맘루크 왕조의 술탄이 1486년에 외교적 목적으로 피렌체를 방문했을 때 일어났다(〈그림 1-3〉 참고). 술탄은 메디치가의 환심을 사려고 기린을 선물로 가져갔다. 메디치가는 호랑이, 곰, 황소, 멧돼지, 그레이하운드, 아라비아 말을 소유하고 있었다. 로렌초 데 메디치Lorenzo de' Medici는 표범을 데리고 사냥을 했고, 베키오 궁전에서는 사자 25마리를 길렀다. 하지만 메디치가도 기린은 없었는데,

〈그림 1-2〉 사실주의를 거부하는 짐승. 1414년에 중국인 궁정화가가 그린 이 그림은 기린을 물고기 비늘로 뒤덮인 모습으로 묘사하고 있다. 명나라 화가들과 지식인들은 직접 두 눈으로 기린을 보았지만, 역사를 통해 기린을 접했던 많은 사람들과 마찬가지로 기린을 초자연적 존재로 간주했다. 생명을 과학적으로 설명하려고 했던 계몽주의 지식인과 근대 박물학자들은 기린의 기이한 특징에 큰 매력을 느꼈다.

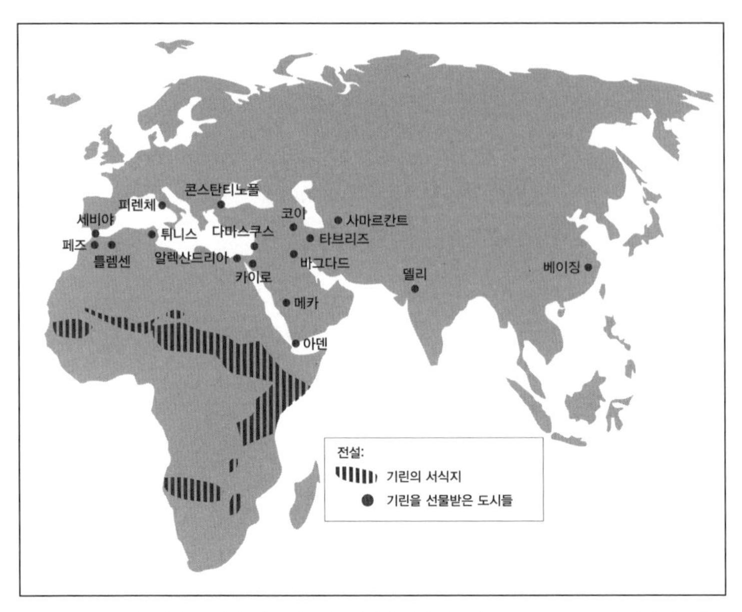

〈그림 1-3〉 세계적인 관심: 13세기부터 15세기까지 기린은 자연 서식지(줄무늬로 표시된 지역)를 떠나 지도에 표시된 지역들로 선물이나 공물로 보내졌다. 기린만큼 광범위하고 일관되게 호기심을 자극한 동물은 일찍이 없었다.

그 동물원에는 이 놀라운 짐승의 마네킹만 있었다.[10]

술탄이 가져온 선물은 피렌체에서 센세이션을 일으켰다. 기린은 마음대로 거리를 활보했고, 사람들의 관심과 호의를 즐겼다. 시인 안토니오 코스탄초Antonio Costanzo는 먹을 것을 손에 들고 창문 밖으로 머리를 내민 구경꾼들을 향해 기린이 고개를 쳐들어 만나는 모습을 보고 감탄을 금치 못했다. 코스탄초는 "멀리서 기린을 본 사람들은 짐승이 아니라 탑을 보았다고 생각한다."라고 썼다.[11] 신성한 것처럼 보이는 동물에 홀린 화가들은 성경 이야기를 묘사한 장면들에 기린을 집어넣었다. 도메니코 기를란다요Domenico

Ghirlandaio가 베들레헴을 배경으로 제작한 프레스코화 〈동방박사의 경배〉(1490)와 프란체스코 바키아카Francesco Bacchiacca가 시나이반도를 배경으로 그린 〈만나 수확〉(1540)이 그런 예이다. 네덜란드 화가 히에로니무스 보스Hieronymus Bosch는 〈세속적인 쾌락의 동산〉(1510년경)에 호라티우스의 흰 코끼리와 함께 기린을 집어넣었다.

"와우!"에서 "어떻게?"로

기린에 관한 한 손꼽는 전문가였던 생틸레르는 1827년에 "하지만 기린은 도대체 무슨 쓸모가 있는가?"라고 외쳤다.[12]

고대와 현대의 철학자들은 진리를 추구하는 과정에서 경이로움을 필요조건으로 꼽는다. 아리스토텔레스는 "지금도 그렇지만 사람들이 처음에 철학적 사색을 시작한 것은 바로 경이로움을 통해서였다. 명백히 이해하기 힘든 것에 먼저 경이로움을 느끼고 나서 점차 더 큰 문제들, 예컨대 달과 태양의 변화와 우주의 기원에 대해 질문을 던지면서 철학적 사색을 시작했다."라고 설명했다.[13] 애덤 스미스Adam Smith도 이에 동의하면서 이렇게 말했다. "우리는 기이하고 진기한 모든 대상에, 아주 드물게 나타나는 자연의 모든 현상에 경이로움을 느낀다. 즉, 유성과 혜성, 일식과 월식, 특이한 식물과 동물, 그리고 이전에 거의 혹은 전혀 안 적이 없는 모든 것에 경이로움을 느낀다. 그리고 앞으로 무엇을 보게 될지 미리 경고를 들으면서도 여전히 경이로움을 느낀다."[14] 기린의 '와우wow!'에 만족하지 못한 사람들은 '어떻게How?'라는 질문을 던졌다. 기린의 존재에 단순히 당혹감을 느끼는 대신에 이들은 있을 법하지 않은 일이 어떻게 일어났는지 이해하려고 애썼다.

앞에서 소개한 많은 전설이 암시하듯이, 한 가지 보편적인 설명은 잡종이다. 즉, 기린을 친숙한 동물들의 조합인 잡종으로 설명함으로써 이해 가능한 범위 안에 둘 수 있다. 기린은 기이한 존재일지 몰라도, 적어도 그 부모는 그렇지 않다. 기린을 그리스어로 카멜로파르달리스Kamelopardalis, 즉 낙타-표범이라고 불렀다는 사실을 떠올려보라. 아랍에서 전해오는 이야기에 따르면, 자라파zarafa(기린을 뜻하는 영어 단어 giraffe는 여기서 유래했다)는 낙타와 소와 줄무늬하이에나가 섞여서 태어난 산물이다. 이 이야기의 다른 버전에서는 기린을 낙타와 당나귀의 자손이라고 말한다. 5세기에 아랍인은 페트라의 비잔틴 교회를 장식한 모자이크에 기린을 점박이 낙타로 묘사했다(〈그림 1-4〉). 9세기의 아랍 학자이자 작가인 이븐 쿠타이바Ibn Qutayba는 페르시아인이 기린을 낙타와 코뿔소의 잡종으로 본다고 주장했지만, 같은 시대에 살았던 알 자히즈al-Jāḥiẓ는 페르시아어 우스투르-가우-팔랑크uštur-gāw-palank는 '낙타-소-하이에나'를 뜻한다고 단언했다.[15] 아랍인은 기린을 낙타와 새가 섞인 동물로 간주한 타조에 자주 비유했다[16](타조의 학명 스트루티오 카멜루스*Struthio camelus*는 '참새 낙타'란 뜻이다). 1215년에 중국인이 남긴 기록은 기린을 표범과 소가 섞인 동물로 묘사했다.[17]

〈그림 1-4〉 이상한 것을 친숙한 것으로 만들기: 페트라에 있는 비잔틴 교회의 모자이크. 450년에 제작된 이 모자이크는 기린을 점박이 낙타로 묘사했다. 현대 과학이 기린을 진화론의 전형적 사례로 내세우기 이전에 옛날 사람들은 기린을 흔히 잡종이라고 설명했는데, 이 설명은 자연의 질서 개념에 크게 위배되지 않았다.

비록 생물학자들은 오래전부터 낙타와 소와 하이에나가 짝짓기를 할 수 없다는 사실을 알고 있었지만, 한동안 그러한 잡종은 그럴듯하게 보였다. 엄청난 권위를 떨친 아리스토텔레스가 이 추측에 힘을 실어주었다. 그의 저서 『동물의 발생Generation of Animal』은 알려진 것 중 가장 오래된 발생학 연구서인데, 메마른 지역에서 잡종이 나타난다고 주장했다. 그는 "샘이 있는 극소수 장소에 모든 동물이 모이기 때문에, 종이 다른 동물들이 결합한다."라고 하면서 그래서 "리비아에서는 항상 새로운 것이 생겨난다."라는 속담이 생겼다고 썼다.[18] 학자들은 또한 '자라파'의 어원에도 주목했는데, 이 단어는 '조립하다'란 뜻의 아랍어에서 유래했다. 이븐 쿠카이바는 여러 동물이 한 종으로 합쳐진 것이 기린임을 뒷받침하는 증거로 이보다 더 좋은 것이 있겠느냐고 썼다.[19]

그리스인과 로마인과 아랍인은 기린의 기원이 종들의 혼합에서 비롯되었다고 믿었을까? 중국인은 기린이 전설적인 동물 '기린'이라고 믿었을까? 유대인 학자들은 기린이 정결한 동물이라고 믿었을까? 우리는 그 진실을 모르지만, 아마도 그들 역시 몰랐을 것이다. 우리가 확실히 아는 것은 기린이 그들의 설명 욕구를 자극했다는 사실이다. 아리스토텔레스는 "신화를 사랑하는 사람은 어떤 의미에서는 철학자인데, 신화는 경이로 이루어져 있기 때문이다."라고 설명했다.[20]

18세기부터 경이의 원인을 과학적으로 탐구하기 시작했고, 그 덕분에 연구자들은 새로운 종류의 질문과 답을 추구하게 되었다.

하지만 기린은 긴급한 문제로 남아 있었다. 박물학자들은 기린의 불균형한 비례에 충격을 받았고, 그런데도 기린이 생존 능력이 있다는 사실에 고개를 갸우뚱했다. 그들은 좋은 비례가 자연적이고 단순하며 최적의 형태를 이룬다는 호라티우스의 견해에 동의한 것처럼 보인다. 그래서 동물이건 시이건 건물이건, 비례가 좋은 물체는 변호할 필요가 없지만, 비례가 나쁜 물체는 설명이 필요하다. 그런데 비례가 매우 나쁜 동물이 어떻게 생존 경쟁에서 살아남을 수 있었을까?

유럽에서 처음으로 기린을 체계적으로 연구한 사람들은 바로 이 질문에 맞닥뜨렸다. 진화론 발전에서 기린이 차지하는 중요성을 강조한 다윈은 이들의 연구를 존중했다. 1861년에 출간된 『종의 기원』 개정판에 추가한 "종의 기원에 대한 반론의 역사적 스케치"에서는 큰 영향력을 미친 이전 연구자를 다수 열거했는데, 처음 세 사람은 기린에 큰 관심을 보였다. 뷔퐁은 자신의 대작 『박물지Histoire naturelle, générale et particulière』에서 무려 34쪽을 기린에 할애했다. 라마르크는 생물 변이설을 전개하면서 기린을 예로 든 것으로 유명하다. 생틸레르는 르네상스 이후에 유럽에서 목격된 최초의 새로운 동물 종을 대상으로 형태학적으로 분석한 긴 논문을 썼다.

기린 연구에 기여한 뷔퐁의 글은 호라티우스의 비판을 과학적 언어를 사용해 갱신한 것이라고 할 수 있다. 계몽 시대 지식인이었던 뷔퐁은 단순성과 일관성, 조화, 합리성을 추구했다. 기린은 호라티우스의 기대와 마찬가지로 이런 기대마저 저버렸다. 뷔퐁은 이렇게 썼다.

> 기린은 가장 아름답고 가장 큰 동물들 중에서도 손꼽는 동물이며, 무해한 동물인 동시에 '가장 쓸모없는 동물 중 하나'이다. 다리의 큰 불균형—앞다리가 뒷다리보다 두 배나 길다—은 힘을 쓰는 데 장애가 된다. 몸은 기초가 없으며, 발걸음은 뒤뚱거리고, 움직임은 느리고 뻣뻣하다. 자연 상태에서는 적을 피할 수 없으며, 사육 상태에서는 주인에게 아무 도움이 되지 않는다. 그 수가 그토록 적고, 늘 에티오피아와 아프리카 남부와 인도 일부 지역에서만 살아가는 것은 이 때문이다.[21]

뷔퐁은 기린을 본 적이 없어서 모든 세부 사실을 정확하게 알지 못했다. 하지만 그가 이해한 바에 따르면, 기린은 이상하면서 평범한 동물이었다. 그래서 뷔퐁은 기린을 유니콘이나 '기린', 키메라처럼 "아주 특별하고 독특한 종류로…… 비슷한 종을 전혀 찾아볼 수 없다."라고 생각했다.[22] 하지만 현대 생물학은 모든 종은 그 선조가 있다는 전제를 바탕으로 한 역사과학이다. 현대 생물학은 독특성을 용인하려고 하지 않는다. 다윈은 뷔퐁이 "종의 변화 원인이나 수단을 생각하지 않았기" 때문에 이 개념의 선조로 간주할 수 없다고 썼다.[23] 결국 뷔퐁은 독특한 것이 존재할 수 없다는 사실을 제대로 이해하지 못했다.

종이 다른 종으로부터 유래할 수 있다는 개념은 뷔퐁에게는 낯선 것이었고, 생틸레르에게는 의심스러운 것이었다. 생틸레르는 기린을 가까이에서 오랫동안 연구한 최초의 유럽인 박물학자였다. 그 기회는 1826년에 오스만 제국의 이집트 총독이던 무함마드 알리Muhammad Ali가 프랑스의 샤를 10세Charles X에게 기린 표본을 한 마리 보냈을 때 찾아왔다. 사후에 자라파Zarafa라는 이름이 붙은 이 동물은 기린의 지위를 기괴한 쇼에서 사례 연구로 변화시키는 패러다임 전환을 일으켰다.[24] 샤를 10세는 율리우스 카이사르나 로렌초 데 메디치가 전혀 생각하지 못한 일을 했는데, 바로 박물학 교수들에게 조언을 구한 것이다.[25] 그들이 느낀 흥분은 그들의 무지만큼이나 아주 컸다. 왕실 내각 회의실에 박제된 기린 두 마리가 전시돼 있었지만, 이것들은 대충 조잡하게 만든 것으로 알려져 있었다. 뮈제옴 관리자들은 생틸레르—뮈제옴의 공동 설립자이며, 1793년부터 왕립 동물원 책임자를 지낸 동물학 교수이자 명성 높은 『해부철학Philosophie anatomique』의 저자—를 자라파의 관리와 관찰 책임자로 임명했다.

마르세유에서 수도까지 880km를 여행하는 동안 생틸레르는 자라파와 동행하면서 약 석 달을 함께 지냈다. 그 행진은 장관이었다. 한 일기 작가는 이렇게 기록했다. "누비아에서 온 것으로 보이는 흑인이 앞에서 고삐를 잡았고, 아랍인인지 이집트인인지 거무스름한 두 남자가 뒤나 옆에 섰고, 그 밖에도 하인이 몇 명 더 있었다."[26] 그 뒤에는 화물을 실은 수레, 기린에게 먹일 콩가루, 보리, 터키밀(한동안 유럽에서 옥수수를 터키밀Turkish wheat이라 불렀다—옮긴이)이 든 자루들, 그리고 우리에 갇힌 몇몇 희귀 동물이 뒤따랐다. 소말리 소 세 마리가 매일 자라파에게 25리터의 우유를 공급했다. 궂은 날씨로부터 자라파를 보호하기 위해 방수포 담요도 씌웠는데, 거기에는 프랑스 국왕의 상징인 황금색 백합 문양이 수 놓여 있었다. 이렇게 성대한 무리를 이끌고 행진하는 자라파는 노예들로 둘러싸인 클레오파트라의 행차를 연상시켰다. 파리에서는 자라파가 왕립 식물원에서 머문 첫 6개월 동안 모두 60만 명이 그곳을 찾았다.

뷔퐁은 실증주의와 박물학자의 태도를 견지하려고 하면서도 기린이 독특하다는 견해를 유지한 반면, 생틸레르는 기린이 그저 특별한 동물에 불과하다는 것을 설명하려고 애썼다. 생틸레르는 기린의 기묘한 형태학적 특징을 분명히 인정했다. 그는 이렇게 썼다. "눈길을 끄는 것은 주로 신체 부위들의 비율이다. 머리와 몸통은 아주 짧은데, 불균형적으로 긴 다리와 목과 비교하면 특히 그렇다. …… 앞부터 뒤까지 이보다 작은 몸통은 어디에서도 볼 수 없다."[27] 하지만 생틸레르는 불균형적인 비례에도 불구하고 기린이 번성할 수 있는 이유를 보편적인 용어로 설명하려고 노력했다. 그는 "기관의 부피들 사이에 균형이 맞아야" 한다는 "기관의 법칙"을 믿었는데, 이에 따르면 "다른 기관들이 그만큼 제한되고 감소할 때에만 기관들의 계가 균형에서 벗어나는 크기를 가질 수 있다."[28] 이 생리학적 트레이드오프 개념은 그 당시 과학자들 사이에서 자명한 공리처럼 통했고, 심지어 오늘날에도 진화에 관한 언어에 남아 있다. 다윈이 『종의 기원』에서 인용한 괴테의 글처럼, "자연의 예산은 고정돼 있지만, 자연은 특정 액수를 원하는 만큼 얼마든지 자유롭게 전용해 사용할 수 있다. 한쪽에 예산을 갖다 쓰려면, 다른 쪽에서 절약하지 않으면 안 된다." 생틸레르는 기린의 불균형한 비례가 이 법칙이 성립하는 것을 보여주는 '기억할 만한' 예라고 생각했다.[29]

동일한 트레이드오프 틀은 기린의 이동 방식에도 적용되었다. 생틸레르는 이 '거대한' 다리는 빠른 걸음걸이를 만들어내지만, "이 결과를 방해하는 것"이 있다고 단언했다. 두 쌍의 다리는 균일하지 않고 서로 너무 가까이 붙어 있어 앞으로 나아가는 움직임을 늦추는 것처럼 보였다. 따라서 비용이 편익과 '상쇄'되었다. 하지만 생틸레르는 무승부를 받아들이는 대신에 "기린의 형태가 속도에 도움을 준다고" 결론지었다.[30] 곡예에 가까운 이러한 논리 전개는 기린의 불균형한 비례를 적응으로 합리화하려는 끊임없는 노력의 결과물이었다. 하지만 기린의 수수께끼에 대해 생틸레르가 내놓은 답은 아직 역사적인 것이 아니었다. 다윈은 "조프루아는 변화의 원인이 주로 생활 조건, 즉 '몽드 앙비앙monde ambient(주변 세계)'에 있다고 본 것 같다. 그는 결론을 내리는 데 신중했고, 기존의 종들도 지금 현재 변하고 있다는 사실을 믿지 않았다."라고 썼다.[31] 그래도 다윈과 많은 사람들은 생틸레르의 연구를 존중했다. 오늘날 진화관이 있는 거리 이름에는 위대한 기린 연구자의 이름이 붙어 있다.

과거의 탄생

생물학을 경이로부터 역사를 향해 도약하게 한 사람은 라마르크였다. 박물학natural history이란 개념은 대大 플리니우스Plinius에게까지 거슬러 올라가지만, 1802년에 '생물학biologie'이란 용어를 만든 라마르크는 생명에 대한 연구를 역사적인 것으로 만들었다. 다윈은 라마르크가 "사람을 포함해 모든 종이 다른 종에서 유래했다는 학설"을 처음으로 주장한 사람이라고 썼다.[32] 그의 생각은 아주 큰 영향력을 떨쳐 박물학자들은 거의 100년이 지날 때까지도 그의 생각을 계속 존중했다. 심지어 오늘날에도 생물학 교과서에서는 라마르크가 틀린 이론을 주장했고, 그것이 틀렸음이 밝혀짐으로써 다윈주의가 입증되었다고 가르친다.

아랍인이나 아프리카인, 그리스인, 로마인, 중국인, 르네상스 시대 사람, 심지어 계몽 시대 박물학자 중에서 기린을 역사적 현상으로 연구한 사람이 아무도 없었던 이유는 무엇일까? 기린에게는 역사가 없을 수 있기 때문이었다. 19세기 이전에는 종의 불변성 외에 다른 것을 상상할 수 없었다. 기린을 비롯해 모든 종은 신이 창조했고, 그 이후로 전혀 변하지 않았다고 생각했다. 하지만 신의 절대적 지위에 금이 가기 시작하자, 신의 방법은 더 이상 불가해한 것이 아니었다. 특히 과학자들은 모든 창조를 동역학적 과정으로 이해하기 시작했다. 지질학자인 제임스 허턴James Hutton과 찰스 라이엘Charles Lyell은 놀라서 입을 다물지 못하는 대중에게 지구의 나이는 수천 년이 아니라 수백만 년 단위로 세어야 하며(다윈은 적어도 3억 년이라고 주장했다[33]), 지구의 현재 상태는 계속 수정이 일어나는 책의 최신판이라고 가르쳤다. 막 생겨난 과학 분야인 고생물학은 화석에서 창세기와 모순되는 사실을 많이 발견했다.

이와 함께 종도 역사가 있다는 개념이 프랑스와 영국에서 퍼지기 시작했다. 찰스 다윈의 할아버지인 이래즈머스 다윈Erasmus Darwin은 이 학설을 최초로 주장한 사람이자 가장 서정적으로 대변한 사람이었다.[34] 역사과학에서 나온 이 새로운 논리는, 만약 현존 동물과 식물이 멸종한 동물과 식물에서 유래했다면, 과학자는 이전 동물과 식물을 희생시키면서 현존 동물과 식물이 성공한 이유를 설명할 필요가 있다는 것이었다. 다윈은 "자연 선택은 우월한 개체를 모두 보존하여 따로 분리함으로써 이들이 서로 자유롭게 교배하게 하고, 열등한 개체를 모두 없앨 것이다."라고 설명했다.[35] 라마르크 같은 박물학자는 새로운 임무를 부여받았는데, 상상할 수 없을 만큼 긴 시간에 걸쳐 종의 승리와 패배를 설명하는 것이 그것이었다.

기이함과 어색함, 겉보기에 쓸모없어 보이는 속성 등을 감안할 때, 기린은 그 이전에 존재한 미학적 패러다임과 신성한 패러다임뿐만 아니라 역사적 패러다임에도 들어맞지 않았다. 그런데 너무나도 명백히 잘못 조립되었는데도 불구하고, 기린은 어떻게 그 조상들을 물리치고 승자가 될 수 있었을까? 이 점은 설명할 필요가 있었다. 기린은 "그저 진화론의 창시자들에게는 큰 문제가 아니었다."[36]라는 굴드의 주장은 근거를 찾기가 어렵다. 기린은 진화론자들이 서로 차지하려고 싸운 영토였고, 모든 진영은 만약 과학이 옳음을 입증하려면 자신의 깃발을 그 언덕 위에 꽂아야 한다고 생각했다.

기린의 목은 1809년에 생물학 분야에서 명예의 전당에 입성했는데, 라마르크가 『동물철학Philosophie Zoologique』에서 쓴 짧은 문단 덕분이었다.

> 카멜로파르달리스의 특이한 모양과 크기에서 습성의 결과를 볼 수 있다는 사실이 흥미롭다. 포유류 중에서 가장 큰 이 동물은 토양이 거의 항상 건조하고 척박한 아프리카 내륙에서 산다고 알려져 있으며, 그래서 높은 나무에 달린 잎을 뜯어먹고 늘 거기에 닿으려고 노력한다. 이 품종 전체에서 오랫동안 유지된 이 습성으로부터 앞다리가 뒷다리보다 더 길어지고, 뒷다리로 서지 않더라도 6미터 높이까지 닿을 정도로 목이 길어지는 결과가 나타났다.[37]

하지만 왜 라마르크가 한 번도 본 적이 없는(자라파가 파리에 도착했을 때 라마르크는 실명한 상태였다) 기린의 목일까? 왜냐하면, 그것은 라마르크의 철학을 완벽하게 보여주는 예였기 때문이다. 사람들이 일반적으로 잘못 알고 있는 것과는 반대로, 라마르크의 학설에서 핵심은 획득 형질의 유전이 아니라, 생물학 분야에서 뉴턴 역학에 상응하는 개념이었다. 뉴턴의 『자연철학』(흔히 『프린키피아』라 불리는 이 대작의 원제는 『자연철학의 수학적 원리Philosophiæ Naturalis Principia Mathematica』이다—옮긴이)에 경의를 표하기 위해 『동물철학』이란 제목을 붙인 이 책에서 라마르크는 관성의 법칙이라고도 부르는 뉴턴의 첫 번째 운동 법칙을 생물학적으로 변형하여 제안했다. "외부의 힘에 의해 현재 상태를 변화시키도록 압력을 받지 않는 한, 모든 물체는 정지 상태를 유지하거나 앞으로 균일하게 움직이려고 한다." 여기서 라마르크가 주목한 중요한 사실은, 동물은 돌이나 별과 달리 늘 변덕스러운 환경에 노출돼 있어 항상 현재 상태를 변화시키도록 압력을 받는다는 점이었다. "[동물의] 조직을 점진적으로 구성하는 원인은 그 결과물에 다양한 편차를 낳게 되는데, 이 결과물들은 강력한 효율성으로 영향을 미치는 외부의 원인에 의해 변하는 경우가 많기 때문이다."[38] 기린의 목은 명백한 사례처럼 보였는데, 그 다리는 외부적 원인, 즉 먹이를 놓고 벌어지는 경쟁과 나무의 높이가 낳은 결과물이었다.

라마르크의 법칙은 "환경이 복잡화를 복잡하게 만든다."라고 표현할 수 있다. 복잡화는 "생명체의 조직 구성 요소들이 증가하는" 현상으로, 생명의 주요 과정이다. 라마르크는 어떤 외부의 힘 때문에 종은 시간이 지남에 따라 필연적으로 진화하는 경향이 있다는 뜻으로 이 용어를 사용했다. 라마르크는 이 과정이 조화롭고 규칙적이고 예측 가능한 것이어서, 각 세대는 홀로 내버려두면 그 부모 세대보다 더 복잡해지지만 전체적인 비율은 동일할 것이라고 생각했다. 하지만 생명체는 홀로 격리된 채 살아가지 않는다. 늘 기후 요동, 침입종, 종내 경쟁 같은 도전에 맞닥뜨리며 살아간다. 이러한 우발적이고 변덕스러운 외부의 힘은 생물이 살아가는 자연 상태를 바꾸도록 강요한다. 따라서 환경은 복잡화 과정을 복잡하게 만들고, 생물을 원래의 원형에서 멀리 벗어나게 만든다. "생물의 복잡성이 진행됨에 따라 환경과 획득 습성의 영향으로 일반적인 동물 계열 여기저기에 이상이 나타난다."[39] 그 결과로 모든 동물은 비율적으로 원형에서 벗어났다는 점에서 비정상인데, 특히 기린은 대다수 동물보다 그 정도가 심하다.

오늘날 이 이론은 생물 변이설transformism이라고 부르는데, 정작 라마르크 자신은 사용하지 않았던 용어이다. 이 이론은 인과론을 뒤집은 논리를 바탕으로 한다. "기관, 즉 동물 신체 부위의 성격과 형태가 동물의 습성과 특별한 능력을 낳은 것이 아니라, 반대로 그 습성과 생활 방식, 환경 때문에 시간이 지남에 따라 몸의 형태와 기관의 수와 조건, 그리고 결국 현재의 능력을 동물이 갖게 되었다."[40] 환경이 기관의 진화를 주도하는데, 기관은 역사적 변이체인 반면, 복잡화는 역사와 관계가 없는 불변의 현상이기 때문이다. 라마르크에게 기린의 목은 아주 중요한 이 법칙을 뒷받침하는 자연 상태의 순수한 예로 보였을 것이다.

라마르크가 생물 변이설을 진화론의 대항마로 자주 제시했지만, 생물 변이설은 다윈주의를 돋보이게 하는 학설이 아니라는 점을 지적할 필요가 있다. 두 사람 다 변화를 동반한 대물림이 옳다고 확신했고, 적합도를 적응의 한 기능으로 보았다. 다윈과 그 지지자들은 라마르크의 용불용설 중에서 사용하지 않는 기관은 퇴화한다는 주장을 받아들였다. "어떤 기관의 영구적 불용은 눈에 띄지 않게 그 기관을 약화·퇴화시키며, 점차 그 기능적 능력까지 감소시켜 결국 그 기관이 사라진다." 하지만 사용하는 기관이 발전한다는 라마르크의 주장은 받아들이지 않았다. 라마르크는 "어떤 기관을 자주 그리고 계속 사용하면, 그 기관은 점점 튼튼해지고 발달하고 커지며, 사용 시간에 비례해 그 능력이 커진다."라고 주장했다.[41]

다윈주의자들은 또한 환경 효과 때문에 기관 형성의 불규칙성이 돌이킬 수 없게 증가한다는 라마르크의 믿음도 공유한다. 이러한 의견 일치는 「원형으로부터 무한정 이탈하려는 변이의 경향에 관하여」라는 월리스의 권위 있는 논문에서도 분명히 볼 수 있다.[42] 이 논문은 그것을 쓴 장소인 인도네시아의 섬 이름을 따 트르나테 논문이라 부른다. 하지만 두 모형은 변화를 이끄는 힘에 대해서는 견해가 다르다. 월리스와 다윈은 종의 변화가 형질의 변이성에서 비롯된다고 주장한 반면, 라마르크는 그 발단을 환경의 가변성에서 찾았다. "환경 변화는 생물, 특히 동물의 필요와 습성, 생활 방식의 변화를 유발한다. ……이 변화들은 기관과 신체 부위의 변화나 발달을 낳는다."[43] 이러한 견해 차이의 근본 원인은 자연 법칙에 대한 가정에 있는지도 모른다. 라마르크 생물학에서는 뉴턴 역학과 마찬가지로 우발적 사건이 계 내부가 아니라 밖에서 일어난다고 보았다.[44]

오늘날 우리는 기린을 라마르크설의 표본으로 기억하지만, 기린은 타조와 나무늘보, 캥거루*Macropus giganteus*와 함께 라마르크가 자세히 분석한 네 종의 비정상 동물 중 하나였다. 사실, 이 중에서 라마르크에게 가장 적절한 마스코트는 캥거루였다. 그는 "캥거루보다 더 눈길을 끄는 예가 있을까?"라고 물었다. 현생 캥거루가 탄생하기까지는 세 번의 변화가 일어난 게 분명한데, 그중에서 가장 주목할 만한 것은 불용이 낳은 결과이다. "평소에는 거의 사용하지 않고 직립 자세를 포기할 때에만 의지하는 앞다리는 다른 신체 부위들의 발달에 비례하는 발달을 한 적이 없으며, 가늘고 아주 작고 힘도 거의 없는 상태로 유지되었다."[45] 캥거루 사례는 "인상적인" 반면 기린 사례는 단지 "흥미로울" 뿐이지만, 생물 변이설과 진화의 아이콘이 된 동물은 기린이다. 기린에게는 뭔가 거부할 수 없는 요소가 있다.

기린 이야기에서 다음번에 등장한 주인공들은 모두 영국인이다. 첫 번째 주인공은 『창조의 자연사 흔적Vestiges of the Natural History of Creation』을 쓴 로버트 체임버스Robert Chambers이다. 오늘날 체임버스는 생물학자들 사이에서 평판이 좋지 않지만, 기린의 유산에 상당히 큰 기여를 했다. 체임버스는 태생 동물(새끼가 알에서 깨어나는 게 아니라 어미의 몸속에서 어느 정도 발달한 다음에 태어나는 동물)은 모두 목에 목뼈가 7개 있다는 루이-장-마리 도방통의 발견을 바탕으로 기린과 돼지처럼 서로 관계가 먼 것처럼 보이는 동물들이 공통 조상에서 유래했다고 추론했다.[46]

월리스도 1858년에 트르나테 논문에서 획득 형질의 유전에 관한 라마르크의 이론을 반대하면서 이에 동조했다. "기린이 목이 더 길어진 것은 더 높은 관목에 달린 잎을 뜯어먹으려고 자꾸 목을 길게 뻗어서 그런 것이 아니라, 원래 형태 사이에서 목이 더 긴 변이가 나타났고 목이 더 짧은 동료들과 같은 곳에서 살아갔는데, 이 변이 덕분에 새로운 영역의 목초지를 즉각 확보할 수 있었으며, 처음으로 먹이가 부족해졌을 때 동료들보다 더 오래 살아남았기 때문이다."[47] 월리스는 기린의 목에 적응적 속성이 있다는 라마르크의 가정을 아무 생각 없이 받아들였지만, 이 주장을 통해 기린은 자연 선택을 통해 긴 목을 얻게 되었다고 명시적으로 주장한 최초의 사람이 되었다. 월리스가 라마르크의 이론을 반증하는 사례로 캥거루나 나무늘보나 타조가 아니라 기린을 선택했다는 사실이 주목할 만하다. 낙타-표범은 진화론을 뒷받침하는 매력적인 사례였다—혹은 함정이었다.

다윈은 기린을 네 번 언급했다. 하나는 『종의 기원』 초판에 나오는데, 여기서 다윈은 목이 아니라 꼬리에 관심을 보였다. 다윈은 꼬리가 파리를 찰싹 때려 물리치는 데 효과적인 무기라고 언급하면서 자연 선택은 사소한 기관과 그 기능에까지 영향을 미치는 힘이 있다고 주장했다. '역사적 스케치'에서 다윈은 기린의 목을 예로 들면서 라마르크의 이론을 설명했다. "그는 나뭇가지의 잎을 뜯어먹기 위한 기린의 긴 목처럼 자연의 아름다운 적응이 모두 습성의 효과 때문에 일어났다고 보는 것 같다."[48] 「가축과 재배 식물의 변이」(1868)라는 논문에서 다윈은 목의 진화를 일부의 미소한 변화가 반드시 다른 부분들의 동시 변화를 수반하지 않는 예로 들었다. 트레이드오프는 자동적으로 일어나지 않는다. 다윈은 목과 혀와 앞다리가 길어진 것이 "놀랍도록 잘 조응된 기린의 구조"를 낳았다고 단언했다.[49] 다윈은 기린이 정의상 완벽하다고 가정했다. 남은 것은 '어떻게'와 '왜'를 설명하는 것이었다.

기린은 1872년에 출간된 『종의 기원』 제6판에서 다윈이 추가한 "자연 선택 이론에 대한 여러 가지 반론"이라는 장에 마지막으로 등장한다.[50] 앞에서 언급했듯이, 이 장은 변화를 동반한 대물림이 실제로 일어난다고 확신한 최초의 박물학자 중 한 명이었지만, 자연 선택이 그 메커니즘이라는 견해를 의심한 미바트의 반론에 초점을 맞춰 이야기를 전개한다. 미바트는 기린의 목에 대해 "얼핏 보기에는 '자연 선택'을 지지하는 사례로 이보다 더 좋은 것은 없는 것처럼 보인다."라고 말했다. 하지만 자세히 들여다보면, "이 논증은 너무 많은 것을 증명한다."라고 썼다[51]('너무 많은 것을 증명하다prove too much'란 표현은 특정 사안에 초점을 맞추지 못하고 너무 광범위한 것을 건드린다는 비판적 뜻을 담고 있다—옮긴이). 그의 비판은 세 갈래로 진행되었다.

첫째, 미바트는 만약 긴 목이 그토록 유리하다면, "기린의 목과 비슷한 형태가 다른 유제류에서도 발달한 사례가 적어도 여러 가지 발견되어야 할 것이다. …… 그렇게 필요한 것이라면, 긴 목을 가진 동물이 많이 존재해야 할 것이다."[52] 다시 말해서, 긴 목이 적응적으로 유리한 것이라면, 왜 다른 연관 동물들에게서는 그것을 볼 수 없는가? 다윈은 인류의 역사를 보면, 한 나라에서만 나타나고 다른 나라들에서는 나타나지 않은 사건들이 있다고 반박했다.[53] 이것은 우아하지 못한 피루엣(발레에서 한 발을 축으로 팽이처럼 도는 춤 동작)처럼 보인다. 긴 목은 다윈이 생각한 것처럼 기린의 진화에서 일어난 이상한 사건이 아니라 생존에 유리한 이점이었다. 핵무기 경쟁이 보여주듯이, 그렇게 유리한 무기라면 한 나라만 독점하고 있을 리가 없다.

둘째, 미바트는 "목과 다리의 길이 성장을 통해 획득한, 높은 곳에 닿는 능력은 몸 전체의 크기와 무게를 상당히 증가시켰을 텐데(더 큰 뼈는 더 튼튼하고 큰 근육과 힘줄이 필요하고, 이것은 다시 더 큰 신경과 더 넓은 혈관 등이 필요하다), 이로 인한 단점이 결핍의 시기에 누리는 이점을 상쇄하고도 남을 가능성이 있어 큰 문제가 된다."[54] 경제 용어를 사용해 표현한다면, 긴 목의 편익은 다른 기관들이 늘 치러야 할 큰 비용에 비해 너무 작다. 이에 대해 다윈은 이렇게 반박했다. "크기 증가는 사자를 제외한 거의 모든 맹수의 공격을 막아주는 한 가지 보호 수단이 될 것이다." 그리고 긴 목은 "감시탑" 역할을 해 "더 길수록 더 좋다."[55] 실제로 이 논증은 너무 많은 것을 증명한다.

미바트의 주 반론은 다윈의 과감한 주장을 반박하는 장 제목에 잘 표현돼 있는데, 그 제목은 "유용한 구조의 초기 단계를 설명하기에 부적절한 '자연 선택'"이다. 미바트는 자연 선택이 해당 개체에게 이미 유리하게 작용하고 있는 변이를 유지하고 개선하는 '효과'가 있다고 인정했다. 하지만 자연 선택은 "나중에 그러한 구조가 아무리 유용해지더라도, 처음의 미소한 기본적인 시작, 즉 막 생겨난 사소하고 무한히 작은 구조가 보존되고 발달한 이유를 전혀 설명하지 못한다."[56] 미바트는 이것이 문제점이라고 정확하게 인식했는데, "다윈은 자연 선택이 미소한 변화를 통해 작용한다고 가정한다. 이 변화들은 즉각 유용한 것이 되어야 한다."라고 지적했다.[57] 미바트는 자연 선택은 어떤 형질의 초기 단계들, 특히 어떤 기능에도 도움이 되지 않는 초기 단계들을 제거해야 한다고 주장했다. 이에 대해 다윈은 자신의 점진적 이론을 기린의 목에 적용했다. 다윈은 "미소한 비율적 차이는…… 대다수 종에게 조금이라도 유용하거나 중요하지 않다."라고 동의했지만, 초기의 기린은 1mm가 늘어날 때마다 적합도가 그만큼씩 증가했을 것이라고 보았다. "몸의 한 부분이나 여러 부분이 정상보다 조금 더 긴 개체는 일반적으로 살아남았을 것이다. 이들 개체는 교배를 통해 자손을 남겼을 것이고, 그 자손은 동일한 신체 특징이나 같은 방식으로 또다시 변하는 경향을 물려받았을 것이다. 반면에 같은 특성에서 불리한 개체들은 자손을 남기지 못하고 죽었을 가능성이 높다."[58]

미바트는 자신이 제시한 비판의 힘을 제대로 알아채지 못했을 수 있지만, 이후의 생물학자들은 다윈의 응수에 어떤 약점이 있는지 알아채지 못한 것이 분명하다. 다윈은 단지 "미소한 비율적 차이"만 이야기했다. 그리고 자연에서 매우 보편적으로 나타나는 중요한 비율적 차이는 무시했다. 이 문제는 이어지는 장들에서 제대로 살펴볼 것이다. 여기서는 기린이 진화에서 얼마나 중요한 초점이 되었는지 이야기하고 넘어가기로 하자. 기린을 설명하는 것은 자연 자체를 설명하는 것이나 다름없었다.

우리의 명단에서 다음번에 등장하는 박물학자는 로메인스이다. 다윈주의의 앙팡 테리블에 해당하는 로메인스는 진화의 순서를 거꾸로 뒤집었다. 그는 "기린은…… 높은 나무의 잎에 닿는 데 유리한, 엄청나게 긴 목을 지지하도록 몸 전체가 적응한 반추 동물이다."라고 주장했다.[59] 다시 말해서, 긴 목이 먼저 생겼고, 나머지는 그것에 맞춰 진화했다는 것이다. 이렇게 기린을 설명하기 위한 전투는 계속 이어졌다.

1889년에는 월리스가 기린 문제로 되돌아왔다. 그 무렵에 급진적인 자연 선택 이론 옹호자가 된 월리스는 피부의 적응 기능에 감탄했다. "기린처럼 거대한 동물조차 먹이를 먹는 덤불 외곽에서 흔하게 나타나는 풍경인 죽고 부러진 나무들 사이에 서 있을 때 색과 형태 때문에 몸이 완벽하게 가려진다고 한다. 피부의 큰 반점 무늬와 부러진 나뭇가지 비슷하게 생긴 머리와 뿔의 기묘한 형태는 몸을 가리는 데 아주 큰 도움이 되어 눈이 예리한 원주민조차 나무를 기린으로 또는 기린을 나무로 오인하는 일이 있다고 한다."[60] 여기서 우리는 수 km 밖에서도 눈에 잘 띄는 피부가 완벽한 위장술이라고 믿어야 한다. 월리스의 신념은 자연 선택 이론이 지닌 동의어 반복 성격을 잘 보여주는데, 훗날 굴드와 리처드 르원틴

Richard Lewontin은 월리스의 이런 태도를 팡글로스Pangloss(볼테르의 소설 『캉디드』에 등장하는 낙천주의자—옮긴이)처럼 엄청난 낙천적 태도로 모든 형질의 유용성과 적응성을 상정했다고 묘사했다.[61]

기린 문제를 설명하기 위한 경쟁은 사상의 역사에서 일어난 수렴 진화의 한 예이다. 곤충과 박쥐, 조류 사이에서 비행 능력이 진화한 사실이 이 이동 수단의 우수성을 보여주는 것처럼 서로 대립하는 이론들에서 기린의 목이 중심적 위치를 차지한 사실은 이 특성이 사례 연구로 얼마나 훌륭한 것인지 보여준다. 기린이 제기한 문제는 너무나도 크고 긴급한 것이어서, 자연 선택 편향을 확립하는 데 중추적 역할을 한 두 사람인 월리스와 다윈도 그것을 해결하려고 비상한 노력을 기울였는데, 그 과정에서 의심스러운 추측으로 자신들의 훌륭한 이론에 흠집을 남겼다.

똑같은 실수를 저지른 위대한 지성들

—

답은 일찍 죽는 경향이 있지만, 훌륭한 질문은 영원히 살아남는다. 과학적 난제를 제기하면서 살아온 기린의 경력은 끝난 것처럼 보였다. 후대 과학자들은 만장일치의 평결을 내렸다. 다윈이 옳았고 라마르크의 주장은 터무니없는 것으로 결론이 났으며, 이것으로 사건은 종결되었다. 다윈주의가 목의 수수께끼를 푼 뒤 거의

100년 동안 생물학자들은 기린에 흥미를 잃었다. 하지만 현장 연구자들이 아프리카에서 기린을 연구하면서 이 사건이 다시 주목을 끌게 되었다. 사실이 축적되면서 표준적인 설명에 많은 구멍이 있다는 사실이 드러났다.

첫째, 기린의 긴 목이 먹이를 구할 때 유리하다는 주장은 야생에서 기린을 본 적이 없는 진화론자들이 머릿속에서 만들어낸 개념으로 드러났다. 건기에 기린은 주로 덤불이나 어깨 높이보다 낮은 곳에 있는 잎을 뜯어먹고 높은 곳의 잎은 별로 뜯어먹지 않는다. 전체 시간 중 절반은 2m 혹은 그 아래의 잎을 뜯어먹으며 보내는데, 게레눅*Litocranius walleri*과 쿠두*Tragelaphus imberbis*와 큰쿠두*Tragelaphus strepsiceros* 같은 큰 초식 동물과 먹이를 구하는 공간이 겹친다. 마치 다윈주의자들에게 앙심이라도 품은 것처럼 기린은 오히려 먹이가 풍부한 우기에 높은 곳의 잎을 뜯어먹는 경향이 더 크게 나타난다.[62]

둘째, 기린과 가까운 친척인 오카피*Okapia johnstoni*의 목과 다리 길이 비를 비교한 결과에 따르면, 기린이 2.1배 더 크다. 즉, 목의 길이가 기대한 값보다 2.1배 더 길다. 이렇게 높은 목으로 혈액을 펌프질해야 하기 때문에 기린은 알려진 동물 중에서 혈압이 가장 높으며, 그래서 심장이 아주 큰 대신에 다른 주요 기관의 능력은 줄어들었는데, 뇌의 크기가 불균형적으로 작은 것도 이 때문이다.[63]

마지막으로, 2010년에 기린의 개체수를 조사한 결과에 따르면, 가뭄 시기에 어른 기린 중에서 키가 크고 몸집이 큰 수컷이 가장 많이 죽었다. 이들은 칼로리가 더 많이 필요한데, 어떤 높이의 나무에서도 충분한 잎을 섭취할 수 없었다.[64]

이 모든 결과는 기린의 긴 목이 적응 이득이 없을지도 모른다는 사실을 시사한다. 오셀로에 대한 증오심을 정당화하려는 이아고의 태도를 콜리지가 "이유 없는 악의로 아무 이유나 찾으려는 태도"라고 경멸적으로 표현한 말이 떠오른다.[65]

기린의 목에 대해 다윈주의자가 합의한 견해가 흔들리자, 생물학자들은 자연 선택 이론의 관점에서 새로운 설명을 네 가지 이상 내놓았다. 로버트 시먼스Robert E. Simmons와 루 시퍼스Lue Scheepers가 1996년에 내놓은 설명은 기린의 목이 다윈주의와 양립하는 이론인 성 선택을 통해 길어졌다고 말한다. 시먼스와 시퍼스는 목은 발달과 크기와 기능 면에서 성적 이형성sexual dimorphism을 나타낸다고 지적한다. 수컷의 목과 머리뼈는 사춘기 이후에도 계속 자라 수컷은 비슷한 크기의 암컷보다 목이 더 길고 무겁고 튼튼하다. 다 자란 800kg의 암컷은 목의 무게가 약 51kg인 반면, 800kg의 수컷은 목의 무게가 약 60kg이다. 이 차이는 긴 목의 목적이 먹이 섭취보다는 구애에 있음을 시사한다. 만약 긴 목이 먹이를 구하는 데 중요한 이점이 된다면, 성적 이형성은 비생산적인 것이 되기 때문이다—먹는 것은 양 성 모두 필요하니까. 암컷은 더 긴 목을 가진 수컷에게 경쟁이 되지 않을 텐데, 종의 생존에는 암컷이 수컷보다 훨씬 중요하다는 사실을 감안하면 이것은 자기 파괴적 행위나 다

릅없다. 하지만 수컷은, 그리고 오직 수컷만, 서로 목을 휘두르며 튼튼한 머리로 상대방을 치는 행동을 하는데, 서로 간에 서열을 정하는 이 의식에서는 부상과 죽음도 종종 발생한다.[66] 따라서 시먼스와 시퍼스는 더 길고 튼튼한 목은 종의 전반적인 생존 전망에는 부정적 효과를 전혀 미치지 않으면서 짝짓기 기회를 확보하려는 수컷들에게 적응적으로 유리하다고 추측한다.

하지만 이 발견과 그 해석에는 반론이 제기되었다. 그레이엄 미첼Graham Mitchell과 그 동료들은 「성 선택은 기린에게 긴 목을 만들어낸 기원이 아니다」라는 제목의 논문에서 목의 성장률은 실제로는 양성 모두 비슷하다고 주장한다. 이들이 관찰한 바에 따르면, 암컷과 수컷 사이의 형태적 차이는 미미하다.[67] 두 번째 연구에서 이들은 큰 수컷이 목을 휘두르는 대결을 하는 경우가 드물다고 보고했다. 싸움은 다 자라지 않아 머리와 목 길이가 암컷과 비슷한 수컷들 사이에서 많이 일어나는데, 이것은 목의 길이가 구애 의식과 관계가 없음을 시사한다. 무엇보다도 승자가 짝짓기를 더 많이 하는 것도 아닌데, 이것은 목이 특별히 긴 기린이 목 싸움 경쟁력을 통해 실제로 얻는 생식적 이득이 전혀 없음을 시사한다.[68]

또 다른 설명은 자연 선택의 대안이 될 수 있다. 다윈은 사하라 이남 아프리카 지역의 기린은 오로지 종내 경쟁을 통해 진화했다고 믿었다. “남아프리카에서 아카시아나무와 다른 나무의 더 높은 나뭇가지에 달린 잎을 뜯어먹는 경쟁은 기린과 기린 사이에서만 일어나고, 다른 유제류 동물과는 일어나지 않은 것이 분명하다."[69] 하지만 다윈은 현장에서 기린을 본 적이 전혀 없는 반면, 엘리사 캐머런Elissa Cameron과 요한 두 토이Johan T. du Toit는 현장에서 기린을 관찰했다. 이들은 남아프리카에서 유제류가 아카시아를 뜯어먹는 습성을 관찰한 끝에 긴 목은 다른 유제류와의 경쟁을 통해 진화했으며, 그 결과로 기린은 다른 동물들보다 더 높은 곳의 잎을 뜯어먹을 수 있게 되었다고 결론 내렸다.[70]

얼핏 보기에 이러한 관찰 사실은 비록 다윈 자신이 선택한 것은 아니지만, 다윈의 이론을 지지해주는 것처럼 보인다. 하지만 캐머런과 두 토이는 거기서 좀 더 지나치게 멀리 나아가 상식에서 벗어나는 가설을 만들었다. 기린은 경쟁에서 다른 초식 동물을 물리치기 위해 긴 목이 진화했을 수 있지만, 가장 키 큰 경쟁자인 아프리카코끼리*Loxodonta africana*보다 무려 2m가 넘을 정도로 긴 목을 가져야 할 이유는 없다. 키가 2.3m로 아프리카에서 세 번째로 키 큰 동물인 타조는 경쟁자가 아닌데, 씨와 관목, 풀, 열매, 꽃처럼 다른 먹이에 의존해 살아가기 때문이다. 다른 초식 동물과의 경쟁 가설을 받아들이는 것은 아프리카 사바나가 코끼리와 기린에게 필요한 영양을 충분히 공급하지 못해서 두 종이 높이를 놓고 폭주 경쟁을 벌인 끝에 한 종이 다른 종을 필요 이상 아주 큰 차이로 따돌리게 되었다는 결론을 받아들이는 것이나 다름없다. 또한 자연선택은 1mm의 부리 크기 차이가 다윈핀치들에게 생사가 달린 문제였다고 주장한다(제3장 참고). 정밀도에서 이렇게 큰 차이를 용인하는 것은 이해하기 어렵다. 높이가 기린을 코끼리보다 유리한 위치에 서게 해준다는 사실은 받아들일 수 있지만, 치열한 생존 경쟁에서 훨씬 부담이 적으면서 동일한 이득을 얻을 수 있는, 예컨대 50cm 차이 대신에 굳이 2m 차이를 유지하는 부담을 기꺼이 감수한다는 것은 이해하기 어렵다.

1996년, 굴드는 "가장 믿기 힘든 이야기"라는 글에서 기린의 목 문제를 다루었다. 몇 년 전에 굴드와 엘리자베스 브르바Elisabeth Vrba는 진화가 일어나는 동안 형질의 기능이 변할 수 있다는 개념(이것을 '굴절 적응exaptation'이라고 불렀다)을 제안했다.[71] 따라서 굴드가 우리의 주인공에게 굴절 적응을 적용하려고 시도한 것은 지극히 자연스러운 일이었다. 굴드는 "목은 처음에 다른 용도의 맥락에서 길어진 뒤, 기린이 탁 트인 평원으로 옮겨갔을 때 더 나은 식사를 하는 데 사용되었을 수 있다."라고 썼다.[72] 여기서 또다시 적응 가정이 등장한다. 굴드는 월리스를 팡글로스처럼 지나치게 낙천적이라고 낙인찍었지만, 이번에는 자신이 동일한 사고방식에 빠지고 말았다.

또 1996년에 도킨스는 마지막 수단으로 생물학자들 사이에 금기시되는 대진화macroevolution 개념을 내놓았다. "기린의 목은 단 한 번의 돌연변이 단계를 통해 나타났을 수 있다(비록 나는 그러지 않았다고 생각하지만)." 도킨스는 이것이 매우 비정상적이라는 사실을 인정했다. 일반적으로 진화적 변화는 많은 세대에 걸친 돌연변이를 포함한다. 하지만 비록 가능성은 낮다 하더라도, 그런 일이 완전히 불가능한 것은 아니다. 왜냐하면, 기린의 목과 그 조상의 목 사이의 차이는 "적어도 눈이 전혀 없는 상태와 현대적인 눈 사이의 차이와 비교하면 사소한" 것이기 때문이다.[73] 즉, 기린은 가장 가까운 친척들(현생종인 오카피와 멸종한 종인 시바테리움 기간테움 *Sivatherium giganteum*과 데켄나테리움 렉스*Decennatherium rex*)보다 목이 훨씬 긴 반면 질적으로는 더 복잡하지 않기 때문에, 적은 수의 돌연변이로, 어쩌면 단 한 번의 돌연변이로 이것을 설명할 수 있을지도 모른다.[74]

도킨스와 굴드는 월리스와 다윈과 다소 비슷해 보인다. 선호하는 이론에 너무 푹 빠진 나머지 데이터를 가장 단순하게 해석한 결과는 그것이 틀렸음을 시사하는데도, 그것이 옳을 수 있는 방법에 대해 다소 극단적인 추측을 한다. 이들의 추측이 옳은지 그른지 판단하는 것은 내가 할 일이 아니지만, 이들을 따라 저항이 가장 심한 길을 걸어가는 것은 합리적인 행동이 아니라고 확신한다.

"지금으로서는 '기린은 어떻게 목이 길어졌을까?'라는 질문에 대해 '아직 모른다.'라고 답할 수밖에 없다."[75] 하지만 기린은 우리가 여행을 시작한 진화관에 남아 있다. 그것도 네 마리가 진화의 최고 아이콘처럼 위풍당당하게 서 있다. 기린은 아직도 진화론을 괴롭히는 존재인데도 불구하고 말이다. 기린이 이러한 지위를 누리는 이유는 현직 편향incumbency bias 때문이다. 창시자가 연구한 생물과 기관은 지위가 크게 높아져 아무도 건드릴 수 없는 존재가 된다. 변화를 동반한 대물림 이론은 아무도 무너뜨릴 수 없지만, 만약 자연 선택 이론의 기둥을 무너뜨리는 것이 있다면, 그것은 지나치게 긴 기린의 목일 것이다.

진화론자들을 엉뚱한 길로 벗어나게 한 책임을 기린에게 물을 수는 없다. 이론가들이 적응을 가정할 때 기린을 아주 매력적인 표적으로 보이게 한 기묘함과 명성은 기린이 선택하지 않았다. 제2장에서는 이 가정을 자세히 살펴볼 것이다. 다윈과 그의 대화 상대들은 처음부터 왜 형질이 적응적이라고 그토록 확신했을까? 제3장에서 다룰 핀치의 경우처럼 일부 사례에는 훌륭한 증거가 있다. 하지만 그 밖의 많은 사례에서 이론가들이 판단의 주요 근거로 삼은 것은 자연과 가축화 사이의 관계에 대한 잘못된 유추였다. 그들은 정글이 자연 선택이라는 품종 개량가가 세대가 거듭될수록 더 섬세한 생물을 만들어내는 농장과 같다고 생각했다. 나중에 보게 되겠지만, 미친 듯이 번진 이 유추는 선택주의자들이 믿는 도그마의 기초가 되었고, 이 도그마는 지금까지도 진화와 그 윤리적 결과에 대한 생각에 영향을 미치고 있다.

제2장

가축화 유추: 다윈의 원죄

The Domestication Analogy: Darwin's Original Sin

낯선 것을 익숙한 것으로 만들려면 어떻게 해야 할까? 『종의 기원』을 쓴 다윈은 일찍이 들어본 적 없는 '자연 선택'이라는 힘이 새로운 종의 출현과 놀라운 생물이 나타나게 한 다양성의 원인이라고 주장하면서 독자들을 설득하려 했다. 그는 사실상 오직 신만이 창조한다는 사실을 부정하려고 했다. 그리고 이 체제를 전복하는 과업을 도울 원군으로 유추에 의지했다. 다윈은 자연 선택이 새로운 개념처럼 보이지만 실제로는 그렇지 않다고 말했다. 자연 선택은 가축화 또는 품종 개량이라고도 부르는 인위 선택과 같다. 행위자는 변하더라도, 그 과정은 동일하다. 동물과 식물은 시간이 지나면서 인위적인 것이건 자연적인 것이건 환경에 잘 적응하도록 변하는데, 생존에 도움이 되는 짝짓기를 통해 실현하는 묘기이다.

빅토리아 시대 독자들은 인위 선택에 익숙했기 때문에 이 새로운 패러다임을 쉽게 받아들일 수 있었다. 인위 선택은 자연 선택을 가능한 것으로 심지어 그럴듯한 것으로 보이게 했다. 19세기 중엽의 영국에서는 순화馴化(야생 동식물을 옮겨와 번식시키고 인간의 삶에 유용한 성질을 지니는 개체를 선별하는 과정. 동물의 경우에는 가축화라고 한다)가 광범위하게 일어나고 있었다. 여러 세대에 걸쳐 작은 변화의 축적을 통해 새로운 동식물 품종을 만드는 과정을 관찰하거나 직접 그 과정에 참여한 독자들도 많았다. 품종 개량을 하려면 바람직한 형질을 촉진하고 바람직하지 못한 형질을 억눌러야 한다는 사실을 잘 알고 있던 다윈의 독자들은 『종의 기원』 부제에 포함된 '선호되는 품종의 보존' 개념을 당연한 것으로 여겼다. 다윈과 같은 시대에 살던 사람들은 품종 개량 덕분에 생물은 변할 수 있을 뿐만 아니라 더 완벽하게 만들 수 있다는 사실을 알고 있었다. 품종 개량가들은 "동물의 구조는 자신들이 원하는 대로 빚어낼 수 있는 매우 가변적인 것이라고 습관적으로 말한다."[1] 다윈은 양 품종 개량가들에 대해 이야기할 때에는 존 서머빌John Lord Somerville이 한 말을 인용했다. "마치 그들은 벽에 그 자체로 완벽한 형태를 그리고는 그것에 생명을 불어넣는 것처럼 보인다."[2]

가축화 자체—유추가 아니라—는 큰 이점이 두 가지 있다. 첫째, 가축화는 다양한 생물들이 공통 조상으로부터 유래했다는 개념에 신빙성을 더해주었다. 이 개념은 아펜핀셔에서부터 숄로이츠쿠인틀레에 이르기까지 수백 가지 개 품종이 모두 회색늑대의 후손이라는 사실만으로도 충분히 이해할 수 있다. 둘째, 가축화는 전 세계로 종이 확산해간 방식을 보여주는 모형 역할을 했다.[3] 자연에서 운송 수단은 이따금씩 제공되는 반면, 가축화 과정에서는 의도적으로 제공된다.

이 유추는 또한 막 제기되기 시작한 유한하지만 매우 긴 지구의 나이 개념과 결합해 자연 선택의 신빙성을 더 높여주었다. 『종의 기원』이 출간된 지 불과 3년밖에 지나지 않아 다윈주의를 둘러싼 논쟁이 치열하게 벌어지던 1862년, 켈빈 경Lord Kelvin은 지구의 나이를 2000만 년에서 4억 년 사이로 추정했다. 신석기 혁명부터 다윈의 시대까지 겨우 1만 3000년 동안 일어난 인위 선택이 농업 부문에서 획기적인 위업을 달성한 사실을 감안한다면, 그 긴 시간 동안 자연 선택은 얼마나 엄청난 일을 했겠는가? 다윈은 아 포르티오리 논증을 명료하게 펼쳤다. 다윈은 『사육과 재배 하에서 일어나는 동물과 식물의 변이The Variation of Animals and Plants under Domestication』에서 "인간은 거대한 규모로 실험을 해왔다고 말할 수 있겠지만, 자연은 그런 실험을 아주 긴 시간 동안 끊임없이 시도해왔다."라고 썼다.[4]

새로운 종이 출현하는 것을 본 사람이 아무도 없다고 이의를 제기하는 사람에게 다윈은 가축화가 바로 눈에 보이는 진화라고 답했다. 라이엘은 다윈과 그 밖의 박물학자들에게 현재는 과거의 열쇠라고 가르쳤다. 마찬가지로 현재의 가축과 재배 작물을 통해 과거에 존재한 형태를 보거나 쉽게 상상할 수 있다. 따라서 맨눈으로 볼 수 있는 동식물 품종은 진화의 작용을 보여주는 이상적인 모형으로 간주할 수 있다.

자연 선택을 옹호하는 논증 과정에서 유추를 사용하는 것은 이론적으로 아무 하자가 없다. 논증에서 개념적 은유를 사용하는 것은 건축에서 비계를 사용하는 것과 같다. 은유는 발견적, 교훈적, 유혹적 메커니즘을 통해 혼자 힘으로 설 수 있을 때까지 논증을 옹호하며, 일단 그 단계에 이르면 은유는 그 역할을 다하고 폐기된다. 하지만 다윈에게는 가축화가 단지 비계에 불과한 게 아니었다는 주장을 뒷받침하는 사실이 많다. 무엇보다도 다윈은 가축화 유추가 담당한 중심적 역할을 분명히 밝혔다. 다윈은 1859년 4월 6일에 월리스에게 보낸 편지에서 자연 선택의 발견은 세 가지 경험에 영감을 받아 일어났다고 설명했다. 그 세 가지 경험은 5주간의 갈라파고스 제도 방문, '재미 삼아' 읽은 맬서스의 『인구론』, 평생 동안 유지했던 품종 개량가와 육종 애호가와의 교분이었다. 『종의 기원』에 언급된 세 가지 경험의 빈도로 판단할 때, 맬서스는 단 두 번만 언급되어 영향력이 가장 작다. '지리적 분포'를 다룬 제2장과 갈라파고스 제도 방문이 주제인 제12장이 훨씬 중요하다. 하지만 가장 중요한 것은 제1장의 '사육과 재배 하에서 일어나는 변이'이다. 제1장은 다윈이 이 유추로 이야기를 시작한 장일 뿐만 아니라, 『종의 기원』에서 다룬 주제들 중에서 유일하게 별도로 『사육과 재배 하에서 일어나는 동물과 식물의 변이』라는 책을 낳은 주제이기도 하다.[5]

가축화 유추는 처음부터 다윈의 진화적 사고에 포함돼 있었고, 수정할 기회가 많았는데도 다윈의 마음에서 떠난 적이 없었다. 이 유추는 1844년에 쓴 논문에 처음 등장했는데, 이 논문은 다윈의 아들 프랜시스 다윈Francis Darwin이 1909년에 책으로 출간했다.[6] 가축화 유추는 아주 중요한 역할을 하여 『종의 기원』의 모든 판에 등장하며, 심지어 자연 선택의 실제 증거까지도 압도한다. 처음에 자연 선택 이론에 영감을 준 사례인 갈라파고스 제도의 핀치는 『종의 기원』 제6판과 마지막 판에 모두 세 차례 등장한 반면, 품종 개량가들이 좋아한 비둘기는 113번이나 나온다. "지금까지 집비둘기의 기원에 대해 불충분하긴 하지만 꽤 길게 이야기했다. 왜냐하면, 내가 비둘기를 처음 기르면서 몇몇 종류를 관찰했을 때, 이들이 얼마나 신뢰할 수 있게 번식하는지 잘 아는 나는 야생 자연에서 되새류나 다른 큰 조류 집단의 많은 종들에 대해 비슷한 결론을 내린 박물학자들과 마찬가지로 이들이 하나의 공통 조상으로부터 유래했다고 믿는 데 큰 어려움을 겪었기 때문이다."[7] 다윈이 본 것처럼 자연 선택의 명백한 증거가 바로 거기에, 즉 인위 선택의 능력에 있었다.

다윈이 가축화 유추에 큰 애착을 느꼈다는 것을 가장 강하게 뒷받침하는 증거는 월리스의 단정적인 반대에 대해 침묵을 지킨 것을 들 수 있다. 트르나테 논문에서 월리스는 이렇게 썼다. "가축 사이에서 일어나는 변종의 관찰을 바탕으로 자연 상태의 변종에 대한 추론을 이끌어내서는 절대로 안 된다. …… 가축은 비정상적이고 불규칙하며 인위적이다. 자연 상태에서는 절대로 일어나지 도 않고 일어날 수도 없는 변종이 가축에게서는 나타날 수 있다."[8] 이 반론은 다윈에게 보낸 것이 아니었는데, 『종의 기원』은 1년 전에 출간되었고, 월리스는 1844년의 미발표 논문을 전혀 몰랐기 때문이다. 반면에 다윈은 품종 개량가의 이미지에 푹 빠진 나머지 월리스의 견해를 무시하기로 결정했다. 다윈은 『종의 기원』이 개요에 지나지 않으며, 자신의 이론을 더 발전시키겠다고 약속했지만, 끝까지 가축화 유추를 바꾸지 않았고 반대 의견에 답하지도 않았다.[9]

따라서 품종 개량은 다윈의 논증에서 비계라기보다는 주춧돌이라고 하는 편이 옳다. 다윈은 가축화 유추의 논리에서 결코 벗어나지 못했고, 그럴 마음도 먹지 않았는데, 그것이 문제가 된다고는 전혀 생각하지 않았기 때문이다. 자연 선택은 인위 선택을 본떠 만들어졌고, 자연 선택은 인위 선택과 같은 방식으로 작용했다. 그 이후로 이 유추는 우리 곁에 계속 머물면서 자연 선택이 생존 경쟁에서 종의 수행 능력을 끝없이 최적화시키는 행위자라는 환상을 부추겼다.

가축화 유추에 대한 반론

월리스는 다윈이 죽은 후에 비판의 수위를 한층 더 높였다. 그는 "다윈의 이론이 주로 가축과 재배 식물에서 나타나는 변이의 증거에 기반을 두었다는 사실은 늘 그의 연구에서 약점으로 간주되었다."라고 썼다.[10] 이 혹독한 비판은 이것이 없었더라면 다윈에게 경의를 표하는 작품이 되었을 월리스의 저서 『다윈주의: 자연 선택 이론 해설Darwinism: An Exposition of the Theory of Natural Selection』에 나온다. 월리스는 다윈을 존경했지만, 『종의 기원』이 나오고 나서 『다윈주의: 자연 선택 이론 해설』이 나오기까지 30년이 흐르는 동안에도 가축화 유추가 사실을 명쾌하게 밝히는 대신에 오히려 모호하게 만든다는 신념은 전혀 변하지 않았다. 이렇게 믿었던 데에는 두 가지 이유가 있었다. 첫째, 인위 선택은 어떤 종류의 의식을 가진 주체를 상정하는 반면, 자연 선택은 주체나 힘이 아니라 확률이 지배하는 과정의 결과이다. 둘째, 가축화는 자연적 과정에서 생겨나는 것보다 종류가 훨씬 다른 변종들을 낳는다. 예를 들면, 품종 개량가는 붉은여우*Vulpes vulpes*를 길들였지만, 자연은 붉은여우의 그런 성향을 선호하지 않는다.

다윈의 동료 중에서 반론을 제기한 사람은 월리스뿐만이 아니었다. 로메인스는 가축과 재배 식물은 외적 특성이 크게 다른 품종도(개의 다양한 품종을 생각해보라) 교배시켰을 때 여전히 생식 능력을 지니기 때문에, 인위 선택으로부터 자연 선택을 추론해서는 안 된다고 주장했다. 이와는 대조적으로 자연계의 종들은 비록 때로는 서로 차이가 거의 없는데도 불구하고, 이종 교배시켰을 때 거의 항상 불임이라는 결과를 낳는다.[11]

다윈은 정곡을 찌르는 월리스의 비판을 왜 무시했을까? 다윈의 완고한 태도가 완전히 이해의 범위에서 벗어나는 것은 아니다. 그 유추가 지닌 아 포르티오리 논증의 성격을 생각해보라. 이것은 유혹적인 논증을 만드는 데 도움을 준다. 다윈은 『종의 기원』에서 또다시 서머빌 경의 말을 인용해 이렇게 썼다. "아주 능숙한 품종 개량가인 존 시브라이트John Sebright 경은 비둘기에 관해 '원하는 깃털은 3년 안에 만들어낼 수 있지만, 원하는 머리와 부리를 얻는 데에는 6년이 걸린다.'라고 말하곤 했다."[12] 만약 품종 개량가가 기묘한 진화적 결과를 그토록 빨리 얻을 수 있다면, 자연은 그보다 훨씬 대단한 일을 할 수 있지 않겠는가? 품종 개량 분야에서 일어나는 진전들을 감안하면, 이 논증은 오늘날에는 더욱 강해진 것처럼 보인다. 다윈의 왕관에서 가장 빛나는 보석은 아마도 러시아 노보시비르스크에 있는 세포학 및 유전학 연구소일 것이다. 이곳에서는 붉은여우의 야생성을 없애는 데 성공했다. 연구팀은 현상학적 기준을 사용해 여우를 길들일 가능성에 점수를 매겼다. 점수는 무는 행동과 달아나는 행동에서부터 인간과 접촉을 시도하는 행동에 이르기까지 여우가 실험자에게 보이는 우호적 반응 정도를 반영해 매긴다. 여우는 생후 1개월이 되기 전에 이런 종류의 행동들을 보이기 시작한다. 여우의 행동에 따라 매년 수컷 중 5%와 암컷 중 20%만 짝짓기를 허용하는 선택의 원칙을 적용했다. 다윈은 비교적 사소한 결과를 얻기 위해 사용하는 무자비한 선택의 능력을 찬양했다. "리버스 경은 어떻게 매번 최고의 그레이하운드를 얻는

데 성공할 수 있느냐는 질문에 '나는 많은 개를 교배시키고, 많은 개를 죽입니다.'라고 대답했다."[13] 이에 반해 시베리아 툰드라에서 벌어진 무자비한 선택은 불과 40년 만에 야생 동물을 사람의 환심을 사려고 애쓰고 휘감긴 꼬리와 축 늘어진 귀를 가진 유순한 애완동물로 바꾸어놓았다. 연구소장 류드밀라 트루트Lyudmila Trut는 "우리 눈앞에서 '야수'가 '미녀'로 변했다."라고 말했다.[14] 오늘날에도 다윈의 사도 대부분이 심지어 그것이 옳은지 의문이 제기될 때에도 가축화 유추 언어를 사용하는 것은 놀라운 일이 아니다. 그것은 다윈이 생각한 것만큼 매력적이기 때문이다.

다윈의 방어적 태도는 맹목적인 사랑의 산물이었을 수도 있다. 그는 특정 과학 패러다임의 창시자로서 그것이 옳음을 입증하는 데 특별히 큰 열정을 보였다. 토머스 쿤Thomas Kuhn이 패러다임 전환 개념을 만드는 데 영감을 준 루드비크 플레츠크Ludwik Fleck는 새로운 사고방식을 만드는 사람은 한 가지 생각에만 빠져야 한다고 말했다. 다른 사람들은 여러 가지 접근법을 취해도 되지만, 혁명가는 자신의 입장을 굳건히 고수해야 한다. 따라서 다윈은 비판 앞에서 어느 정도 완고한 태도를 견지해야 했다. 진리의 역사에서 그토록 큰 차이를 만들어내려면 다른 방법이 없었다.[15]

가축화의 오류

천재의 개념은 절대로 버리지 마라. 나는 가축화 유추가 틀린 것이긴 하지만, 만약 그것을 거꾸로 뒤집기만 한다면 지식에 큰 기여를 할 수 있다고 인정한다. 우리는 인위 선택으로부터 자연 선택을 유추하는 대신에 가축화로부터 자연의 실제 모습과 '다른' 것을 유추해야 한다. 앞으로 나는 품종 개량가들의 가치와 활동이 어떻게 자연에서 일어나는 것과 다른 결과를 만들어내는지 밝혀내기 위해 그들이 하는 일을 자세히 들여다볼 것이다. 여기서 우리는 흔히 진화 때문에 생겨났다고 이야기하는 우생학 윤리와 자본주의 윤리의 진정한 원천을 보게 될 것이다. 그것은 자연 법칙이 아니라 인간의 오만에서 비롯되었다.

선택 오류

"특정 형질을 가진 개체들의 차등적 생존과 생식"이라는 자연 선택의 일반적인 정의는 그 뒤에 있는 주체를 전혀 언급하지 않는다. 하지만 자연 선택이라는 주문을 외우면, 거의 필연적으로 그 주체가 뒷문을 통해 들어온다. 자연 선택은 표현형에 작용하고, 경쟁하는 대립 유전자들 사이에서 작은 차이를 면밀히 살펴 개체군에 변화를 가져온다고 한다. 자연 선택은 살피고, 작용하고, 보존하고, 고정시키고, 추진시킨다. 보이지 않게 숨어 있지만, 이 묵시적인 주체는 탁월성을 선호하는 거대한 계획, 즉 진화를 설계한 주인공이다.

그토록 많은 사람들이 이것을 믿는 현실은 다윈의 유추가 발휘한 한 가지 기능인데, 이 유추는 유리한 돌연변이를 양성적이고 방향성이 있는 방식으로 선택하는 것이 선택의 주 기능이고, 해로운 돌연변이를 제거하는 것은 미미한 기능이라고 암시한다. 농장에서 바로 그런 일이 일어나는데, 이곳에서는 품종 개량가가 자신의 기대나 기분에 어긋나는 변이를 간택簡擇(여럿 중에서 골라내 선택함)한다. 이것을 달리 표현하면, 우리에서는 양성 선택이 표준이고 음성 선택은 그 부산물이라고 말할 수 있다. 선택된 것은 계속 살아남고, 나머지 모든 변이는 선택되지 않아 사라진다. 자연에서 일어나는 일은 완전히 다르다. 어떤 변이가 계속 살아남는다고 해서 다른 변이들이 반드시 사라지지는 않으며, 그 변이가 계속 살아남는다고 해서 그것이 선택되었다는 뜻은 아니다. 가축 품종이나 재배 식물 품종은 선택되거나 배제되지만, 야생 자연에서 살아남는 동식물은 아무런 평가도 받지 않는다. 살아남은 동식물이 반드시 선택된 것도 아니고, 도태된 동식물이 반드시 가치가 덜한 것도 아니다. 인위 선택은 좋은 것에서 더 좋은 것으로, 더 좋은 것에서 가장 좋은 것으로, 가장 좋은 것에서 더 이상 좋을 수 없는 것으로 양성적이고 방향성이 있고 끊임없이 계속되는 움직임을 촉진하는 반면, 자연은 더 좋은 것과 가장 좋은 것, 심지어 좋거나 나쁜 것에 무신경하다. 자연에서 중요한 것은 생물이 살아남아 번식을 할 만큼 충분히 훌륭하기만 하면 된다.

시간이 지나면서 집단유전학자들은 선택은 양성적 과정이 아니라 음성적 과정이라고 주장하면서 다윈주의의 입장을 분명하게 정리했다. 자연 선택은 좋은 형질을 선택하는 것이 아니라, 대신에 나쁜 형질을 솎아냄으로써 종을 정화한다. 본질적으로 어떤 구조라도 일단 개체군 내에서 자리를 잡으면, 그것이 유용한 것인 한 해로운 돌연변이로부터 보호를 받는다.[16] 사실, 이것이 이야기의 전부는 아닌데, 자연은 해로운 돌연변이도 용인할 수 있기 때문이다. 하지만 현대의 다윈주의가 뭐라고 주장하건, 전문가와 과학 저자와 일반 대중은 제1장에서 설명한 역사적 및 미학적 이유로 양성적이고 방향성이 있는 선택이란 용어를 사용해 이야기하는 경향이 있다. 다시 말해서, 지적으로 우리는 여전히 가축화 유추 영역에 머물러 있다. 가축화 유추는 계속 진화 메커니즘의 속기 버전으로 남아 있다.

만약 다윈이 육종 애호가의 마법에 빠지지 않았더라면, 자신의 발견을 '자연 도태natural elimination'라 부르고, '선택'이란 단어는 유리한 변종이 고정되고 안정되는 희귀한 사례를 위해 남겨두었을 것이다. 그렇다면 어떤 것이 도태될까? 치명적이고 불운한 것이 도태된다. 이 대체 우주에서는 생물학의 역사와 생물학이 선호하는 것이 아주 다를 것이다. 우리는 적합도 대신에 우연을 이야기할 것이다. 자연 도태를 피하는 방법은 무엇일까? 정상 상태를 택하고 거기에 운만 따르면 된다. 운은 충분히 훌륭한 조건에 꼭 필요한 성분이다. 운이 충분조건이 될 때도 많다.

해로운 형질이 계속 살아남는 현실은 다윈의 오류를 입증한다. 예를 들어 선택 패러다임에 따르면, 색맹을 일으키는 유전자인 OPN1LW, OPN1MW, OPN1SW의 돌연변이가 전혀 없어야 한다.[17] 하지만 색맹은 간택되지 않은 것이 분명한 반면, 색맹인 사람이 도태되어야 할 만큼 아주 나쁜 것은 아니다. 만약 다윈이 자연도태를 채택하고 그 의미를 깊이 생각했더라면, 이러한 돌연변이가 계속 살아남는 현실은 이론적으로 아무 문제가 되지 않을 것이다. 그랬더라면 진화론은 아직까지 남아 있는 모순과 스스로 조장한 오해, 그리고 여기저기서 고개를 드는 저항에 면역력을 지녔을 것이다. 자연 선택이 우리 주변에서 관찰되는 진화의 산물과 어긋나는 번식의 법칙을 따르는 반면, 자연 도태는 자연에서 관찰되는 기이한 것들을 허용한다. 여기에 주체를 불러오는 위험이 있긴 하지만, 자연 도태가 때로는 한 눈을 감고 낮잠을 자면서 좋지 않은 변이를 살아남게 한다고 은유적으로 말할 수 있다. 그리고 자연 도태는 때로는 양 눈을 다 감고 총을 쏨으로써 좋은 것과 나쁜 것을 똑같이 죽인다. 자연 도태는 방향이나 목적, 편향이 없다. 무심함 못지않게 변덕도 아주 심하다.

자연 도태 이론은 은유와 주관성의 벼랑에서 뒤로 물러나, 심지어 환경 조건이 허락하는 곳에서는 해로운 변이도 살아남고, 조건이 허락하지 않는 곳에서는 이로운 변이도 제거된다고 주장한다. 선택받은 자가 살아남는 것이 아니라, 운이 좋은 자가 살아남는다.

인위 선택으로부터 자연 선택을 유추하고, 그럼으로써 도태와 관용 대신에 선택을 선호함으로써 다윈은 오래도록 지속될 지적 오류를 조장했을 뿐만 아니라, 우생학의 공포가 등장할 무대를 마련했다. 다윈을 변호하는 사람들은 다윈의 진화 개념을 스펜서Spencer와 골턴Galton의 개념과 구별하고, 다윈 자신이 공언한 선호를 지적함으로써 이 죽음과 억압의 유산으로부터 그를 분리했다. 다윈은 부적자를 없앰으로써 인류의 혈통을 개선하려는 노력을 지지하는 대신에 복지 정책을 통해 약자를 도와야 한다고 주장했으며, 이것을 "원래는 사회적 본능의 일부로 획득되었다가 나중에…… 더 부드러워지고 더 널리 확산된 동정심 본능"의 발로라고 보았다.[18] 하지만 우리는 다윈을 그렇게 쉽게 용서할 수 없다. 자연 선택의 발견자는 분명히 인도적이었지만, 이러한 성향의 자살적 측면도 경고했다. "가축의 품종 개량을 해본 사람이라면 이것이 인류에게 매우 해롭다는 사실을 아무도 의심하지 않을 것이다. …… 인간 자신의 경우를 제외하고는 최악의 동물을 번식하도록 허용할 무지한 사람은 아무도 없을 것이다."[19] 또다시 자연 선택은 자연의 방식이 아니라 인간의 행동 방식을 묘사한다. 즉, 인간의 행동 방식이 자연의 방식과 같다고 주장한다. 이렇게 해서 자연은 사회적 경쟁과 위계를 지지하는 권위자가 된다.

『종의 기원』에서 이 유추는 우생학 용어로 범벅이 된 채 우리에게 제시된다. "사소한 차이들이 비둘기 사이에서 나타날 수 있고 실제로 지금 나타나고 있는데, 이러한 차이는 결함이나 각 품종의 '완벽성 기준'에서 벗어나는 것으로 간주되어 불량품으로 처리된다. …… 덧붙이자면, 비둘기는 매우 많이 그리고 매우 빠르게 번식시킬 수 있고, '열등한' 새는 손쉽게 처리할 수 있는데, 예컨대 죽여서 식량으로 사용할 수 있다."[20] 이 유추를 통해 열등한 것에서 완벽한 것으로 옮겨가는 과정은 자연의 주요 관심사가 되었다. 마치 지구 자체가 다윈의 동료였던 빅토리아 시대 사람들의 예리한 감수성과 그것을 실현하려는 의지를 공유하기라도 한 것처럼 말이다. 하지만 그렇지 않다. 야생 자연에서 불운한 개체는 그저 불운할 뿐이다. 우리가 말할 수 있는 것은 이들이 생식 능력이 없거나 치명적인 돌연변이를 가졌다는 것뿐이다. 이것을 두고 더 자세한 설명을 보태거나 열등과 우월을 논하는 것은 인간의 취향에 불과하다.

굴드는 마치 다윈에게 면죄부라도 주려는 듯이 '적자생존'을 "당면한 국지적 환경에 더 적합하게 설계된" 것으로 설명했다.[21] 하지만 이 게임에서 굴드의 노력은 너무 때늦은 것이었다. 가축화 유추는 외국어를 유창한 모국어로 번역하는 데 너무나도 큰 효과를 발휘해 이제 모든 사람이 그것을 말하고 있다. 적합도를 우월성과 완벽성 추구와 동일시하는 태도가 전염병처럼 큰 성공을 거둔 원인은 발전의 에토스ethos, 말하자면 가치 있는 것을 추구하는 인간의 태도(그것이 자연적인 것이라고 선언한 생물학자들이 그 확산을 부추긴 에토스)에 있다. 우리가 그러한 태도를 고침으로써 추가적인 해로운 효과를 방지할 수 있을 것이라는 희망이 있다 하더라도, 이들이 초래한 피해는 돌이킬 수 없다.

새로운 것 오류

다윈은 『종의 기원』에서 "아무리 사소한 것이라도 새로운 것이라면 무엇이건 가치 있게 여기는 것이 인간의 본성이다."라고 썼다.[22] 가축화 유추는 대칭성을 의미한다. 아무리 사소한 것이라도 새로운 것이라면 무엇이건 가치 있게 여기는 것이 자연의 본성이다.

인간의 경우에는 다윈의 생각이 옳다. 우리는 새로운 것에 약하며, 품종 개량가는 끝없이 개선된 결과를 내놓으면서 그 욕구를 충족시킨다. 가축화는 생존과 여가 활동이라는 두 개의 가지로 이루어져 있다. 생존 가지는 식량, 의류, 안전, 목축, 전쟁, 난방, 이동 같은 필요를 충족시킨다. 여기서 중시하는 것은 효율성이다. 여가 활동 가지는 수집, 패션, 사냥, 애완동물, 경주, 지식 같은 바람과 변덕을 충족시킨다. 여기서 중시하는 것은 장식성fanciness이다. 가축화의 두 가지는 끊임없이 혁신이 일어나야 하는데, 그 이유는 제각각 다르다. 우리에게 식량을 공급하려는 품종 개량가는 기하급수적 인구 증가 때문에 최적화 소용돌이에 휘말려 있다. 우리를 즐겁게 하려는 품종 개량가는 패션이 늘 변하기 때문에 창의성 소용돌이에 휘말려 있다. 우리는 단지 옥수숫대에 붙은 옥수수를 원할 뿐만 아니라, 팝콘을 만들기 좋도록 맞춤 설계된 품종도 원한다. 과학에 이바지하려는 품종 개량가는 병리학 소용돌이에 휘말려 있는데, 인간의 건강을 개선하고, 수명을 늘리고, 생명의 작용을 이해하기 위해 끝없이 탐구하면서 모델 생물에게서 새로운 돌연변이를 찾으려고 한다. 가축화의 어느 가지가 정체에 빠지는 것은 곧 퇴보와 같고, 퇴보는 사업 실패나 자금 지원 중단을 의미하기 때문에, 품종 개량가는 돌연변이를 간절히 원한다. 유용한 돌연변이는 어떤 것이건 장려되며, 그래서 새로운 계통이 계속 많이 생겨난다. 창시자 효과의 한 예가 나온 다음에는 두 번째 예가, 그다음에는 세 번째 예가, ……계속 이어진다. 농장과 실험실에서는 선택압이 일정하다. 가축과 재배 식물은 영구적이고 가속적인 다윈식 진화 상태에 있다.

하지만 이 유추는 정반대 경향이 나타나는 야생 자연에 적용하면 실패하고 만다. 자연은 사소한 것이건 큰 것이건 간에 새로운 것에는 모두 저항한다. 자연의 금언은 "혁신하지 않으면 죽는다."가 아니라 "승리마를 절대로 바꾸지 마라."이다. 자연에서는 무엇이 승리할까? 그것은 바로 자손을 남기는 것이다. 대부분의 상황에서 자손을 남기는 최선의 방법은 이전 세대의 원형을 유지하는 것이다. 어쨌든 이전 세대는 자손을 남기는 데 성공했으니까. 이 공식은 DNA 자체에 프로그래밍되어 있다. DNA의 정교한 기구는 유전체에서 유리한 것이건 해로운 것이건 가리지 않고 돌연변이는 모조리 제거하려고 한다. 이와 반대로 돌연변이를 장려하는 유전적 메커니즘은 발견된 것이 거의 없다. 예외는 면역계와 면역계가 맞서 싸우는 바이러스에서 발견된다.

변화는 자연에서 예외에 속하며, 보수주의가 규칙이다. "정체가 데이터이다, 정체가 데이터이다, 정체가 데이터이다." 굴드는 이 말을 만트라처럼 읊었다("Stasis is data."는 화석 기록에서 종의 진화가 중지된 기간이 오래 지속되었다는 뜻으로 한 말이다. 우리말로는 "데이터는 정체를 말해준다."라고 옮겨야 자연스럽다—옮긴이). 일주일 동안 매일 아침을 먹기 전에 이것을 열 번씩 말하면, 그 논증은 분명히 삼투 현상을 통해 스며들 것이다."[23] 굴드는 진화는 변화의 이론이 될 수 없다는 뜻으로 이렇게 말했는데, 왜냐하면 정체는 도처에 존재하며, 이 관찰 사실 역시 중요하기 때문이다. 도킨스도 이에 동의한다. "비록 진화는 모호한 의미에서 '좋은 것'처럼 보일 수 있지만, 특히 우리가 진화의 산물이기 때문에 그렇게 보일 수 있지만, 진화하길 '원하는' 존재는 사실상 아무도 없다. 진화는 그것을 일어나지 않게 하려는 복제자(오늘날에는 유전자)의 온갖 노력에도 불구하고, 싫건 좋건 그냥 일어나는 것이다."[24] 그렇지 않다는 것이 증명되지 않는 한, 자연에서 정체는 좋은 것이고 변화는 나쁜 것이다. 하지만 우리는 이 원리를 설명하는 굴드와 도킨스의 발언을 무조건 옳은 것으로 받아들여서는 안 된다. 두 사람은 그 세대에서는 진화에 관한 글을 쓰는 사람들 중 가장 유명한 사람이지만, 실제로는 이 분야와 이 분야가 대중을 상대로 하는 대화가 본능적으로 항상 변이와 적응을 강조하면서 변화에 중점을 두고 있어서다. '진화'라는 단어가 아무 이유 없이 '진보'와 '발전'과 동의어처럼 자주 사용되는 게 아니다. 진화를 정체와 동일시한 사람은 이때까지 아무도 없었다.

승자독식 오류

'적자생존survival of the fittest'이란 용어는 허버트 스펜서Herbert Spencer가 『종의 기원』을 읽고 나서 만들었다.[25] 월리스는 이 용어를 '자연 선택'의 대체 용어로 채택하라고 권했다.[26] 다윈은 열광적인 반응을 보였는데, "자연 선택과 인위 선택의 연결은 큰 이득"이 되기 때문이었다.[27]

품종 개량가의 개입은 그 결과로 오직 한 품종만 남기는 운석 충돌(인위적으로 유발한 병목)에 비유할 수 있다. 가축화된 품종은 품종 개량가가 창시자 효과를 유발하려는 목적을 가지고 개입함에 따라 한 병목에서 다음 병목으로 진화한다. 오직 단 하나의 운 좋은 대립 유전자만 살아남는데, 그것이 품종 개량가가 유일하게 살아남길 원하는 대립 유전자이기 때문이다. 완전한 것은 간택되는 반면, 불완전한 것은 생식을 못 하게 하거나 죽여 없앤다. 선택은 이러한 간택 과정을 거친다.

인도 하리아나주에 사는 물소*Bubalus bubalis* 유브라지는 이 완강한 논리를 보여주는 전형적인 예이다. 유브라지는 몸집이 아주 큰 수컷 물소이기 때문에, 그 정액은 농부들과 품종 개량가들 사이에서 인기가 높다. BBC는 다음과 같이 보도했다. "흥분을 자극하는 동물의 도움을 받아 한 번 사정으로 인공 질에 모인 정액이 500~600회분의 정자를 공급할 수 있는데," 이것은 가느다란 띠들로 나뉘어 -196°C의 액화 질소가 들어 있는 50리터짜리 용기에 보관된다. 유브라지의 주인은 유브라지의 정액을 팔아 큰돈을 버는데, 지금까지 유브라지의 정액은 새끼 20만 마리를 낳는 데 사용되었다.[28] 한편, 인도에 사는 수천 마리의 물소는 유브라지가 생식 시장을 독점하는 바람에 금욕 생활을 하며 살아간다. 유전적으로 말하면, 유브라지는 분명한 승자이다.

그렇긴 하지만, 승자가 항상 반드시 운이 좋은 것은 아니다. 때로는 형편없는 부적자인데도 사람들이 남겨두길 원할 수도 있다. 예를 들면, 메인주 바하버의 잭슨연구소에서 120세대 동안 번식시킨 누드생쥐가 있다. 누드생쥐란 이름은 몸에 털이 하나도 없기 때문에 붙었다. 누드생쥐 표본이 소중한 이유는 가슴샘이 없어 심한 면역 결핍 상태로 살아가기 때문이다. 누드생쥐를 연구하면서 경력을 쌓은 생물학자가 수백 명이나 된다. 생존이나 생식 측면에서 볼 때 누드생쥐는 최선이 아니며, 보는 사람을 놀라게 만든다는 점만 빼고는 미학적으로도 그다지 좋은 편은 아니다. 하지만 누드생쥐는 실험실에서 아주 유용하기 때문에 소중한 존재로 간주된다. 그런데 인간의 욕심에는 끝이 없기 때문에 누드생쥐는 이보다 더 나쁜 운명을 맞이할 수 있다. 누드생쥐의 면역 결핍 상태는 절반에 그친다. 누드생쥐는 T 림프구는 없지만 B 림프구는 있다. 1980년대 초에 필라델피아의 폭스체이스암센터 연구자들은 훨씬 상태가 나쁜 생쥐를 만들었다. 중증복합면역결핍증 돌연변이가 있는 이 생쥐는 적절한 면역 반응을 보이거나 조절 및 유지할 수 없다.[29]

자연은 '충분히'라는 단어를 아는 반면, 인간은 만족할 줄 모른다. 탁월성을 숭배하는 문화는 오직 한 승자—혹은 어떤 경우에는 특별히 중요한 패자—만 숭배한다. 자연에는 충분히 훌륭한 것이 많이 존재한다. 살아남고 생식을 하는 개체는 그 수가 많고 다양하다.

사소한 차이 오류

다윈은 아주 작은 차이도 자연 선택의 레이더를 피할 수 없다는 점을 분명히 했다. "매일 매 시간 전 세계 각지에서 자연 선택은 아무리 사소한 것이라도 모든 변이를 연구한다. 나쁜 것은 내치고, 좋은 것은 보존하고 축적한다."[30]라는 표현은 바로 이런 뜻으로 쓴 것이다.

자연 선택이 사소한 차이에 작용한다는 사실은 진화론에서는 공리와도 같은 것인데, 비록 『종의 기원』 제2판에서 앞 구절에 '은유적으로'라는 단어를 추가하긴 했지만,[31] 이 공리는 문자 그대로 받아들여진다. 다윈은 어떻게 해서 자연 선택이 매의 눈을 가지고 있다는 결론을 내렸을까? 그야 물론 인위 선택에서 배운 교훈을 통해서였다. 다윈은 자신의 스승으로 여겼던 육종 애호가에 대해 이야기할 때 이 공리를 많은 단어를 사용해 표현했다. "반드시 표준적인 구조에서 크게 벗어나는 특징이 있어야만 육종 애호가의 눈길을 끄는 것은 아니다. 육종 애호가는 아주 작은 차이도 알아챈다."[32]

하지만 자연은 그렇게 철저하게 감시하지 않는다. 그런 감시는 통제된 조건에서만 가능하며, 자연은 많은 변종의 생존을 허용한다. 섬세한 선택 절차가 시베리아의 야생 여우를 강아지처럼 온순한 동물로 변화시킬 수 있다면, 실험 이전에 이미 그 종이 온순함의 잠재력을 갖고 있었다고 보아야 한다. 품종 개량가도 무에서 유를 만들 수는 없다. 타이가에서 살아간 여우의 조상들은 흉포함에서부터 온순함에 이르기까지 광범위한 성향을 갖고 있었을 것이다. 이 넓은 범위로부터 온순한 성향도 야생에서 살아남을 수 있었고, 자연은 그보다 더 큰 차이도 용인하며 사소한 변이들의 경중은 전혀 따지지 않는다고 추론할 수 있다. 우리가 먹는 식품에도 같은 원리를 적용할 수 있다. 야생 사과는 크기와 맛과 유통 기한 등의 속성에 다양한 변이가 존재했지만, 그렇게 다양한 변이들의 집단 중 단 하나만 재배 품종의 창시자로 선택되었다. 선택받지 못한 많은 변이들은 원래 자라던 장소에서 마찬가지로 적응해 살아남았다. 그곳은 카자흐스탄의 알마티 근처에 있는 톈산산맥이다. 자연은 이들을 버리지 않았다. 까탈스러운 인간은 이들을 버렸다. 인위 선택은 사소한 차이에 지나치게 민감하다. 자연 도태는 전혀 그렇지 않다.

최적화 오류

도킨스는 자연을 "푼돈을 아까워하고, 시계를 주시하면서 아주 작은 낭비도 '용서치 않는' 수전노 같은 회계사"라고 규정했는데, 이것은 가축화 유추를 적절하게 바꿔 표현한 것이다.[33] 품종 개량가는 회계사처럼 행동한다. 그들은 시계를 주시하고, 아주 작은 낭비도 용서하지 않는다. 반면에 자연은 푼돈을 아까워하거나 시계를 주시해야 할 이유가 없다. 우리 말고는 어떤 생물도 살아남고 후손의 생존을 보장하는 데 필요한 것보다 더 많은 것을 얻으려고 노력하지 않기 때문이다.

최적화는 품종 개량의 심장이다. 품종 개량가들이 자연을 인간의 변덕에 맞춰 왜곡하기 이전에는 생물의 유일한 목적은 자신의 비용을 충당하는 것이었다. 품종 개량의 맥락에서는 생물의 목적은 최소한의 비용으로 인간에게 줄 수 있는 것을 최대한 제공하는 것이다. 비옥한 초승달 지대에 살았던 최초의 품종 개량가들조차 자신들의 생존에 필요한 것만 생산하는 것에 만족하지 못했는데, 부족장이나 군인, 사제처럼 점점 그 수가 많아지는 비생산 부문의 사람들도 먹여 살려야 했기 때문이다. 그래서 잉여 생산이 탄생했다. 인구가 엄청나게 늘어난 오늘날에는 최적화가 필수적이다. 가축화 유추 때문에 인류는 이런 종류의 최적화가 자연에도 필요하다고 확신한다.

최적화는 신고전파 경제학자들이 꿈꾸는 목표이다. 최적화는 운과 낭비와 정체와 맞서 싸우지만, 이것들은 자연의 속성이다. 운은 생명을 지배하고, 낭비는 도처에 널려 있으며, 새로운 것은 예외이고 정체가 규칙이다. 그리고 똑같은 개체는 없으므로, 어떤 쌍을 선택하더라도 둘 중 적어도 하나는 최적화 상태가 아니다. 품종 개량의 기술은 먼젓번 모형보다 더 기능적이고 표준화된 다음번의 개선된 모형을 만드는 것인 반면, 자연은 이런 것을 전혀 선호하지 않는다. 다윈이 자연을 이해한 기반이 된 가축화 개념에는 적이 하나 있는데, 자연 자체가 바로 그 적이다.

이러한 자가당착은 생리학적 범위에서 가장 분명하게 나타난다. 농장에서는 이 범위가 계속 좁아지는 반면, 제6장에서 보게 되겠지만 야생 자연에서는 범위가 계속 넓어진다. 넓은 범위는 비생산적인데, 표본들을 최적의 상태에서 벗어나게 하기 때문이다. 최적화를 추구하는 모든 종류의 사람들이 질적 변이성에 전쟁을 선포하는 이유는 이 때문이다. 가축화된 소가 어떻게 되었는지 생각해보라. 그 조상들의 몸 크기는 야생 여우의 행동과 순화되지 않은 사과의 모습과 맛처럼 다양했을 것이다. 하지만 유전학자와 동물학자, 은행가, 마케터, 공학자, 소비자는 비용 효율적인 소를 만들고 팔고 사려고 한다. 이들이 거둔 성공은 놀라운 표준화 수준에서 분명히 볼 수 있다. 헤리퍼드종이 1419파운드, 겔프피종이 1323파운드로, 가장 무거운 품종과 가장 가벼운 품종의 몸무게 차이는 채 100파운드도 되지 않는다.[34] 자연의 소들은 상업적 효율성 목표를 충족시킬 필요가 없다. 오직 인위 선택만이 그러한 푼돈을 아까워한다.

어떤 의미에서 다윈의 잘못된 유추는 특수한 것을 일반적인 것으로 확대하는 더 넓은 종류의 잘못된 추론에 속한다. 유럽의 농부들과 상류 사회의 육종 애호가들이 사용하는 방법을 관찰한 다윈은 광대한 자연도 그것을 따를 것이라고 결론 내렸다. 제3장에서 나는 또 다른 예를 살펴볼 것이다. 다윈은 갈라파고스 제도라는 "자기만의 작은 세계"에서 관찰한 것을 전 세계로 확대 적용하여 자연의 법칙을 추론했다.[35] 나는 다윈핀치가 자연 선택의 아이콘으로 손색이 없다는 사실을 의심치 않는다. 하지만 문제는 다윈핀치가 대표적인 사례가 아니라는 데 있다. 오히려 다윈핀치는 자연이 평소와 달리 품종 개량가처럼 행동한 결과로 생겨난 아주 특이한 사례이다.

제3장

갈라파고스 제도와 핀치: 대표적인 것이 아닌 두 아이콘

The Galápagos and the Finch: Two Unrepresentative Icons

우상 파괴를 지향하는 책에서 갈라파고스핀치(다윈핀치라고도 하며, 다윈핀치아과에 속함)가 기린과 같은 부류임을 증명하려고 하는 것은 지극히 당연하다. 즉, 그냥 그렇다는 이 이야기는 진화론을 선전하는 목적으로는 훌륭하지만, 진화과학을 위해서는 결코 좋은 것이 아니다. 그 유혹은 아주 크지만, 진실은 훨씬 거대하다. 핀치는 자연 선택의 작용을 보여주는 최상의 사례이다. 데이비드 랙David Lack의 『다윈핀치Darwin's Finches』(1947)와 『40년 동안의 진화40 Years of Evolution』(2014)에 요약된 피터 그랜드Peter Grant와 로즈메리 그랜트Rosemary Grant의 현장 연구는 이 섬들에서 핀치의 다양성과 분포에 자연 선택이 큰 영향을 미쳤음을 보여준다.[1] 다윈주의에 대한 도전은 갈라파고스 제도의 핀치가 아니라, 제도 자체와 이곳에 사는 그 밖의 많은 종들에서 나온다.

다윈은 비글호 항해 덕분에 1835년 가을에 갈라파고스 제도를 방문했지만, 이곳은 1831년부터 1836년까지 계속된 5년간의 항해 도중에 들른 많은 장소 중 한 곳에 지나지 않는다. 마데이라 제도, 카보베르데 제도, 브라질을 비롯해 다른 장소들에서는 자연 선택의 위대한 작용을 명백하게 보여주는 예를 전혀 발견하지 못했는데, 그래서 다윈은 에콰도르의 이 섬들에 초점을 맞추었다. 그리고 갈라파고스 제도 자체에서도 다윈은 변화를 동반한 대물림을 보여주기에는 흥미로운 사례이지만, 변이에 명백한 이득이 따르지 않아 자연 선택의 방앗간에 찧을 곡식을 제공하지 못한 종들을 발견했는데, 예컨대 흉내지빠귀가 그런 종이었다.

다윈뿐만 아니라, 핀치를 다윈주의의 상징으로 만든 후계자들도 다양한 종의 부리 모양 차이에서 분명히 드러나는 전문화에 크게 놀랐다. 견과와 씨가 풍부한 섬에 사는 핀치는 부리가 견과와 씨를 깨고 갈기에 적합하도록 크고 둥근 모양이었다. 유충과 곤충이 풍부한 섬에 사는 핀치는 부리가 꿈틀거리는 먹이를 붙잡기에 적합하도록 길고 가느다란 모양이었다. 다윈은 이 섬들의 핀치들이 남아메리카 대륙에 살던 공통 조상으로부터 유래했지만, 새로운 고향에서 먹이를 구하기에 적합하도록 변했을 것이라고 추측했다. 그리고 이 핀치들이 이 제도의 다양한 섬들에서 격리된 채 살아가다가 각각 별개의 종으로 분화했을 거라고 생각했다. 하지만 다윈은 핀치와의 만남에서 자연 선택에 의한 진화 이론을 추론한 것은 아닌데, 핀치는 『종의 기원』에서 사실상 아무런 관심도 받지 못했다. 제2장에서 보았듯이, 자연 선택은 귀납적으로 추론한 개념이 아니다. 그것은 인위 선택으로부터 유추한 것이다. 그럼에도 불구하고, 갈라파고스 제도의 핀치는 다윈의 사고에 아주 큰 도움을 주었는데, 나중에 『비글호 항해기The Voyage of the Beagle』로 널리 알려진 『연구 일지Journal of Researches』(1839)에 그 이야기가 자세히 나온다.

핀치의 지위를 격상시킨 후대의 이론가들은 훌륭하고 심지어 경외감을 불러일으키는 과학 연구를 했다. 하지만 공격적인 마케팅과 무분별한 지적 역사는 이들의 발견을 자연 선택이 도처에서 많이 일어난다는 다윈의 지나친 주장을 입증해주는 것처럼 왜곡한다. 사실, 더 최근의 과학 연구는 자연 선택이 랙의 책이 나온 이후 다윈핀치라는 이름으로 알려진 종들의 종 분화만 설명한다는 것을 보여주었다(아름답고 엄밀하게). 이 연구는 일반적으로 변이가 적응 이득을 제공하기 때문에 선택된다는 사실을 입증하지 않는다. 이 연구는 핀치 부리의 형질이 선택된다는 것을 입증할 뿐, 자연의 나머지 모든 것 혹은 대부분도 선택된다는 사실을 입증하지 않는다.

너무나도 많은 사람들이 핀치로부터 너무나도 많은 것을 추론했다. 정당한 이유도 없이 핀치는 모든 자연을 대표하는 것으로 간주된다. 문제는 모델 생물 개념이 아니다. 아리스토텔레스 이래 생명과학은 "서로 다른 많은 집단들 사이에 잠이나 호흡, 성장, 쇠퇴, 죽음처럼 동일한 속성이 많이 존재한다."[2]라는 가정을 믿어왔다.

그래서 생명을 연구하는 사람은 단 하나의 생물만 연구하더라도 공통의 속성에 접근할 수 있다. 하지만 그 생물은 조사하려는 문제에 도움을 주는 진정한 '모델' 생물이어야 한다. 핀치는 자연 선택을 연구하는 데에는 훌륭한 모델 생물이지만, 그렇다고 해서 부리의 진화가 흔한 경로는 말할 것도 없고 전형적인 경로를 따라 일어났다는 뜻은 아니다.

갈라파고스 제도 자체도 마찬가지다. 이 섬들은 자연 선택을 연구하는 데에는 흥미로운 자연 실험실이긴 하지만, 지구 전체를 대표한다고는 말할 수 없다. 갈라파고스 제도는 다윈의 상상력에 불꽃을 일으켰고, 마땅히 그럴 만했다. 하지만 그 불꽃을 계속 보존하려고 하는 것은 그 섬들과 다윈이 방문한 다른 곳에서 나온 상반된 증거뿐만 아니라, 그 섬들의 특이한 성격—기후와 지형과 격리—을 무시하는 행동이다. 가축화 유추 때문에 측면 시야 가리개를 너무 단단히 쓴 나머지 다윈은 갈라파고스 제도의 생태계에서 자연 선택이 자연계 도처에서 적자를 낳는다고 확인해주는 증거를 보았다. 그 결과는 다소 이상한데도, 이 전설은 오늘날까지 계속 이어지고 있다. 전설은 대개 기이한 것을 강조하는데, 갈라파고스 제도의 경우에는 정반대의 일이 일어났다. 즉, 이 섬들만이 지닌 독특성을 없애버린 것이다. 이 전설은 갈라파고스 제도를 평범한 섬들로 만들었다. 그래서 이 섬들에서 일어난 자연의 놀라운 작용이 지구 전체에서 보편적으로 일어나는 것처럼 보이게 만들었다.

왜 다른 곳이 아니라
갈라파고스 제도였을까?

자연은 모든 형질을 일일이 다 선택하지 않을지 몰라도, 다윈은 확실히 갈라파고스 제도를 선택했다. 그 밖의 장소들은 어느 곳도 그의 마음에 들지 않았다. 이러한 편파적인 선택은 명백히 경고 신호를 받아야 마땅하다.

앞서 언급한 월리스에게 보낸 편지에서 다윈은 "가축과 재배식물의 연구로부터 선택이 변화의 원리라는 결론에 도달했다."라고 분명히 밝혔다. 맬서스를 읽으면서 다윈은 "이 원리를 어떻게 적용해야 할지 즉각 알아챘다." 하지만 무엇 때문에 경쟁이 가축화와 동일한 기능을 한다고 생각하게 되었을까? "나를 처음에 이 주제로 이끈 것은 지리적 분포와 남아메리카의 멸종 동물과 현생 동물의 지질학적 관계였다. 특히 갈라파고스 제도의 사례가 그랬다."[3] 비글호 항해 동안에 들른 서른세 곳 가운데 왜 갈라파고스 제도였을까?[4]

비록 다윈은 갈라파고스 제도를 보고서 크게 놀라긴 했지만, 그곳에서 보게 될 것에 마음의 준비가 되지 않아서 그랬던 것은 아니다. 다윈은 도착하기 전에 이미 이 섬들에 대해 알고 있던 지식을 통해 이곳에서 중요한 것을 보게 되리라고 확신했다. 1835년 여름에 리마에서 지루함을 느끼던 다윈은 폭스W. D. Fox에게 편지를 썼다. "이 여행에서 다른 어떤 곳보다도 큰 흥미를 가지고 갈라파고스 제도 방문을 기대하고 있습니다."[5] 게다가 갈라파고스 제도가 이 항해에서 마지막 매력적 장소가 되리라고 확신했는데, 누나 캐롤라인Caroline에게 보낸 편지가 그 증거이다. "지상 낙원인 오타헤이테[타히티]에 대해, 나는 그곳에 볼 만한 게 많으리라고 생각하지 않아. 요컨대 마지막에 보게 될 눈부신 영국 해안 풍경 말고는 남은 항해 동안 볼 만한 가치가 있는 것은 아무것도 없을 거야."[6]

다윈이 오직 갈라파고스 제도만이 자연의 비밀을 드러낼 것이라고 확신한 이유는 무엇일까? 그는 정글의 법칙을 연구하기에 아주 좋은 장소로 보인 브라질의 열대 우림도 방문하지 않았던가? 첫 번째 답은 지질학에 있다. 갈라파고스 제도는 섬이다. 나중에 더 자세히 이야기할 이유들 때문에 "진화론자들은 섬을 진화의 실험실로 여기게 되었다."[7] 만약 다윈이 원하는 발견이 섬에 있다면, 남아메리카 대륙은 그에게 아무 쓸모가 없었다.

그렇다 하더라도, 앞서 상륙한 마데이라 제도나 카나리아 제도가 아니라 왜 갈라파고스 제도였을까? 다른 섬들에도 생물학적으로 매력적인 것이 있었다. 하지만 다윈은 이 섬들이나 갈라파고스 제도 이후에 방문한 섬들에서 이론에 도움을 줄 만한 것을 전혀 발견하지 못했다. 타히티섬에서 쓴 수십 페이지의 글은 주로 인류학에 관한 것이었다. 식물학과 동물학 분야의 관찰은 여행기 수준에 불과했다. "주변 식물들을 보면서 감탄하지 않을 수가 없었다. 온 사방에 바나나 숲이 널려 있었다. 우리 앞에는 광대한 야생 사탕수수 덤불이 펼쳐져 있었다. 개울은 어두운 초록색의 뒤엉킨

아바나무 줄기 그늘로 뒤덮여 있었다. …… 작은 개울의 차가운 물 속에서는 장어와 가재가 헤엄치며 돌아다녔다."[8]

뉴질랜드에서 다윈은 곤충과 조가비, 어류, 암석과 도마뱀붙이 한 마리를 채집했지만, 과학적 통찰력은 전혀 얻지 못했다. 여행을 마친 지 7년 뒤, 다윈은 독일인 의사이자 박물학자인 에른스트 디펜바흐Ernst Dieffenbach에게 보낸 편지에서 이렇게 썼다. "얼마 전에 나는 이 불쌍한 사람들의…… 수가 서서히 감소하는 현실에 대해 당신이 쓴 장들을 읽으면서 큰 흥미를 느꼈습니다. 내게 이것은 아주 흥미로운 사례로 보였는데, 감자가 도입된 이후에 인구 감소가 시작되거나 계속되었기 때문에 특히 그랬습니다. 인구와 식량의 양 사이의 관계가 거꾸로 뒤집힌 셈이니까요. 위대한 맬서스가 되돌아보아야 할 사례였을 겁니다."[9] 하지만 다윈은 이러한 관찰에서 아무런 영감도 얻지 못했다. 떠나는 순간에도 방문할 때와 똑같은 것을 느꼈다. "나는 모두가 뉴질랜드를 떠난다는 사실에 매우 기뻐한다고 생각한다. 이곳은 즐거운 곳이 아니다."[10]

다윈은 오스트레일리아 역시 다음 문장 말고는 따로 평할 만한 가치가 없다고 생각했고, 그 결과로 깊은 조사 연구는 하지 않았다. "다양한 종족들은 서로 다른 동물 종들 사이에서 일어나는 것과 같은 방식으로 서로에게 영향을 미치는 것으로 보인다—늘 강자가 약자를 제거한다."[11] 다윈은 심지어 불쌍한 도도가 멸종한 장소인 모리셔스섬도 무시했다. "아주 즐거운 곳이지만, 타히티섬의 매력이나 브라질의 장엄함은 찾아볼 수 없다."[12]

어쩌면 다윈의 발견에는 한 섬이 아니라 섬들의 집단이 필요했을지 모른다. 다윈은 1836년에 갈라파고스 제도를 떠나면서 이와 비슷한 말을 했다. 가까운 관계에 있지만 서로 갈라져가는 그곳의 종들에 관한 이야기를 듣고, 일부는 직접 자신의 눈으로 보고서 다음과 같이 썼다. "이러한 말들에 조금이라도 근거가 있다면, 군도의 동물학을 살펴볼 가치가 충분히 있다. 왜냐하면, 그러한 사실들은 종의 안정성 개념을 무너뜨릴 것이기 때문이다."[13] 월리스도 군도인 말레이 제도에서 영감을 얻었다. 이 섬들은 훗날 토머스 헉슬리Thomas Huxley가 월리스선Wallace line이라 부른 경계선에 의해 나누어져 있다. 월리스는 이 경계선을 기준으로 동쪽과 서쪽에 사는 종들 사이에 너무나도 큰 차이가 나타난다는 사실에 크게 놀랐다. 이 관찰을 바탕으로 월리스는 종은 불변이라는 라이엘의 믿음을 뒤흔든 1855년 논문을 썼다.[14] 1858년, 트르나테섬에서 월리스는 처음으로 자연 선택을 기술한 논문을 썼다.

하지만 군도의 형태만으로는 충분하지 않았다. 다윈은 다른 군도를 여러 곳 방문했지만, 깨달음을 얻지 못했다. 갈라파고스 제도는 특별한 곳이었다. 그곳은 고유종(어느 한 지역에서만 사는 특정 생물 종—옮긴이)의 메카이다. 갈라파고스 제도의 육지에 사는 조류 중 80%, 파충류 중 97%, 해양 종 중 20%, 식물 중 30%가 오직 그곳에만 사는 종이다.[15]

그렇다고 해서 다윈이 갈라파고스 제도를 방문하지 않았더라면 변화를 동반한 대물림과 자연 선택 이론을 생각하지 못했을 것이라는 뜻은 아니다. 월리스는 갈라파고스 제도를 방문하지 않고도 그 일을 해냈다. 하지만 일반적인 것에서 벗어나는 갈라파고스 제도에서 싹이 트지 않았더라면, 진화론은 다소 다른 모습을 하고 있을 것이다. 우선 그러한 대안 이론은 맬서스주의의 색채가 매우 옅을 것이다. 다윈은 종이 풍부하게 넘치는 리우 주변 열대 우림의 목가적인 풍경에서 영감을 얻을 수도 있었다. "이곳에서 다른 곤충에 대한 비율로 나타낸 거미의 수는 영국에 비해 훨씬 많다. 아마도 다른 어떤 절지동물문과 비교하더라도 더 많을 것이다. 깡충거미 사이에서 종의 다양성은 거의 무한한 것처럼 보인다."[16] 우루과이의 동물상도 같은 서식지에서 많은 종류들이 잘 살아갔고 아주 풍부했다. 다윈은 "말도나도에서 머무는 동안 네발 동물 여러 마리, 조류 여덟 종, 그리고 뱀 아홉 종을 포함해 많은 파충류를 채집했다."라고 썼다.[17]

다윈이 이곳들에서 연구하는 데 집중하는 수밖에 달리 방법이 없을 수도 있었는데, 하마터면 갈라파고스 제도에 아예 들르지도 못할 뻔했기 때문이다. 1834년 11월 8일에 여동생 캐서린Catherine에게 보낸 편지에서 비글호 함장 로버트 피츠로이Robert FitzRoy가 "병적인 우울증과 전반적인 판단과 결단 능력 상실"로 인해 자리에서 물러났다고 설명했다. "함장은 자신의 정신이 이상해지는 것이 아닌가 하고 염려했다(자신의 유전적 소질을 잘 알고 있던 터라)."[18] '환자'가 된 피츠로이는 존 위컴John Wickham 중위에게 배의 지휘를 맡겼는데, 남아메리카 남해안 측량 작업을 마친 뒤 태평양을 건너지 말고(또한 갈라파고스 제도를 방문하지 말고) 다시 혼곶을 돌아 영국으로 돌아가라고 지시했다. 그런데 다윈에게는 다른 계획이 있었다. 다가오는 여름 동안 코르디예라 산계를 탐험하려는 계획이었는데, 해안을 따라 북쪽으로 리마까지 올라갔다가 거기서 도보로 다시 남쪽으로 발파라이소로 간 다음, 코르디예라 산계를 횡단해 부에노스아이레스로 가 배를 타고 영국으로 돌아가려고 했다(〈그림 3-1〉 참고). 이 여행 경로에도 갈라파고스 제도는 포함돼 있지 않

〈그림 3-1〉 반사실적 역사: 비글호 함장이 임무를 포기하겠다고 위협하는 바람에 다윈은 하마터면 갈라파고스 제도에 들르지 못할 뻔했다. 갈라파고스 제도의 혹독한 환경과 독특한 동물들을 만나지 않았더라면, 다윈은 어떤 이론을 발전시켰을까? 아마도 자연의 관대한 방식에 맞추어 훨씬 덜 부자연스러운 이론을 내놓았을 것이다.

았다. 하지만 위컴은 승진을 거부했다. 피츠로이가 다시 지휘권을 잡았고, 그 후 갈라파고스 제도를 과학적 순례지의 반열에 올려놓는 결정을 내렸다.[19] 특별한 성격을 지닌 현재의 다윈주의가 불가피한 결과였다는 믿음에 빠지지 않으려면, 이 사건을 기억할 필요가 있다.

그 성격은 사실 갈라파고스 제도가 제공했다. 갈라파고스 제도의 혹독한 조건은 가축화에서 일어나는 조건을 반영한 것처럼 보였다. 두 경우 모두 생존자는 단 하나뿐이다. 갈라파고스 제도에서는 각각의 섬에 오직 한 종류의 핀치만 사는 것처럼 보였다. 그래서 야생 자연의 가장 혹독한 조건도 결코 농장의 조건만큼 혹독한 것이 아닌데도 불구하고, 다윈이 갈라파고스 제도에서 경험한 것은 가축화 유추를 뒷받침하는 것처럼 보였다. 그랜트 부부가 연구한 장소인 다프네마호르섬을 살펴보자. 1977년에 이 섬에는 혹독한 가뭄이 닥쳤는데, 평소에는 연간 강수량이 약 130mm이지만 그해에는 2mm에 불과했다. 자연 선택 이론은 이러한 시련이 생존자의 범위를 좁힐 것이라고, 즉 최적값 부근에 모여 있는 개체들만이 살아남을 것이라고 예측한다. 실제로 바로 그런 일이 일어났다. 가뭄 이후에 다윈핀치는 부리 크기의 범위가 크게 좁아졌다.[20] 하지만 가뭄 이후에 핀치의 부리 크기 범위는 이전처럼 넓어졌는데, 예컨대 원예 목적을 위해 식물 품종을 표준화한 다윈의 다운하우스에서 자라는 식물의 키 범위보다 훨씬 넓었다(〈그림 3-2〉 참고). 정글의 법칙은 오직 사막과 정원에서만 성립한다.

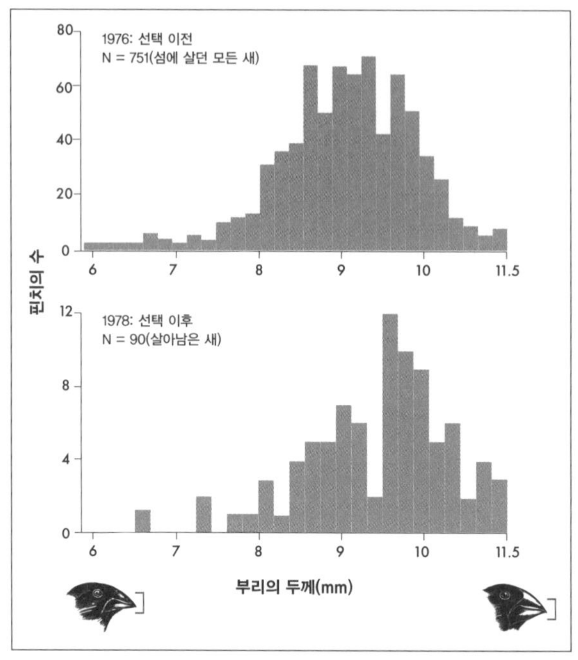

〈그림 3-2a와 3-2b〉 자연 선택은 언제나 인위 선택보다 덜 혹독하다. 심한 가뭄이 가져온 결핍 조건에서도 넓은 범위의 부리 크기를 가진 갈라파고스핀치가 살아남았는데, 이것은 다양한 크기의 부리가 생존할 수 있음을 보여준다(a). 이와는 대조적으로, 찰스 다윈이 살던 다운하우스에서 자라던 표준화된 꽃 품종이 보여주는 것처럼 인위 선택은 아주 좁은 범위만 살아남게 한다(b).

이러한 반사실적 가정—만약 갈라파고스 제도가 아니라 리우와 우루과이의 열대 우림이 모델이 되었더라면, 다윈의 이론은 어떤 모습으로 변했을까?—은 다윈의 패러다임에서 가축화 유추가 지닌 중요성을 더욱 분명하게 드러낸다. 갈라파고스 제도는 다윈주의에 영향을 미쳤지만, 혼자 힘만으로 그랬던 것은 아니다. 갈라파고스 제도의 생태계는 오직 적자만 살아남을 수 있는 경쟁과 결핍 조건을 제공함으로써 자연도 품종 개량가처럼 행동할 수 있음을 보여주었다. 하지만 갈라파고스 제도만으로는 자연의 방식이 최적화를 추구한다는 확신을 심어주기에는 충분치 않았다.

왜 다른 종이 아니라 핀치였을까?

다윈은 갈라파고스 제도는 전혀 의심하지 않았지만, 이 섬들에 사는 핀치를 어떻게 다루어야 할지 잘 몰랐다. 처음에 다윈은 핀치에게 별로 큰 흥미를 느끼지 않았으며, 진화의 관점에서 보면 흥미로울지도 모른다는 사실을 깨달은 뒤에도 핀치 연구에서는 좌절만 느꼈다. 그래서 앞에서 보았듯이 다윈은 사례 연구를 위해 가축화된 비둘기로 관심을 돌렸다. 100여 년 뒤에 핀치를 진화의 아이콘으로 만든 사람은 랙이었다. 랙은 실제로 핀치는 "질서정연한 지위에 따라 박물관 트레이에 담겨 있을 때뿐만 아니라, 갈라파고스 제도의 땅 위에서 뛰어다니거나 나무에 앉아 전혀 음악적이지 않고 단조로운 소음을 낼 때에도 보기에 따분했다."라고 썼다.[21] 하지만 설사 갈라파고스 제도를 방문한 관광객들이 다른 동물들에 매력을 느낀다 하더라도, 생물학자들이 가장 좋아하는 종은 핀치이다.

다윈은 관광객이 아니었지만, 다른 동물들—갈라파고스땅거북*Chelonoidis nigra*, 갈라파고스흉내지빠귀*Mimus parvulus parvulus*, 포클랜드늑대*Dusicyon australis*—을 우선적으로 조사했다. 이 동물들은 비글호가 갈라파고스 제도를 떠나 타히티섬으로 출발하자마자 쓴 중요한 구절에 등장하는데, 여기서 다윈은 종의 안정성에 처음으로 의심을 제기한다.

> 에스파냐 사람들이 몸의 형태와 비늘 모양, 일반적인 크기를 보고서 그 거북이 어느 섬에서 온 것인지 즉각 말할 수 있다는 사실을 떠올릴 때, 그리고 서로 보이는 거리에 위치하고 사는 동물이 얼마 없는 이 섬들에 살고 있는 이 새들이 구조상 약간 차이가 나지만 자연의 동일한 장소를 채우고 있다는 사실을 볼 때, 나는 이들이 변종에 불과한 것이 아닌가 하는 생각이 든다. 내가 유일하게 알고 있는 이와 비슷한 종류의 사실은 동포클랜드섬과 서포클랜드섬에 사는 늑대 비슷하게 생긴 여우들 사이에 나타난다고 거듭 주장되는 차이뿐이다. ……이 사실들은 종의 안정성 개념을 약화시킨다.[22]

여기서 핀치가 빠져 있다는 사실이 눈길을 끈다. 다윈의 현장 조사 노트에 핀치에 관한 기록은 철자까지 틀리면서 짧게 기술한 항목 두 개만 등장한다. "같은 부분을 쪼아 먹고 있는 작은 핀치(여기서 다윈은 finch를 Finc라고 썼다)"와 "부리가 큰 새들"이라고 언급한 부분인데, 후자는 필시 두꺼운 부리를 가진 큰땅핀치*Geospiza Magnirostris*였을 것이다.[23] 다윈의 후계자들은 왜 포클랜드늑대나 갈라파고스흉내지빠귀, 거북, 혹은 다윈의 흥미를 자극한 나머지 두 종인 육지이구아나와 바다이구아나 대신에 핀치에 초점을 맞추었을까? 그 답은 간단하면서도 혼란스럽다. 이 종들 중에서 핀치는 다윈의 이론을 뒷받침하는 모범 사례라는 것은 아주 쉽게 이해할 수 있다. 핀치는 자연 선택에 의한 변화를 동반한 대물림을 설득력 있게 증명하며, 그것도 아주 우아하게 증명한다. 핀치는 일반적으로 형질이 생존 경쟁에서 최적의 성과를 위해 선택된다는 사실을 설득력 있게 증명하지는 못하지만, 모범 사례로서의 강력한 힘만으로도 회의론에 맞서기에 충분하다.

흉내지빠귀가 다윈의 큰 관심을 끈 이유는 대륙에 살던 조상으로부터 유래한 것이 분명했기 때문이다. 다윈은 이 동물을 에스파냐어 이름으로 부르며 이렇게 썼다. "이 섬들에 사는 텡카Thenca는 아주 유순하고 호기심이 많다. 그 조류학적 특징의 기원이 남아메리카 대륙임을 분명히 알 수 있다."[24] 게다가 그 분포도 흥미로워 보였다. 타히티섬을 향해 나아가던 바다 위에서 다윈은 채집한 흉내지빠귀 표본들을 비교하다가 "찰스섬에서 채집한 것들은 모두 한 종에 속했고…… 앨버말섬에서 채집한 것들은 모두 [또 다른 종에] 속했으며, 제임스섬과 채텀 제도에서 채집한 것들은 모두 [세 번째 종에] 속했다."라는 사실을 발견하고는 크게 놀랐다.[25] 이것은 사실이 아니었지만, 오해한 이 관찰 사실은 다윈의 관심을 사로잡았다. 다윈이 제대로 분류하기만 했더라면, 자신이 채집한 핀치 21마리의 분포에 대해서도 비슷하고 적절한 결론에 도달했을 것이다. 하지만 다윈은 이 핀치들이 되새과, 콩새과, 찌르레기사촌과, 굴뚝새과, 아메리카솔새과의 다섯 과에 속한다고 믿었다.[26] 이 핀치들은 서로 가까운 관계가 아니므로, 공통 조상으로부터 변화를 동반한 대물림을 통해 유래했음을 분명하게 입증하는 사례가 못 된다고 판단했다.

흉내지빠귀는 그런 사례가 될 수 있지만 진화의 아이콘으로 내세우기에는 적합하지 않은데, 선택의 관점에서 볼 때 별로 흥미롭지가 않기 때문이다. 갈라파고스흉내지빠귀 네 종 사이의 차이는 중성인 것으로 드러났다. 각 종은 생리학적으로 독특하지만, 그 차이는 적응 이득을 제공하지 않는다. 핀치는 각자 주어진 생태적 지위가 제공하는 먹이를 이용할 수 있도록 형태학적으로 적응한 전문종인 반면, 흉내지빠귀는 일반종이다. 흉내지빠귀 네 종은 다섯 개의 섬에서 각자 잘 살아가는데, 모두 절지동물과 열매, 선인장과 다른 식물의 꽃꿀, 작은 척추동물, 바닷새의 알과 둥지, 새끼 거북, 바다사자의 태반, 시체 등 동일한 잡식성 먹이를 먹는다. 이들 사이의 차이는 조류 관찰자에게 즐거움을 주지만, 다윈주의자를 당황하게 만든다.

흉내지빠귀는 출간되기 이전인 1844년에 작성한 『종의 기원』 초고에 마지막으로 등장했다. 여기서 다윈은 "아주 비슷하지만 분명히 구별되는 흉내지빠귀 두세 종이 서로 이웃에 있으면서 완전히 비슷한 세 섬에서 만들어졌다는 사실이 얼마나 놀라운가!"라고 썼다.[27] 하지만 이것은 툭 던져본 말에 불과했는데, 그 후 다윈은 오랫동안 핀치 쪽으로 관심을 돌렸기 때문이다. 다윈이 여행에서 돌아온 뒤, 조류학자 존 굴드John Gould는 다윈이 채집한 핀치들이 다섯 과에 속한 새들이 아니라, 같은 과에 속한 열세 종이라는 사실을 발견했다(〈그림 3-3〉 참고).[28] 그래서 다윈은 『연구 일지』 초판에서 나중에 『종의 기원』에서 자세하게 설명할 이론의 양 갈래를

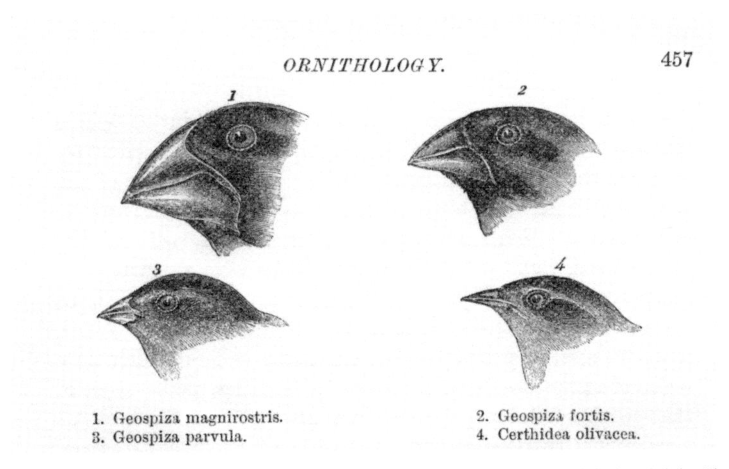

〈그림 3-3〉 초기의 증거: 조류학자 존 굴드는 갈라파고스 제도에서 채집한 표본들 중에서 서로 분명히 구별되는 종들을 확인함으로써 변화를 동반한 대물림에 관한 다윈의 추측을 뒷받침하는 증거를 제공했다. 굴드의 이 그림은 다윈이 1845년에 출판한 『연구 일지』에 실렸다.

상징하는 '특별한 종들'로 핀치를 선택했다. "이 새들은 그 군도에서 가장 특이한 동물이다. ……서로 밀접한 관계에 있는 새들의 작은 집단에서 이러한 구조의 단계적 차이와 다양성을 볼 때, 원래 새들이 빈약했던 이 군도에서 한 종이 선택되어 다른 목적으로 변했을 것이라고 상상할 수 있다."[29]

포클랜드늑대도 다윈주의를 뒷받침하는 데 실패했다. 포클랜드 제도를 자주 방문한 로 씨Mr. Lowe는 다윈에게 서포클랜드섬의 늑대는 동포클랜드섬의 늑대보다 더 작고 붉은색이 더 짙다고 말했다. 하지만 다윈이 채집한 표본들을 비교한 "대영박물관의 그레이 씨Mr. Gray는 그것들 사이에서 본질적인 차이를 발견하지 못했다."[30] "거듭 주장되는 차이"는 존재하지 않는 것으로 밝혀졌고, 추가로 통찰력을 얻는 것은 곧 불가능해졌는데, 포클랜드늑대가 1876년에 멸종했기 때문이다.

갈라파고스땅거북은 왜 아이콘의 지위를 얻지 못했을까? 땅거북의 등딱지 밑에 세 가지 자산이 숨겨져 있다는 사실을 고려한다면, 이것은 아주 기묘한 반전이라고 할 수 있다. 첫째, '노아의 홍수 이전부터 존재한 이 동물'은 종의 안정성을 무너뜨릴 수 있는 동물들의 명단에서 꼭대기를 차지한다.[31] 둘째, 이 제도의 이름은 땅거북에서 유래했다. 1535년에 이 제도를 발견한 토마스 데 베를랑가Tomás de Berlanga 주교는 에스파냐 국왕에게 이 섬들이 아무 쓸모가 없는 불모의 땅이지만, "무초스 로보스 마리노스, 토르투가스, 이구아나스, 갈라파고스muchos lobos marinos, tortugas, higuanas, galápagos(많은 바다사자와 바다거북, 이구아나, 땅거북)" 같은 몇몇 인상적인 동물들의 보금자리라고 말했다. 다윈도 땅거북에 큰 흥미를 느껴 그 등 위에 타 보려고까지 했다. "나는 자주 땅거북의 등 위에 올라타 등딱지 뒤쪽을 찰싹 때렸는데, 그러면 땅거북이 몸을 일으켜 걸어갔다. 하지만 그 위에서 균형을 잡기가 매우 어려웠다."[32]

셋째, 생물학자의 관점에서는 가장 중요한 것인데, 두 종류의 갈라파고스땅거북—등딱지가 안장 모양인 핀타섬땅거북*Chelonoidis abingdonii*과 등딱지가 돔 모양인 서부산타크루스섬땅거북*Chelonoidis porteri*—은 적응 방산의 교과서적 사례로 간주된다(〈그림 3-4〉 참고). 이 결론은 이들의 기능적 분화에서 유래한다. 작고 척박한 섬에 사는 땅거북은 등딱지가 안장처럼 앞쪽이 높은데, 그 덕분에 긴 목을 죽 뻗어 주요 먹이인 선인장에 이를 수 있다. 이러한 공간의 여유는 또한 사회적 상호 작용을 할 때 머리를 높이 쳐들 수 있게 해주는데, 이것은 한정된 먹이 자원을 놓고 벌어지는 분쟁을 해결할 때 사용하기에 좋은 제스처이다. 반면에 등딱지가 돔 모양인 땅거북은 크고 비옥한 섬에 사는데, 짧은 목을 사용해 지면에 가까이 자라는 식물을 먹을 수 있다. 두 변종의 기질도 각자의 환경에 어울리는데, 핀타섬땅거북이 더 공격적이다. 안장 모양의 등딱지는 명백한 이점이 있지만(지면 가까이에 자라는 식물을 먹는 데 지장이 없으면서 높은 곳의 식물도 먹을 수 있으므로), 여기에는 트레이드오프가 따르는데, 포식 동물의 공격에 취약하다. 포식 동물이 다가오면, 땅거북은 방어를 위해 머리를 등딱지 속으로 집어넣는다. 등딱지가 돔 모양인 땅

〈그림 3-4a와 3-4b〉 놓친 기회: 등딱지가 안장 모양인 핀타섬땅거북과 등딱지가 돔 모양인 서부산타크루스 섬땅거북은 갈라파고스 제도에서 자연 선택의 작용을 강하게 보여주는 사례이다. 이 사실은 1980년대가 될 때까지 제대로 알려지지 않았기 때문에, 핀치가 진화의 아이콘이 된 반면, 땅거북은 별로 관심을 받지 못했다.

거북은 짧은 목을 등딱지 속으로 완전히 집어넣어 보호할 수 있지만, 안장 모양의 등딱지에는 보호할 수 없는 틈이 남는다. 땅거북에겐 다행하게도 갈라파고스 제도에서 이 약점을 이용할 수 있는 사냥꾼은 딱 둘밖에 없다. 갈라파고스매*Buteo galapagoensis*와 지구에서 가장 무시무시한 살육자인 사람이 그들이다.

다윈은 땅거북의 형태에 나타난 변이를 알아챘고, 현지 주민으로부터 이 변종들이 지리적으로 서로 격리돼 있다는 이야기도 들었다. 다윈이 주목한 한 가지 차이점은 등딱지가 돔 모양인 땅거북이 "요리를 했을 때 훨씬 맛이 좋다는" 사실인데, 산 채로 비글호에 실린 땅거북 30마리가 사람들에게 먹힌 뒤 남은 것이 그냥 바다로 던져진 이유는 이 때문이다.[33] 하지만 다윈은 땅거북 변종들의 형질을 적응의 결과로 보지 않았다. 따라서 다윈이 보기에 땅거북은 자연 선택을 뒷받침하는 그럴듯한 사례가 될 수 없었다. 땅거북은 다윈의 세 가지 조건 중 두 가지만 만족시켰다. 즉, 변이와 방산은 통과했지만, 적응은 통과하지 못했다. 변이만 통과한 흉내지빠귀보다는 나았지만, 여전히 관문을 다 통과하지는 못했다.

흥미롭게도 땅거북의 적응 방산은 1980년대까지 모든 전문가의 눈에서 벗어나 있었다. 심지어 갈라파고스땅거북의 최고 전문가로 꼽히는 존 밴 덴버그John Van Denburgh조차 이 증거를 놓쳤다. 밴 덴버그는 1905~1906년에 갈라파고스 제도를 방문했는데, 이 탐사 결과는 1914년에 고전으로 간주되는 논문 「갈라파고스 제도의 거대한 땅거북The Gigantic Land Tortoises Of The Galapagos Archipelago」으로 나왔다. 밴 덴버그는 땅거북을 돔형, 안장형, 중간형의 세 분류군으로 나누었지만, 이들 사이의 기능적 차이를 전혀 보지 못했다. 그는 "이러한 모양 차이에 부여해야 할 상대적 가치는 평가하기가 아주 어렵다."라고 썼다.[34]

현대 문헌에 와서야 토머스 프리츠Thomas Fritts가 서식지와 형태학 사이의 상관관계를 설득력 있게 관찰한 결과를 바탕으로 땅거북의 분류와 분포에 관한 이 지식을 수정했다.[35] 인도양의 모리셔스섬, 레위니옹섬, 로드리게스섬에서 멸종한 짧은목땅거북과 긴목땅거북 사이에서 동일하게 발견된 분업 형태는 이 이론을 뒷받침한다. 등딱지가 안장 모양이고 몸집이 큰 종은 긴 목을 치켜들고 키 큰 식물을 먹고 살아간 반면, 등딱지가 돔 모양인 종은 목이 짧고 낙엽이나 풀처럼 낮은 곳의 식물을 먹고 살아갔다.[36] 이것은 분명히 수렴 진화 사례인데, 인도양의 땅거북들은 킬린드라프시스*Cylindraspis*속에 속한 반면, 태평양의 변종은 갈라파고스땅거북*Chelonoidis*속에 속하기 때문이다.

기린의 긴 목과는 반대로 땅거북의 등딱지는 진화에서 '그냥 그렇다는' 이야기가 아니다. 하지만 옳은 것만으로는 충분치 않다. 다윈뿐만 아니라 그 후 100년이 지날 때까지 그 후계자들은 등딱지 형태의 적응 방산을 알아채지 못했고, 그래서 땅거북은 아이콘의 지위를 얻지 못했다.

다윈의 명성 높은 명단에서 육지이구아나와 바다이구아나가 빠진 것은 설명하기 어렵다. 그 기능적 차이를 알아채지 못한 땅거북과, 종간 차이가 선택 측면에서 중성인 것으로 드러난 흉내지빠귀와는 달리, 다윈은 육지이구아나*Conolophus subcristatus*가 건조한 섬 중심 지역에 완벽하게 적응했고, 바다이구아나*Amblyrhynchus cristatus*가 "훨씬 놀라운데, 현존하는 도마뱀 중 해양 식물의 생산물을 먹고 살아가는 유일한 종이기 때문"이라는 사실을 알고 있었다.[37] 이 "어둠의 도깨비들"은 "살아가는 장소에 잘 어울리는…… 역겹고 서투른 도마뱀"으로 간주되었기 때문에 무시당했을까?[38] 그 이유야 무엇이건, 지금 와서 돌이켜보면 이구아나를 무시하기로 한 다윈의 결정은 옳았는데, 이구아나들 사이에 분화가 일어나긴 했지만, 바다이구아나의 행동이 적응적인지는 분명하지 않기 때문이다.

주목해야 할 첫 번째 사실은 다윈이 목격했듯이 바다이구아나가 물을 싫어한다는 점이다. "나는 동일한 도마뱀을 한 지점으로 몰아 여러 차례 붙잡았는데, 도마뱀은 완벽한 잠수와 헤엄 능력을 지녔는데도 불구하고, 어떻게 하더라도 물속으로 들어가도록 유인할 수 없었다. 이 도마뱀은 내가 던질 때마다 되돌아왔다."[39] 개체군 중에서 실제로 잠수를 하는 것은 5%뿐으로, 가장 크고 무거운 수컷만이 잠수를 한다.[40] 다시 말해서, 바다이구아나는 보통은 썰물 때 조류藻類를 뜯어먹고 살고, 바닷가에서만 수생 생활을 한다. 심지어 몸집이 큰 것들도 주로 육지에서 먹이를 구한다.

바다에서 먹이를 구하는 이 능력은 전 세계의 도마뱀들 중에서 아주 독특한 것이어서 적응적으로 아주 유리한 이점처럼 보일 수 있지만, 사실은 위태롭고 불운한 상태에서 어떻게든 살아남는 종이 사용하는 전술인 클루지kludge(완벽한 것은 아니지만 그럭저럭 효과가 있는 해결책)이다. 큰 수컷은 자기 종의 평화적 기질 때문에 비싼 대가를 치른다. 공격적인 종내 경쟁이 없는 가운데 큰 수컷은 암석 위에서 먹이를 구하는 경쟁에서 작은 수컷에게 밀리기 때문에 목숨을 걸고 잠수를 해야 한다. 비록 암컷은 몸집이 큰 수컷을 선호하긴 하지만, 몸 크기나 잠수 능력은 생식을 위한 전제 조건이 아니다. 바다이구아나 사이에서 몸무게가 다양하게 나타난다는 사실은 몸 크기가 선택에서 중요한 요소가 아님을 시사한다.[41]

이러한 몸 크기의 다양성은 일리가 있는데, 암컷은 큰 수컷을 선호하지만, 기후는 큰 수컷을 선호하지 않기 때문이다. 갈라파고스 제도에 사는 바다이구아나에게 가장 큰 적은 엘니뇨이다. 섬들에 사는 바다이구아나 개체군 중 최대 90%가 엘니뇨의 영향으로 굶어 죽을 수 있다. 가장 큰 이구아나들의 사망률이 가장 높은데, 풀을 뜯어먹고 사는 동물들에게 흔히 있는 일이지만, 몸집이 큰 이구아나는 작은 이구아나에 비해 먹이를 구해 섭취하는 효율이 떨어지기 때문이다. 그중 일부는 독특한 능력 때문에 살아남는데, 2년에 걸쳐 몸집을 최대 20%까지 줄일 수 있다. 하지만 큰 수컷은 대부분 죽는다.[42] 이것은 성적 매력이 가장 뛰어난 개체를 가장 취약한 조건으로 내모는 특별한 종류의 선택이다.

지금까지의 내용을 정리해보자. 포클랜드늑대의 분화는 존재하지 않는다. 흉내지빠귀의 분화는 선택적으로 중성이다. 땅거북의 분화는 얼마 전까지만 해도 선택적으로 모호했고, 지금도 땅거북은 적응 방산보다는 인상적인 생김새와 긴 수명 때문에 더 잘 알려져 있다. 그리고 육지이구아나와 바다이구아나 사이의 분화는 분명한 반면(육지이구아나는 잠수를 하지 못한다), 바다이구아나 사이의 종내 차이는 너무 혼란스러워 자연 선택이 작용한 결과라고 딱 꼬집어 말할 수 없다.

그러면 핀치만 남는다. 핀치는 다윈주의의 완벽한 예이지만, 아이콘으로서의 지위는 대표성 문제를 낳는다. 핀치는 갈라파고스 제도(이곳 환경 자체도 예외적이지만)의 동물들 중에서 예외적일 뿐만 아니라, 차별적인 생태적 지위와 먹이도 일반적인 동물상에서 벗어난다. 식성으로 볼 때 대부분의 동물은 일반종이다. 유칼립투스 잎만 먹는 코알라*Phascolarctos cinereus*와 대나무 잎과 줄기, 순만 먹는 대왕판다*Ailuropoda melanoleuca*처럼 한 가지 먹이만 먹고 사는 종은 진기한 동물에 속한다. 대부분의 동물은 다른 동물들도 먹는 먹이를 먹고 산다. 기적 같은 우연의 일치라고나 할까, 다윈핀치는 두 가지 측면을 다 갖고 있다. 풍년에는 일반종이 되고, 흉년에는 전문종이 된다. 게다가 핀치의 행동과 인지 기능을 조사한 결과에 따르면, 핀치는 역전 학습, 조작적 학습, 혁신 속도(모두 새로운 환경에 적응하는 데 필요한 능력)에서 조류 중 가장 똑똑한 집단으로 간주되는 까마귀류와 맞먹거나 심지어 능가하는 것으로 드러났다.[43] 다윈핀치는 적응 방산 이론에 전적응前適應(원래 살던 환경이나 생활양식이 변했을 때 이전부터 가지고 있는 형질로 적응하는 현상—옮긴이)한 것이 분명하다. 운은 멘델에게 완두를, 알렉산더 플레밍Alexander

Fleming에게 푸른곰팡이를 선물해 도움을 주었듯이, 다윈에게는 핀치를 선물했다. 과학 발견에서 운이 큰 역할을 한다는 것은 의심의 여지가 없다. 행운이 따랐다고 해서 다윈의 업적을 무시할 수는 없다. 문제는 행운의 발견 뒤에 내린 결론에 있다.

멘델의 경우를 좀더 자세히 살펴보자. 유전 법칙의 발견 사건에서 완두는 핀치에, 생쥐는 흉내지빠귀에 해당한다. 아우구스티누스 수도회 수도사였던 멘델은 야생 생쥐와 알비노 생쥐를 이종교배시키는 실험으로 연구를 시작했는데, 그 새끼의 털색에 양 부모의 형질이 함께 나타나는지 아니면 한쪽이 우성으로 나타나는지 알아보려고 했다. 하지만 브르노의 주교가 수도원에서 그런 성적 활동이 일어난다는 사실에 분개하여 멘델에게 당장 실험을 멈추라고 명령했다. 그래서 멘델은 완두 쪽으로 연구 방향을 돌렸는데, 식물도 섹스(생식)를 한다는 사실을 주교가 모른다는 것에 내심 즐거워했다. 상황이 강요한 것이긴 했지만, 그 선택은 큰 행운을 가져다주었다. 만약 생쥐를 모델 동물로 선택해 연구를 계속했더라면, 멘델은 자신의 이름이 붙은 법칙을 발견하지 못했을 텐데, 그는 각각의 형질마다 그것에 대응하는 유전 물질이 하나씩 존재한다고 믿었기 때문이다. 멘델은 씨 모양, 씨 색깔, 꽃 색깔, 꽃의 위치, 식물의 키, 꼬투리 모양, 꼬투리 색깔, 이렇게 일곱 가지 형질을 관찰했다. 오늘날 우리는 일곱 가지 형질이 단성 형질(오직 하나의 유전자로 결정되는 형질—옮긴이)이라는 사실을 안다. 하지만 하나의 유전자가 하나의 형질을 결정한다는 규칙에는 예외가 아주 많은데, 생쥐의 털 색깔도 그중 하나이다. 야생 생쥐와 알비노 생쥐의 이종 교배에서는 멘델이 생각했던 깔끔한 결과가 나오지 않았을 것이다.[44]

따라서 멘델도 운이 무척 좋았다. 만약 생쥐를 가지고 연구를 계속했더라면, 실험 결과의 유전적 기초를 이해하지 못했을 것이다. 하지만 유전학에는 아무 변화가 일어나지 않았을 텐데, 멘델의 법칙은 보편적인 것이어서 멘델이 아니더라도 곧 다른 사람이 발견했을 것이기 때문이다. 실제로도 그랬다—멘델이 자신의 연구 결과를 처음 발표한 지 35년 뒤에. 하지만 진화생물학은 사정이 달랐을 것이다. 만약 다윈이 우연히 핀치를 만나지 않았더라면, 진화생물학은 완전히 다른 길을 걸어갔을 가능성이 높다. 자연 선택 개념에 깊이 빠지지 않고, 가축화 유추의 오류와 자본주의에 영향을 덜 받은 길을 걸어갔을 것이다.

자연은 자연 실험실이 아니다

다윈핀치 이야기는 기린 이야기를 거꾸로 뒤집은 것이다. 기린은 진화의 대표적인 종으로 떠오르기 이전에도 독특한 동물이었다. 다윈핀치는 진화의 아이콘이 되기 이전에는 따분한 동물이었다. 하지만 둘 다 비슷한 기능을 한다. 둘 다 진화를 입증하는 사례로서 지닌 강력한 힘을 통해 다윈주의를 그럴듯하게 보이게 한다. 단지 그럴듯하게 보이게 하는 데 그치지 않고, 우아하고 중요하고 보편적인 것으로 보이게 한다.

두 이야기 모두 문제가 있는데, 그 이유는 제각각 다르다. 기린 이야기의 문제는 기린에게서 다윈주의를 뒷받침하는 증거를 곧바로 발견할 수 없다는 데 있다. 핀치는 그런 문제는 없다. 변종들은 적응 방산의 결정적 사례이다. 문제는 핀치가 전체 종들을, 심지어 같은 생태적 지위에서 살아가는 동료 종들을 대표한다고 합리적으로 확신할 수 없다는 데 있다. 핀치는 진화론자들이 진화 실험실을 찾으러 나섰을 때 발견하길 바랐던 동물이었다.

실험실은 연구하는 대상이나 관계를 교란하는 인자들을 걸러내야 한다. 다윈과 월리스가 발견했듯이, 섬은 그 목적에 아주 이상적인 장소이다. 섬은 상대적 격리 상태 때문에 그곳에서 사는 종은 오로지 그곳에서만 살 수 있고, 생태계 변화가 아주 드물게 일어난다. 따라서 섬에 사는 종이 어떻게 그 환경에 독특한 방식으로 적응하는지 쉽게 이해할 수 있다. 갈라파고스 제도에 사는 종들은 특히 그렇다. 이 섬들은 남아메리카 대륙과 연결된 적이 한 번도 없기 때문에 이곳의 종들은 대부분 고유종이다. 그리고 서로 따로 떨어져 있는 섬들보다 군도는 대조 연구에 특별히 유용하다. 군도의 각 섬은 자연의 반복 실험을 제공하며, 따라서 "관찰된 패턴과 다양화에 대해 추론한 과정과 관련 개념을 검증하는 데 강력한 통계적 힘을 제공한다."[45]

하지만 만약 섬이 실험실이고, 그곳에 사는 종들이 진화 실험이라면, 대조 생물학 연구에 내재하는 두 가지 문제에 맞닥뜨리게 된다. 하나는 그 결과로 생겨난 모델 생물의 대표성이고, 또 하나는 실험실 결과를 야생 자연에 확대 적용할 수 있는 정확성이다. 다윈 자신은 갈라파고스 제도의 대표성 문제에 대해 모호한 태도를 취했다. 그는 "이 군도의 자연사는 아주 놀랍다. 자체 내에 작은 세계가 있는 것처럼 보인다. 식물이건 동물이건 이곳에 사는 생물 중 다수는 다른 곳에는 살지 않는다."라고 썼다.[46] 이것은 이 작은 세계가 전체 세계의 소우주란 뜻일까, 아니면 이 작은 세계가 독특한 세계란 뜻일까? 만약 갈라파고스 제도가 자연의 모형이라면, 이곳을 지배하는 원리들은 나머지 모든 곳에도 적용될 것이다. 즉, '이곳'에 '저곳'의 열쇠가 있다. 하지만 이 장소가 독특한 곳이라면, 이 원리들의 보편적 유효성에 의문을 품어야 한다.

갈라파고스 제도의 실험 결과가 진화론자들과 일반인 관찰자들이 가정한 것만큼 일반화되지 않는다고 믿을 만한 이유가 있다. 무엇보다도 다윈조차 이곳의 특이성을 인정했다. 다윈은 이곳을 방문한 뒤 다른 섬들과 군도들을 방문했지만, 어느 곳에서도 데자뷔를 경험하지 못했다. 또, 적응 방산의 전형적인 사례들—갈라파고스 제도의 핀치, 하와이 제도의 꿀먹이새, 동아프리카의 시클리드—은 일종의 군도에서 살고 있다. 핀치와 꿀먹이새는 제도에, 시클리드는 일종의 해양 군도에 해당하는 동아프리카의 몇몇 호수에 살고 있다. 이것은 격리와 적응 방산 사이에 특별한 관계가 존재할 가능성을 시사하는데, 그 관계는 덜 격리된 상태에서 살아가는 종에게는 적용되지 않을 것이다.

만약 군도가 단순화된 자연이 아니라 예외적인 형태의 자연이라면, 갈라파고스 제도는 예외 중에서도 예외에 속한다. 비록 적도 지역에 있긴 하지만, 갈라파고스 제도의 기후는 예외적으로 혹독하다. 이곳 환경은 일종의 열대 사막과 같으며, 숲이 무성한 에콰도르 본토와는 아주 다르다. 다윈은 『연구 일지』에서 "습한 기후와 울창한 식물이 없는 이 군도는 아주 척박한 곳이라고밖에 볼 수 없다."라고 지적했다.[47] 평균적인 해에는 큰 섬들의 가장 높은 고도에만 열대 식물이 살아갈 만큼 비가 충분히 내린다. 섬들의 연안 지역과 내륙 지역은 '건조한' 곳과 '매우 건조한' 곳으로 분류되며, 갈색과 회색 식물로 뒤덮여 있다.[48] 강수량은 고도와 섬과 시간에 따라서도 큰 차이가 난다.[49] 이런 조건은 자연 선택의 중추인 경쟁을 부추긴다. 갈라파고스 제도의 용암 지대에서는 부리 길이가 1mm만 차이가 나도 생사를 가르는 문제가 될 수 있지만, 아프리카 사바나에서는 목 길이가 2m나 차이가 나더라도 대단한 결과를 낳지 않는다. 이처럼 극단적인 사례로부터 보편적인 이론이 의심스러운 방식으로 도출된 것이다.

정글의 법칙은 사막(그리고 사육 우리)에서 활개를 치지만, 남아메리카 대륙의 상황은 훨씬 느긋하다. 이곳은 핀치의 공통 조상인 탁색목도리참새*Tiaris obscura*가 사는 곳이다. 필요한 것을 쉽게 충족시킬 수 있는 탁색목도리참새는 세 가지 측면에서 핀치보다 더 일반적인 종이다. 탁색목도리참새는 베네수엘라부터 아르헨티나 북서부까지 지리적 분포 범위가 아주 넓다. 그리고 습한 숲 가장자리에서부터 관목, 저밀도 삼림지, 농경지, 그리고 저지대에서부터 고도 2000m의 고지대에 이르기까지 거의 모든 곳에서 살아간다. 식성도 까다롭지 않다. 이러한 유연성 덕분에 국제보존연맹의 위험 스펙트럼에서 위험 지위가 가장 낮다. 정글의 법칙은 실제 정글에서는 잘 성립하지 않는다. 정글은 풍부함이 넘치는 장소여서 경쟁을 조장하지 않는다.

다윈은 자연 선택이 작용하는 범위를 갈라파고스 제도에서 목격한 혹독한 지역들로 제한함으로써 과장을 줄일 수도 있었다. 비록 비교할 탁색목도리참새는 없었지만, 브라질 열대 우림에서 훨씬 느긋한 조건을 목격했는데, 1832년에 이곳에서 "단 하루 동안의 채집"으로 "거미류 37종"을 채집했다.[50]

하지만 다윈과 그 후계자들이 자연 선택의 작용을 경쟁이 치열한 지역에 제한했다 하더라도, 여전히 지나친 과장을 피할 수는 없었을 텐데, 갈라파고스 제도는 유의미한 결과를 꾸준히 공급하는 장소가 아니기 때문이다.[51] 앞에서 보았듯이, 갈라파고스 제도 실험실은 실패한 사례가 아주 많다. 다윈도 이 점을 알았던 게 틀림없다. 『연구 일지』에 실린 육지 새 26종 중에서 기술적인 안내 정보 이외에 더 풍부한 정보를 덧붙인 것은 오직 핀치뿐인데, 이것은 다윈이 다른 종들의 실패를 잘 알고 있었음을 시사한다.

흉내지빠귀는 이미 앞에서 이야기했다. 다윈주의에 또 한 번 굴욕을 안겨준 갈라파고스비둘기*Zenaida galapagoensis*를 살펴보자. 고유종인 이 새는 대부분의 섬에서 건조하고 암석으로 뒤덮인 저지대에 서식한다. 주로 씨를 먹고 살지만, 우기에는 애벌레와 선인장 꽃도 먹는다. 서로 다른 섬들에 사는 갈라파고스비둘기 개체군들은 일반적으로 모습이 아주 비슷하다. 두 아종이 확인되었는데, 한 아종은 다른 아종보다 몸집이 조금 더 크고 색이 더 어둡지만, 이러한 차이에는 알려진 적응적 기능이 없다.[52] 갈라파고스 제도의 많은 새들—비둘기, 흉내지빠귀, 매, 올빼미, 제비, 핀치— 중에서 오직 하나만 진화의 아이콘이 될 수 있었다.

이렇게 빈약한 결과나 예외적인 것을 크게 찬양하는 태도에 놀랄 필요가 없다. 생물학에서는 압도적 다수의 실험 결과는 무의미하다. 이것들은 귀무가설歸無假說이 틀렸음을 증명하지 못한다. 현실에서 이것은 실험 결과가 발표할 만한 것이 되지 못한다는 뜻이다. 오직 이상치만 주목을 받는다. 따라서 갈라파고스 제도에서 적응 방산은 항상 흥미로운 반면, 유전적 부동에 의한 종 분화는 거의 관심을 받지 못한다.

자주 일어나는 일이지만, 여기서 로메인스가 잊힌 영웅으로 등장한다. 로메인스는 다윈이 무시한 많은 종에 분별 있게 적용할 수 있으면서 섬들의 특별한 다양성도 설명할 수 있는 진화적 설명을 제안했다. 나중에 흔히 이소적 종 분화라고 부르게 될 지리적 격리가 그것이다. 그는 이렇게 썼다.

대양도는 특이한 종이 이례적으로 풍부하다고 알려져 있는데, 이 사실은 그런 섬에서는 완전히 분리된 동물상과 식물상 덕분에, 원래 부모 형태와의 이종 교배를 통한 간섭이 없이 독자적인 변종의 역사를 발전시킬 수 있다는 사실을 고려함으로써 가장 잘 설명할 수 있다. 어떤 종류가 되었건 지리적 장벽의 영향을 통해 같은 원리가 나타나는 예를 볼 수 있고, 또 이동의 결과를 통해서도 같은 예를 볼 수 있다. 따라서 압도적인 이종 교배가 일어나지 않는 상황을 고려하면, 내가 '독립 변이성independent variability'이라 이름 붙인 원리가 자연 선택의 도움 없이 새로운 종을 만들어낸다고 믿을 수 있다.[53]

생물학은 상대 빈도의 과학이다

갈라파고스 제도는 다윈주의가 보편적으로 옳음을 뒷받침하는 증거물 제1호로 간주돼왔지만, 섬의 동물상은 실제로는 다른 원리가 옳음을 보여준다. 그 원리는 바로 생물학은 상대 빈도의 과학이라는 것이다. 모든 변이를 설명하는 하나의 법칙은 없다. 핀치를 필두로 일부 종은 다윈주의의 열렬한 지지자로 간주할 수 있다. 바다이구아나 같은 일부 종은 반다윈주의 징후를 보인다. 갈라파고스비둘기를 포함해 대부분의 종은 대개 비다윈주의에 속한다. 모든 종—다윈주의를 지지하건, 반다윈주의를 지지하건, 비다윈주의를 지지하건—은 그 기원을 자연 선택으로 추적할 수 있는 형질을 많이 갖고 있지만, 나중에 보게 되듯이 이러한 형질들의 크기와 양은 그렇지 않다. 어떤 종 안에서도 일부 개체군은 다른 개체군보다 다윈주의 성향이 더 강하다. 일부 지역과 기간도 다른 것에 비해 다윈주의 성향이 더 강하다.

다윈핀치조차 항상 다윈주의를 뒷받침하는 것은 아니다. 신다윈주의 이론은 스트레스가 심하면 부리의 크기 범위가 최적점 부근으로 좁아지고, 편안해지면 넓어질 것이라고 예측한다. 하지만 이 주장은 그랜츠의 세심한 연구를 통해 입증되지 않았다. 1977년의 가뭄 시기만 예외로 하고, 풍요의 시기나 결핍의 시기에는 부리 범위에 체계적인 차이가 전혀 발견되지 않았다.[54]

다윈의 천재성을 자극하지 못한 갈라파고스 제도의 많은 종들과 함께 핀치도 이 책 첫머리에 소개한 다시 톰프슨의 금언, 즉 생존에는 많은 길이 있다는 주장이 옳음을 입증하지 않는다. 일부 길은 다윈과 그 추종자들이, 일부 길은 로메인스가, 일부 길은 다른 이론가들이 걸어갔다. 아마도 아직 상상한 적이 없거나 발견되지 않은 길도 있을 것이다. 자연은 이 길들 중 이 길이나 저 길을 더 자주 걸어갈지 모르지만, 약속의 땅으로 안내하는 유일한 길은 없다.

제4장

뇌: 우리 조상의 가장 큰 적

The Brain: Our Ancestors' Worst Enemy

오래전에 비둘기과의 한 종이 모리셔스섬 해안으로 흘러들었다가 그곳에서 초식 동물의 에덴동산을 발견했다. 포식 동물의 위협에서 완전히 해방된 채 풍부하게 널린 도도나무*Sideroxylon grandiflorum* 열매를 배불리 먹으면서 이 새와 그 자손은 섬에 정착했다. 그렇게 오랜 세월이 지나자 이 새는 몸무게가 크게 불어났고, 날기를 그만두었으며, 경쟁이 없는 안락한 환경에 맞춰 경계심을 품지 않는 성향이 발전했다. 하지만 오랫동안 지속된 평화로운 삶은 인간이 이 섬에 도착하자마자 금방 끝나고 말았다. 1598년에 네덜란드 해군 제독 비브란트 판 바르비크Wybrand Van Warwyck가 이끄는 함대가 모리셔스섬에 도착했는데, 그로부터 수십 년이 지나기도 전에 도도는 멸종하고 말았다. 인간 정착민과 그들이 데려온 동물들이 도도를 멸종으로 내몰았다. 마지막으로 살아남은 도도는 1662년에 배가 난파되어 이 섬으로 흘러온 네덜란드인 선원이 목격했다.

인간 침입자에 대한 무심한 반응 때문에 도도의 이름은 순진함과 멍청함과 동의어가 되었다. 두려움을 모르는 도도의 성향을 좋게 보는 사람도 있겠지만, 다윈주의의 틀에 따르면 절대로 그럴 수 없다. 다윈주의는 멸종의 원인을 멸종한 종에게서 찾는다. 즉, 도도에게 치명적인 결함이 있었다고 본다. 그렇지 않았더라면, 도도는 생존 경쟁을 계속 해나가며 오늘날 우리와 함께 존재할 것이라고 주장한다. 이것이 바로 자연 선택의 본질이다. 경쟁을 이겨낼 능력을 갖든가 아니면 도도의 뒤를 따라가야 한다.

만약 열등성이 멸종을 낳는다는 게 도도의 교훈이라면, 그 반대도 똑같이 성립한다. 즉, 승리는 우월성의 결과이다. 도도 이야기에서 승리자는 섬을 정복한 종인 사람이다—이 이야기뿐만 아니라, 지구에서 펼쳐진 더 큰 생명의 이야기에서도. 인류가 진화사에서 보여준 우월성은 너무나도 명백하고 압도적이어서 우리 종은 나머지 모든 종을 정복하는 지배자의 아이콘이 되었다. 그와 동시에 인류는 다윈주의의 진화 도식에 이의를 제기하여 그 도식에 포함된 자신의 존재를 훨씬 더 중요한 것으로 만들었다.

『인간의 유래』에서 다윈은, 자신의 이론에서 인류가 예외적인 존재임을 암시했다. "현재와 같은 가장 무례한 상태의 인간은 지금까지 지구에 나타났던 동물 중에서 가장 지배적인 동물이다. 인간은 고도로 조직된 형태 중에서 가장 광범위하게 퍼졌고, 나머지 모든 동물은 인간 앞에 굴복했다. 이 엄청난 우월성은 동료를 돕고 보호하게 해주는 지적 능력과 사회적 습성, 그리고 신체적 구조에서 나온 게 분명하다. 이러한 특성들이 무엇보다 중요하다는 사실은 생존이 걸린 전투의 최종 중재 판정을 통해 증명되었다."[1]

다윈이 인류를 특별한 존재로 성별聖別한 것은 옳았다고 누구나 생각하지만, "생존이 걸린 전투의 최종 중재 판정"은 그의 이론에서 모순 어법에 해당한다. 생존 경쟁이 궁극적인 승자를 낳는다는 개념은 자연 선택의 두 가지 근본 원리와 모순된다. 그 두 가지 원리는 생물의 변이성과 자원 부족이다. 변이성은 동일한 두 개체가 존재하지 못하게 한다. 심지어 일란성 쌍둥이도 100% 똑같지 않기 때문에 동일한 개체가 아니다. 부족은 맬서스가 설명했듯이 개체수와 자원 사이에 불가피하게 존재하는 차이이다. 부족은 선택을 필요한 것으로 만들고, 변이는 선택을 가능케 한다. 만약 개체들이 동일하다면 진화가 일어날 수 없는데, 새로 생기는 매 세대는 이전 세대와 똑같을 것이기 때문이다. 자원이 부족하고 개체들이 서로 달라야만 선택이 다윈이 기술한 합리적 과정이 될 수 있는데, 그 과정에서 선택된 개체는 무작위로 로또에 당첨된 자가 아니라, 지금 이곳 환경에 가장 잘 적응한 개체이다. 이런 상황에서는 '최종 중재 판정'이 존재할 수 없다. 경쟁은 영원히 계속될 것이고, 그런 경쟁에서는 항상 특정 변이가 다른 것보다 선호될 것이다. 도도의 사례에서 보는 것처럼 모든 승리는 일시적이고 국지적이다.

다윈이 자연 선택을 자연 법칙의 지위로 격상시켰다는 사실을 감안하면, 인간을 자연 선택의 영향에서 제외시키는 것은 다소 이상하다. 이것은 어떤 물체를 중력의 법칙과 에너지 보존 법칙에서 제외시키는 것과 비슷하다. 하지만 다윈은 전혀 개의치 않았다. 그는 아무런 모순도 느끼지 못한 게 분명하다. 자연 선택이 도처에서 일어난다는 사실과 인류가 지적 능력(즉, 우리의 뇌)으로 얻은 예외적인 지위를 전혀 의심하지 않았다. 『인간의 유래』 뒤쪽에서 다윈은 '인간'에 대해 이렇게 썼다. "인간은 다양한 무기와 도구, 덫 등을 발명해 사용했으며, 이것들로 자신을 지키고, 먹이 동물을 죽이거나 잡으며, 다른 방법으로도 먹이를 얻는다. 인간은 뗏목이나 카누를 만들어 물고기를 잡거나 이웃의 기름진 섬으로 건너갔다. 인간은 불을 만드는 기술을 발견했고, 그럼으로써 단단하고 질긴 뿌리를 소화가 잘 되도록 만들 수 있었으며, 독성이 있는 뿌리나 허브를 무해하게 만들 수 있었다. 언어를 제외한다면 이 마지막 발견은 아마도 인간이 이룬 것 중에서 가장 위대한 발견일 것이다."[2]

월리스도 인류의 특별한 뇌가 낳은 산물에서 예외를 보았지만, 다윈은 뇌가 자연 선택에 제기한 문제를 무시한 반면, 월리스는 야수를 정면으로 직시해 굴복시켰다. 그는 인간의 뇌가 다윈주의에 문제가 된다는 사실을 부인할 수 없었다. 월리스는 "야만인의 뇌가 필요 이상으로 컸다는" 자신의 믿음을 밝혔고, 이 과잉으로부터 "인간에게 적용하는 자연 선택의 한계"를 추론했다.

> 우리 앞에 있는 증거에 따르면, 고릴라보다 조금 더 큰 뇌만으로도 야만인의 제한된 정신 발달에는 완전히 충분했을 것이다. 따라서 야만인이 실제로 소유한 큰 뇌는 순전히 그러한 진화 법칙들 중 어떤 것을 통해 발달했을 리가 없다는 사실을 인정하지 않을 수 없다. 필요한 수준 이상을 넘어서는 일이 절대 없이 각 종의 필요에 정확하게 비례하는 수준의 조직을 낳는다는 것이 이 법칙들의 핵심이다.[3]

제한된 정신 발달이 '야만인'에게만 일어났다는 월리스의 가정은 좀 매정한 것이었는데, 사실 그 추론은 우리 모두에게 적용되기 때문이다. 모든 사람은 환상적인 정신 능력을 발휘할 수 있는 뇌가 있지만, 대다수 사람들에게는 그런 뇌가 필요 없다. 이 때문에 인간의 뇌는 "필요한 수준 이상을 넘어서는 일이 절대 없이 각 종의 필요에 정확하게 비례하는 수준의 조직을 낳는 것"을 요구하는 다윈의 법칙들에 문제를 제기한다.

게다가 월리스는 자연 선택은 "소유자에게 조금이라도 해로운 변화를 만들어낼" 힘이 없으며, "다윈은 이런 종류의 사례가 단 하나만 나오더라도 자신의 이론은 치명타를 입을 것이라는 강한 표현을 자주 사용한다."라고 지적했다.[4] 뇌가 바로 그런 사례이다. 많은 증거는 진화의 관점에서 볼 때 사람*Homo*속의 뇌가 모든 소유자에게 해롭다고 시사한다. 뇌는 생식—출산과 출생 후 성장 모두에서—을 엄청나게 어렵게 만든다. 큰 머리뼈는 산모의 산도를 위협하여 산모와 아기의 건강을 위험에 빠뜨린다. 뇌의 느린 성숙은 아기를 무력한 의존 상태에 빠뜨림으로써 어른의 생식 잠재력을 추가로 감소시킨다. 뇌는 에너지 요구량이 막대해 가용 자원에 큰 부담을 준다. 따라서 호모 사피엔스가 전체 역사 중 상당 기간을 멸종의 한계선상에서 아슬아슬하게 살아남았고, 호모 계통의 나머지 모든 종들이 오래전에 멸종한 것은 놀라운 일이 아니다. 반면에 우리보다 덜 똑똑한 사촌인 침팬지*Pan troglodytes*는 우리와 공존한 대부분의 시기에 공유 환경에서 호모 사피엔스보다 개체수가 훨씬 많았다. 무엇보다 중요한 사실은 멸종한 호미닌들이 호모 사피엔스와 거의 동일한 기술과 지적 능력을 지녔던 것으로 보인다는 점이다. 만약 뇌가 진화의 킬러 앱이라면, 왜 그들은 멸종하고 우리는 살아남았을까?

그렇다고 훌륭한 뇌가 인류의 생존에 중요한 자산이 아니었다는 이야기는 아니다. 사실, 제8장에서 나는 오늘과 다른 미래를 상상하는 능력의 출현이 우리가 멸종을 피할 수 있었던 요인이라고 주장한다. 하지만 그래서 뇌가 선택되었다고 말하는 것은 자연 선택의 모순적인 논리를 드러낼 뿐이다. 이 논리에 따르면, 사람속의 뇌는 최종 중재 판정에서 승리했기 때문에 선택된 것이 틀림없다. 한편, 그 뇌를 소유한 종들은 대부분 멸종한 반면, 소유하지 않은 종들은 동일한 생태적 지위에서 살아남았으므로, 그 뇌는 선택된 것일 리가 없다. 이 두 가지 주장이 모두 옳을 수는 없다. 따라서 자연 선택에 의한 진화 이론은 호미니드의 뇌에 적용되지 않는다. 윌리스는 이 주장 때문에 하마터면 파문당할 뻔했다.

인구학적 문제

다윈주의의 관용적 표현 중에 "자연은 비약하지 않는다.*Natura non facit saltus.*"라는 게 있다. 라이엘의 동일 과정설은 다윈에게 모든 생명에 동일한 물리학 법칙이 적용된다고 가르쳐주었다. 자연 선택은 보편 법칙으로, 그 결과는 적합도를 향해 나아가는 방향성 있는 개선이다. 자연은 경쟁력 있는 종이 나머지 종들을 밀어냄에 따라 개선된 종을 점진적으로 축적한다. 그 결과로 나무에서 내려와 두 발로 서서 걸어다니기 시작하다가 마침내 달까지 간 대형 유인원에 관한 서사시가 탄생했다.

다윈이 우리 계통의 직선적 진화를 믿은 것은 용서받을 수 있는데, 불운한 최후를 맞이한 호미니드 조상들에 대해서 아무것도 몰랐기 때문이다. 유인원이 살아남은 반면 이들 조상이 멸종했다는 사실은 진화가 점진적으로 발전하는 방향으로 진행되었다는 견해에 의문을 던진다. 다윈 시대에 네안데르탈인*Homo neanderthalensis*의 골격이 발견된 것은 사실이다. 하지만 다윈을 비롯해 그 당시 사람들은 그 골격이 사람속의 다른 종에 속한다는 생각을 하지 못했다. 그 화석은 일반적으로 사람으로 분류되었다. 예를 들면, 어떤 사람들은 최초의 네안데르탈인 골격이 나폴레옹 전

쟁 때 죽은 러시아군 병사라고 생각했다.[5]

하지만 그 후 네안데르탈인과 그 밖의 멸종한 사람속 종들에 대해, 그리고 호모 사피엔스의 선사 시대에 대해 많은 것이 밝혀졌다. 이 발견들에서 호미니드는 뇌가 더 작은 영장류들과 같은 장소에서 살아갔지만, 개체군의 크기는 영장류에 비해 작았던 것으로 드러났다. 인구학적 관점(즉, 다윈주의적 관점)에서 볼 때, 우리 계통은 전체 역사 중 대부분을 패자 쪽에서 보냈다. 상대적으로 뇌가 빈약한 종들이 상대적으로 더 큰 성공을 거둔 것은 다윈주의에 어긋나는 이단으로, 지나치게 발달한 우리 뇌가 선택된 특성이라는 사실에 의심을 품게 만든다.

큰 뇌가 선택적으로 실패작이라는 사실은 세계 인구가 80억 명에 육박하는 반면 침팬지는 그 수가 수십만 마리에 불과해 멸종 위기종이 된 오늘날에는 상상하기 어렵다.[6] 하지만 대부분의 역사를 통해 호미니드 종들은 다른 유인원들에 비해 그 수가 훨씬 적었다. 채드 허프Chad Huff는 유전학 연구를 통해 약 120만 년 전(사람속이 침팬지속에서 갈라져나오고 나서 오랜 시간이 지났을 때)에 살았던 호모 에렉투스*Homo erectus*의 유효 개체군 크기가 1만 8500명이라는 사실을 밝혀냈다. 이 발견은 하나의 종으로서는 예외적으로 작은 개체군이 여러 대륙에 퍼져 살았음을 의미하는데, 특히 한 대륙의 한 지역에만 각각 살았던 침팬지(2만 1000마리)와 고릴라(2만 5000마리)의 유효 개체군 크기와 비교하면 그 수는 더욱 적어 보인다.[7] 그런데 겉모습으로 지레짐작하는 것은 금물이다. 현생 침팬지의 유전자 풀은 사람의 유전자 풀보다 훨씬 크다. 집단유전학자들은 이 발견으로부터 전체 역사를 놓고 볼 때 침팬지의 개체군 크기가 훨씬 크다고 추론한다.[8] 추가 연구는 약 6만 년 전에 인구가 증가하기 시작할 때까지 두 계통의 요람인 사하라 이남 아프리카 지역에서 침팬지가 호미닌보다 더 많았다고 확인해주었다.[9]

인류의 개체수가 최저점에 이른 시기는 가장 가까운 공통 조상으로부터 사람과 유인원이 갈라지고 나서 수백만 년 뒤에 찾아왔는데, 따라서 진화의 관점에서 볼 때 유인원은 사람과 우리의 가까운 친척들과 함께 살아온 대부분의 시기 동안 더 강한 경쟁자였다. 비교적 최근인 7만 년 전에 병목 현상 때문에 인류 개체군의 크기는 2000~1만 명 수준으로 줄어들었다.[10] 석기 시대에 자연보존연맹이 있었더라면, 호모 사피엔스를 심각한 멸종 위기에 처한 종으로 분류했을 것이다. 7만 년 전에 인류의 뇌가 갑자기 선택되면서 우리 종을 도도의 운명으로부터 구하는 일이 일어났을까? 진화론의 점진 진화 개념에 따르면 그런 주장은 기괴한 것이다.

인구학 데이터는 이렇게 인류의 최종 승리에 대해 겸손한 태도를 취하라고 충고하는 한편으로, 또한 인간의 지능이 가져다주는 적합도 이득에 관한 핵심 가정이 틀릴지 모른다고 시사한다. 멸종한 조상들 중에서 그래도 가장 성공적인 종이었던 호모 에렉투스는 190만 년 전부터 10만 년 전까지 아프리카와 아시아에서 살았다. 그동안 에렉투스의 뇌용량은 750cc에서 침팬지보다 약 3배나 큰 1250cc로 증가했다. 하지만 뇌가 이렇게 커지는 동안 에렉투스의 기술은 정체 상태에 머물러 있었다. 고생물학자들은 케냐의 올로르게사일리에에서 에렉투스가 만든 양날주먹도끼를 수천 점 발견했는데, 이 주먹도끼는 78만 년이 지나는 동안 설계상 변화가 사실상 전혀 일어나지 않았다.[11] 이것은 마치 최초의 아이폰이 수천 년 동안 같은 형태를 유지하는 것과 같다. 현생 인류와 거의 비슷한 크기의 뇌를 가지고 있었는데도, 에렉투스는 기술적으로 정체돼 있었고, 적합도 면에서 실패했다.

뇌가 훨씬 작은 호미닌들이 에렉투스만큼 유능했다는 사실도 생각해보라. 2003년에 인도네시아 플로레스섬에서 발견된 거의 온전한 상태의 골격이 이를 알려준다. 이 골격은 키가 1m 정도였고, 뇌의 크기는 갓난아기의 것과 비슷했다. 연구자들은 이 뼈의 주인이 현생 인류의 난쟁이나 작은머리증(소두증) 환자일 가능성을 일축했다. 작은 몸 크기 때문에 키가 약 1.5m였던 에렉투스와의 연관성도 배제되었다. 그래서 흔히 호빗이라는 별명으로 불리는 호모 플로레시엔시스*Homo floresiensis*는 계속 늘어나는 인류의 가족 나무에서 새로운 가지(그리고 문제가 많은 가지)로 받아들여졌다. 뇌의 크기를 몸 크기와 비교해 나타내는 대뇌화 지수encephalization quotient, EQ는 호빗이 약 400만 년 전에 살았다고 시사하지만, 연대 측정 기술을 사용해 측정한 결과는 이 표본이 불과 6만 년 전에 살았다고 시사한다. 같은 동굴에서 발견된 같은 종의 구성원 8명을 측정한 결과에서도 생존 시기가 6만 년 전으로 확인되었다. 게다가 플로레시엔시스는 뇌 크기가 침팬지와 비슷하지만, 불을 다룰 줄 알았고 석기를 만들었다. 플로레시엔시스는 방향성 가정과 최적화 가정 모두에 이의를 제기하는데, 이것은 다른 호미닌이 작은 뇌로도 옛날의 호모 사피엔스에 못지않은 지적 성과를 이룰 수 있었음을 보여준다.[12]

이 사례들은 대뇌화(뇌가 크기와 복잡성이 증가하는 방향으로 진화하는 것)와 기술 발전과 개체군 크기 사이에 강한 상관관계가 있다고 오랫동안 당연시해온 가정에 의문을 던진다. 이 가정은 대뇌화는 기술 발전을 낳고, 기술 발전은 개체군 크기를 증가시킨다고 주장한다. 고인류학자 필립 토비아스Phillip Tobias는 이 추측을 마치 사실인 양 설명했다. "오랫동안 계속된 뇌의 크기와 복잡성 증가는 아마도 약 200만 년 동안 지속된 문화의 정교화와 '복잡화'로 나란히 일어났다. 두 사건 사이의 피드백 관계는 시간적으로 오랫동안 지속되었다는 사실과 마찬가지로 의심의 여지가 없다."[13] 사실, 각각의 기술적 발전 원인을 뇌 크기 증가에서 찾는 것보다 더 이치에 닿는 설명이 있겠는가? 하지만 우리 계통의 진화 기간 중 대부분을 지배한 것은 비상식이었다. 석기가 나타난 시기는 플라이오세 후기와 플라이스토세 전기(170만~330만 년 전)에 대뇌화가 정점에서 평행선을 달리는 동안이었던 반면, 뇌 크기가 급속히 증가한 시기는 다음번의 중요한 기술적 발전인 불이 나타나기 약 100만 년 전이었다(〈그림 4-1〉 참고).[14]

대뇌화와 기술 발전 사이의 관계가 의심을 받자, 대뇌화와 적합도 사이의 관계 역시 의심을 받게 되었다. 1960년, 생태학자이

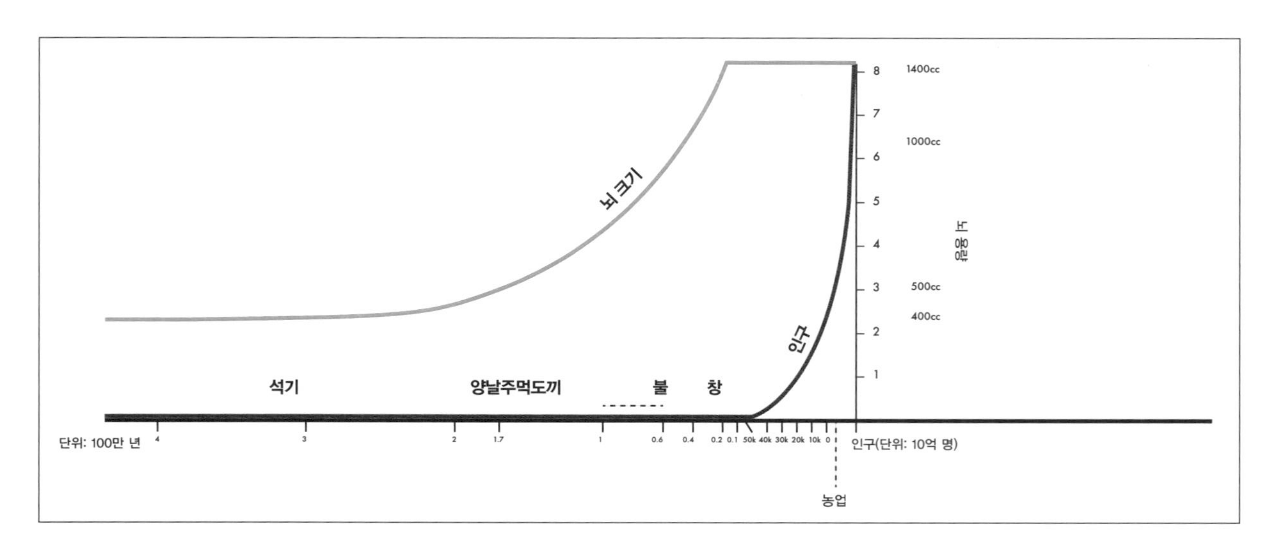

〈그림 4-1〉 큰 뇌와 기술과 인구: 인류는 뇌 크기가 폭발적으로 증가하기 전에 석기와 양날주먹도끼를 만들었고, 인구는 대뇌화가 정점에서 평행선을 달린 이후에 크게 증가했다. 대뇌화와 기술 발전과 인구 사이에 강한 상관관계가 성립하지 않는다는 이 사실은 인류의 예외적인 적합도는 큰 뇌가 가져다준 지적 능력의 결과라는 통설에 의문을 제기한다.

자 고육수학자古陸水學者인 에드워드 디비Edward S. Deevey가 오랫동안 의견이 일치돼온 견해, 즉 세 차례의 인구 폭발이 세 차례의 기술 혁명과 시기적으로 일치한다는 견해를 일목요연하게 설명했다. 첫 번째 인구 폭발은 창과 도끼 같은 단순한 도구를 발명하고 불을 제어한 약 100만 년 전에 일어났다. 두 번째 인구 폭발은 신석기 시대에 농업이 발명된 1만 2000년 전에 일어났다. 마지막 인구 폭발은 초기의 근대 산업이 시작된 약 800년 전부터 시작되었다.[15] 디비와 그 동료 학자들의 주장은 일부만 옳다. 농업과 산업화가 인구 증가를 촉진하긴 했지만, 도구는 그러지 않았다. 최근에 집단유전학의 발전으로 인류의 개체수는 도구 혁명이 일어나고 나서 한참 후인 약 6만 년 전까지 대체로 1만 명 수준에 정체돼 있었다는

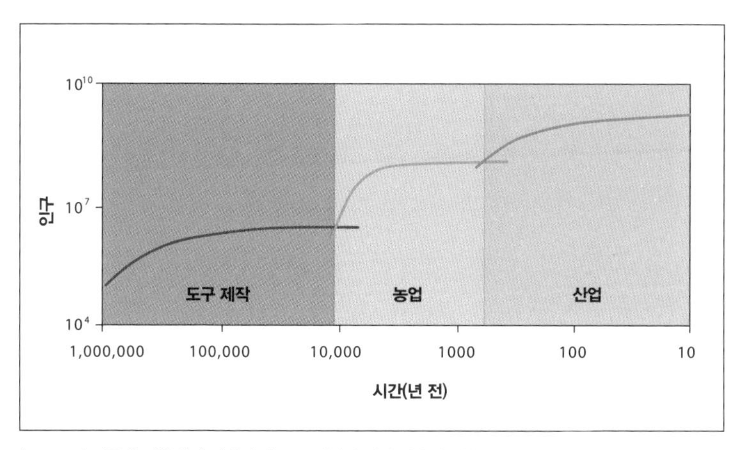

〈그림 4-2〉 잘못 추정한 선사 시대의 인구: 20세기의 상당 기간 인류학자들이 대체로 합의한 견해(이 도표에 나타낸)에 따르면, 도구 제작이 첫 번째 인구 폭발을 낳았다고 한다. 하지만 최근에 집단유전학자들은 도구 혁명이 일어나고 나서 한참 후인 약 6만 년 전까지 우리 종의 개체수가 정체 상태에 머물러 있었다는 사실을 밝혀냈다.

사실이 밝혀졌다(〈그림 4-2〉 참고).[16] 사실, 호모 사피엔스의 대뇌화 지수는 최초의 인구 폭발이 일어나기 전에 적어도 10만 년 동안 안정 상태를 유지했는데, 이 사실은 뇌 크기와 복잡성은 그 자체만으로는 적합도와 아무 관계가 없음을 시사한다.[17]

마지막 공통 조상으로부터 갈라져 나온 이래 침팬지와 사람이 살아온 경로도 뇌가 사람속의 생존 기회를 높이지 않았다는 이론을 뒷받침하는 것처럼 보인다. 500만~400만 년 전에 서로 갈라진 이후 침팬지속 계통은 표현형으로 볼 때 비교적 안정 상태를 유지했다. 반면에 사람속 나무는 여러 차례 가지를 쳐나갔다. 침팬지속의 정체는 그 성공을 뒷받침하는 증거이다. 승리하는 종은 진화하지 않는다. 사람속과 갈라진 이후 침팬지*Pan troglodytes*는 평화로운 평형을 누린 반면, 호모속 계통은 일련의 위기와 파국을 겪었다. 하나씩 차례로 적합도 경쟁에 뛰어들었고, 우리 종을 제외한 나머지 종들은 모두 멸종하고 말았다.

침팬지속이 안정을 누린 것은 운 때문이라고 주장할 수도 있다. 침팬지속 개체군들은 동아프리카 지구대 서쪽의 비옥한 지역에서 살아간 반면, 사람속 개체군들은 동쪽의 메마른 지역에서 살았다. 이 주장은 두 가지 허점이 있다. 첫째, 사람속의 종들은 이 지역 밖에서도 살아갔다. 아프리카의 다른 지역뿐만 아니라 중동과 유럽, 아시아에도 살았다. 비옥한 지역에서 살았고 대뇌화 지수도 높았던 호모 에렉투스조차 멸종하고 말았다. 둘째, 2005년에 발견된 화석들은 침팬지가 실제로는 플라이스토세 중기에 동아프리카 지구대 양편에서 살았다는 것을 보여준다.[18] 침팬지속은 우리 계통보다 사람속이 살던 환경에 훨씬 적합했던 것으로 보인다.

중요한 사실은 500세대에 이르는 우리 조상이 본질적으로 우리와 동일한 뇌를 갖고 있었는데도 멸종의 벼랑으로 내몰렸다는 것이다. 호모 에렉투스, 호모 하빌리스, 네안데르탈인, 호모 사피엔스는 모두 개체군 크기가 아주 작았고, 이 중에서 하나만 제외하고 모두 멸종했다는 사실은 수백억 개의 신경세포가 적합도를 보장하지 않음을 보여준다. 불과 도구를 능숙하게 다루었던 이들은 파리 떼처럼 맥없이 죽어가고 말았지만, 이마가 좁은 사촌은 돌로 코코넛을 깨는 것이 첨단 기술이나 다름없었는데도 토끼처럼 크게 불어났다. 약 6만 년 전까지 아프리카와 그 밖의 지역에서 호미닌이 아주 드물었다는 사실은 지능이 승리를 가져다주었다는 통설과는 너무나도 어긋나기 때문에, 우리 종의 진화를 연구하는 사람들은 이것을 핵심 문제로 다루어야 한다. 하지만 생물학 문헌에서는 그런 조짐이 전혀 보이지 않는다.

진화에 부담이 되는 뇌

비록 진화생물학자들은 뇌의 수수께끼를 무시하지만, 자연철학자들은 그럴 필요가 없다. 다윈에게 도움을 주었던 도구들—추론, 유추, 개인적 경험, 현재는 과거의 열쇠라는 라이엘의 원리—

은 우리를 뇌에 관한 새로운 결론으로 안내하는데, 이 결론이 사실에 훨씬 더 부합한다. 인구 통계는 사람의 뇌가 선택되었다고 주장하지 못하게 할 뿐만 아니라, 약간 깊이 조사해보면 뇌는 진화에 심각한 부담이었다고 시사하는 결과가 나온다.

삼단 논법으로 그 이야기를 시작해보자. 침팬지는 우리의 가장 가까운 친척이다. 침팬지는 6만~7만 년 전까지 더 높은 적합도를 누렸다. 따라서 우리 조상의 적합도가 낮았던 원인은 침팬지에게는 없었지만 호미닌에게는 있었던 불리한 형질에 있거나, 아니면 호미닌에게는 없었지만 침팬지에게 있었던 유리한 형질에 있다고 결론 내릴 수 있다.

다음 단계는 호미닌이 눈앞에 다가온 멸종을 피하기 이전에 침팬지와 호미닌을 구분하던 특징이 무엇인지 알아내는 것이다. 그런 특징은 문화적인 것과 생물학적인 것, 두 종류가 있다. 도구와 불과 언어가 우리 조상의 적합도를 낮추었을 가능성은 없다. 이것들은 오히려 적합도에 유리하게 작용했을 것이다. 그래서 기술이 적합도와 상관관계가 있다는 상식적인 가정이 나온 것이다. 그러니 생물학적 특징에 초점을 맞추는 편이 안전해 보인다.

애슐리 몬태규Ashley Montagu는 『체질인류학 개론Introduction to Physical Anthropology』에서 사람을 살아 있는 나머지 영장류와 구분하는 생물학적 특징을 수십 가지 열거한다. 그중에서 더 중요한 특징으로는 완전 직립 자세, 두발 보행, 팔보다 긴 다리, 다른 발가락들과 마주 보지 않고 나란히 늘어선 엄지발가락, 상대적으로 빈약한 체모, 훨씬 짧은 골반, 나머지 영장류 중에서 가장 큰 크기를 가진 뇌보다 두 배 이상 큰 뇌, 뒤쪽으로 돌출한 뒤통수, 돌돌 말린 귀 가장자리, 더 긴 성장기와 느린 발달 속도, 긴 수명 등이 있다.[19] 이것들은 평가하기에 좋은 작업 명단을 제시한다. 이 중에서 어떤 특징이 우리 조상의 생식적 성공에 그토록 불리하게 작용하여 독특한 기술이 가져다준 이점을 상쇄하고도 남았을까?

적합도는 사춘기에 이르러 생식을 하는 자손의 수로 측정하기 때문에, 큰 손해를 끼친 그 특징이 양 계통에서 생식적 발달과 행동, 수명, 생식기 이후의 행동—즉, 그들의 생활사—에 큰 역할을 했다고 가정하더라도 아무 문제가 없을 것이다. 그 차이는 출생 전 시기에서 비롯될 수가 없는데, 이 단계에서 침팬지와 호미닌이 맞닥뜨리는 어려움은 서로 비슷하기 때문이다. 둘 다 일반적으로 한 번에 새끼를 하나만 낳고, 임신 기간도 비교적 길다(침팬지는 243일, 사람은 270일). 따라서 출생 이후에 침팬지보다 사람을 더 많이 죽인 특징을 찾아야 한다.

가능성이 희박한 후보를 하나씩 배제하는 방법을 사용해보자. 몬태규가 열거한 특징 중 두 가지만 제외하고 나머지는 모두 배제할 수 있는데, 이것들은 생활사에서 아무 역할도 하지 않기 때문이다. 남은 용의자 둘은 사람의 더 긴 수명과 성장기 그리고 느린 발달 속도이다. 긴 수명은 생식의 실패에 영향을 미친다고 볼 수 없으므로, 긴 성장기와 느린 발달 속도에 초점을 맞추기로 하자. 호미닌의 성숙 기간을 늘리는 원인은 무엇이며, 왜 이것이 적합도를 낮추는가? 나는 그 답이 뇌에 있다고 믿는다. 뇌는 다년간 많은 비용이 드는 발달 과정이 필요하고, 어머니와 아기를 출산과 어린 시절 동안 큰 위험에 놓이게 만든다. 내 가설은 또 다른 '비과학적' 접근법에서 나오는데, 그것은 바로 개인적 경험이다. 적절한 제약만 가한다면, 개인의 지식은 집단의 지식을 제공할 수 있다. '나'는 '우리'의 열쇠이다. 더 큰 규모의 일부 데이터도 도움을 준다.

그렇다면 어머니와 신생아의 목숨이 위태롭거나 더 악화되는 세 가지 경우를 생각해보자.

내 막내딸은 거꾸로 뒤집힌 자세로 태어났다. 1984년, 막내딸은 파리의 한 병원에서 볼기부터 먼저 세상에 나왔다. 수만 년 전에 아프리카의 뿔(동아프리카의 소말리아반도 지역—옮긴이)에서 태어났더라면, 아기와 어머니가 살아남을 가능성은 얼마나 됐을까? 그다지 높지 않았을 것이다.

몇 년 뒤 내 큰딸이 출산 날짜가 다가왔는데, 자궁 속 양수의 양이 안전선 아래로 떨어졌다. 아기가 즉시 나오지 않으면, 딸은 제왕 절개 수술을 받아야 할 판이었다. 수술을 피하기 위해 자궁 수축을 유도하려고 의사들은 딸에게 피토신을 투여했다. 피토신은 호르몬 옥시토신을 인공적으로 합성한 물질이다. 지금 내게는 다섯 살 먹은 손녀가 있다. 현대 이전의 어머니와 아기는 그렇게 운이 좋지 않았다. 오로지 천연 호르몬에만 의지해야 했고, 마지막 수단으로 제왕 절개 수술을 받을 수도 없었다.

마지막 사례는 내 장인 이야기이다. 장인은 1930년에 모로코에서 열한 번째 아이로 태어났지만, 형제자매가 아무도 없었다. 열 명의 형제자매는 모두 태어난 지 1년도 못 돼 죽었다. 여기서 우리는 개인적 경험으로부터 관련 통계 자료로 비약하는데, 이 통계 자료는 인류의 전체 역사에서 출산과 어린 시절의 삶이 얼마나 힘들었는지 보여준다. 영아 사망률(신생아가 태어난 지 1년 이내에 사망하는 비율)은 오늘날 개발도상국에서는 상당히 높은 수준이다. 예를 들면, 2017년에 소말리아의 영아 사망률은 10%에 가까웠다. 선진국들도 19세기까지만 해도 영아 사망률이 높았다. 2017년에 아이슬란드는 영아 사망률이 0.2%로 세상에서 가장 낮은 국가 중 하나였다.[20] 하지만 세계 최초로 의회가 탄생했고 문해율이 높고 의사와 간호사가 많은 나라도 19세기에는 평균 영아 사망률이 25~30%였고, 1864년에는 최대 60%까지 치솟았다.[21] 반면에 19세기에 덴마크의 평균 영아 사망률은 14%에 '불과'했지만, 오늘날의 에티오피아에 비하면 3배나 높았다.[22] 만약 산업 혁명 동안에 영아 사망률이 그토록 높았고, 지금도 일부 나라들에서 높은 수준을 유지하고 있다면, 중석기 시대(3만~3만 5000년 전)에는 안전한 출산이 아주 드물었을 테고, 어린 시절을 무사히 살아남는다는 것은 기적에 가까운 일이었을 것이다.

그런데 이것이 뇌와 무슨 관계가 있단 말인가? 전부 다 관계가 있다. 뇌는 머리뼈를 크게 해 출산이라는 신체적 행동을 아주 어렵게 만든다. 그리고 뇌의 복잡성은 긴 발달 과정이 필요하다. 그래서 아기는 어머니의 몸이 수용할 수 있는 것보다 자궁 속에서 더 오랜 시간을 보낸다. 아기는 신경학적으로 절반만 완성된 상태로 태어나 무력하고 매우 취약하다. 출생 후 처음 몇 달이 사람의 아킬레스건이라는 사실에는 옛날 사람이나 현대인이나 모두 동의한다. 고대 로마의 시인 루크레티우스Lucretius는 "아기는 사나운 파도에 실려 위로 던져진 선원처럼 말없이, 생명 유지에 필요한 장치를 모두 결여한 채, 땅 위에 벌거벗은 상태로 누워 있다. 통증을 수반한 첫 번째 천성이 아기를 어머니의 자궁으로부터 빛이 가득한 곳으로 보냈다. 아기는 침울한 울부짖음으로 공기를 가득 채운다. 살아가면서 겪어야 할 슬픔이 너무나도 많은 운명으로서는 당연한 일이지만."이라고 읊었다.[23] 16세기에 몽테뉴Montaigne도 이러한 비탄에 동참했다. 그는 "우리는 맨땅 위에 벌거벗은 몸으로 꽁꽁 묶인 채 남들의 희생 없이는 자신을 무장하고 옷을 입힐 수단도 전혀 없이" 태어나는 "유일한 동물이다."라고 지적했다. 다른 종들과 비교하면 그 차이가 극명하게 드러난다. 그는 "다른 종들의 새끼들은 헤엄을 치거나 달리거나 날거나 노래를 부르는 법을 아는 반면, 인간은 배우지 않으면 우는 것 말고는 걷거나 말하거나 먹거나 혹은 그 밖의 어떤 것도 할 줄 모른다."라고 썼다.[24]

독립 능력을 갖고 태어나는 종과 무력한 상태로 태어나는 종 사이의 이러한 차이를 오늘날에는 조성성早成性, precociality과 만성성晩成性, altriciality이라는 용어로 표현한다. 조성성 종의 새끼는 태어날 때부터 혼자서 살아갈 준비가 되어 있는 반면, 만성성 종의 새끼는 자궁 밖에서 발달 과정 중 상당 부분이 진행된다. 말레오

*Macrocephalon maleo*는 인도네시아 술라웨시섬에 고유하게 서식하는 무덤새인데, 조성성의 극단을 보여준다.[25] 어미는 햇볕이 잘 드는 모래나 화산재 속에 8~12개의 알을 묻는다. 따뜻한 흙이 인큐베이터처럼 알을 품어 부화시키도록 내버려두고 어미는 푸른 창공으로 날아가버린다. 알에서 깨어난 새끼들은 즉각 성숙하는 수밖에 달리 방법이 없다. 알에서 깨어난 첫날부터 새끼들은 앞을 보고 날고 먹이를 찾고 포식 동물로부터 자신을 지킨다. 조성성을 보여주는 또 다른 동물로는 돌고래가 있다. 어미 배 속에서 약 1년을 보낸 뒤에 태어난 새끼 돌고래는 독립적이고 지능이 높다. 스펙트럼의 반대편인 만성성의 극단에는 치타*Acinonyx jubatus*, 캥거루, 금화조*Taeniopygia guttata* 등이 있다. 새끼 치타는 눈이 먼 채 태어나며, 생후 8개월이 될 때까지 혼자서 사냥을 하지 못한다. 시력이 발달한 뒤에도 새끼는 대체로 부모의 보살핌을 잘 받지 못해 사자와 하이에나에게 손쉬운 먹이가 된다. 동물학자 캐런 로렌슨Karen Laurenson은 치타가 독립할 때까지 살아남는 비율이 5%도 안 된다고 평가하는데, 어린 시절에 다른 포식 동물에게 잡아먹히는 것이 주요 원인이다.[26] 그래도 치타는 생후 2주일이 지나면 혼자서 움직일 수 있다. 이에 비해 새끼 캥거루는 태어난 뒤 처음 190일 동안은 어미의 주머니 속에서 지내며, 완전히 독립하려면 거기서 45일이 더 필요하다.[27] 금화조는 눈이 감긴 채 알을 깨고 나온다. 이 작은 새는 약 두 달 동안 부모에게 의지해 살아간다. 이러한 삶은 아주 위험하다. 새끼 중에서 첫 번째 생식을 하는 시기인 생후 80일까지 살아남는

비율은 겨우 20%밖에 안 된다.[28]

이 스펙트럼에서 따로 빠져 있어 눈길을 끄는 종이 있는데, 바로 사람이다. 우리의 만성성은 평균에서 너무나도 크게 벗어나 있어 따로 분류된다. 스위스 동물학자 아돌프 포르트만Adolf Portmann은 우리를 위해, 아니 오로지 우리만을 위해 '2차 만성성secondary altriciality'이란 용어를 만들었고, 스티븐 제이 굴드는 1977년에 쓴 "배아로서의 사람 아기"란 글에서 이 용어를 대중화시켰다.[29] 2차 만성성은 긴 임신 기간과 한 번에 낳는 아기의 수(대개 한 명), 최소한 12년 동안 지속되는 의존성 등의 특징을 지녀, 알려진 모든 동물의 생활사 중에서 가장 위태롭다. 긴 임신 기간은 산모와 태아를 특별히 위험에 빠뜨린다. 한 번에 낳는 아기 수가 적은 것은 자손을 많이 남길 기회를 줄인다. 긴 성장기는 보살피는 사람과 무력하고 과도하게 의존적인 아기의 위험을 증가시킨다. 이렇게 불리한 조건들은 우리 조상의 적합도를 크게 낮추었다. 진화의 참사에 가까운 이 결과를 낳은 주요 원인은 바로 뇌, 진화에서 우리에게 궁극적인 승리를 가져다준 주요 원인으로 간주되는 기관에 있다.

이번에도 또다시 개인적 경험이 길을 알려준다. 그 날짜는 1953년 8월 21일 금요일이었다. 그날 정오에 텔아비브의 한 병원 분만실에서 21세의 여성이 출산의 진통을 겪고 있었다. 그런데 아기가 좀체 나오려 하지 않았다. 무엇이 가장 자연스러운 이 행위를 방해했을까? 아기의 머리가 너무 큰 것이 원인이었다. 의사들은 나오려 하지 않는 아기를 집게를 사용해 꺼내야 했다. 그 아기는 바로 나였다. 선사 시대였다면 내가 그런 시련에서 살아남을 확률은 얼마나 되었을까? 필시 0이었을 것이다. 근대에 들어온 뒤에도 이 위험은 여전히 상당히 높았을 것이다.

최선의 상황에서도 여성은 아기를 낳기에 구조적으로 빈약하고, 뇌가 완전히 발달한 아기를 낳는다는 것은 완전히 불가능하다. 평균적인 여성의 골반과 산도가 안전하게 수용할 수 있는 머리 크기는 임신 7개월 된 평균적인 태아의 머리 정도이다. 포르트만은 태아가 완전히 발달하는 데 필요한 임신 기간이 21개월이라고 계산했다.[30] 그래서 산모와 아기는 각자 한 발씩 물러서서 타협을 했다. 임신 기간은 두 달 정도 늘어났고, 태아는 자궁에서 지내며 발달하는 기간을 1년 정도 양보했다. 이 대타협 때문에 건강과 생존 가능성에서 큰 대가를 치르게 되었다. 사람의 경우 임신은 죽음으로 이어질 때가 많으며, 동물계에서 타의 추종을 불허하는 고통을 수반한다. 그리고 아기의 무력한 상태 역시 자연계에서 유례를 찾기 어렵다.

뇌만 아니었더라면, 태아는 더 짧은 임신 기간에 충분히 만족했을 것이다. 정상적인 상황에서는 콩팥과 간, 무릎, 폐, 심장은 아홉 달이 지나면 자궁 밖에서 살아갈 준비가 된다. 오직 뇌만 발달하는 데 12개월이 더 필요하다. 신생아는 영아의 몸과 태아의 뇌를 갖고 있어 완전히 무력한 상태로 부모의 보살핌에 의존해 살아가야 한다. 이렇게 무력한 상태는 대형 유인원 사이에서도 유일무이하다. 새끼 침팬지는 한동안 어미의 팔에 안겨 다니지만, 얼마

지나지 않아 털을 붙잡고 어미의 배에 들러붙을 수 있다. 석 달이 지나면 새끼는 어미의 등 위에 올라탈 수 있어 어미는 팔을 자유롭게 쓰면서 먹이를 구하고 자신과 새끼를 지킬 수 있다. 사람 아기도 이를 따라잡기 위해 태어난 뒤 처음 석 달 동안은 뇌 용량이 매일 1%씩 증가한다. 이 기간에 뇌는 약 64%나 커지는데, 처음에 평균적인 어른 뇌의 약 33% 크기였던 것이 55%로 증가한다.[31] 하지만 이 시점에서도 여전히 아기는 무력하여, 젖을 먹일 때에는 어머니의 두 팔이 필요하다. 18세가 되면 뇌 용량은 처음 태어났을 때보다 세 배로 늘어난다(〈그림 4-3〉 참고).

따라서 이러한 생식과 발달 이야기만 고려하더라도, 사람의 뇌는 다윈주의의 적합도를 떨어뜨린다. 출산 동안 뇌 때문에 산모

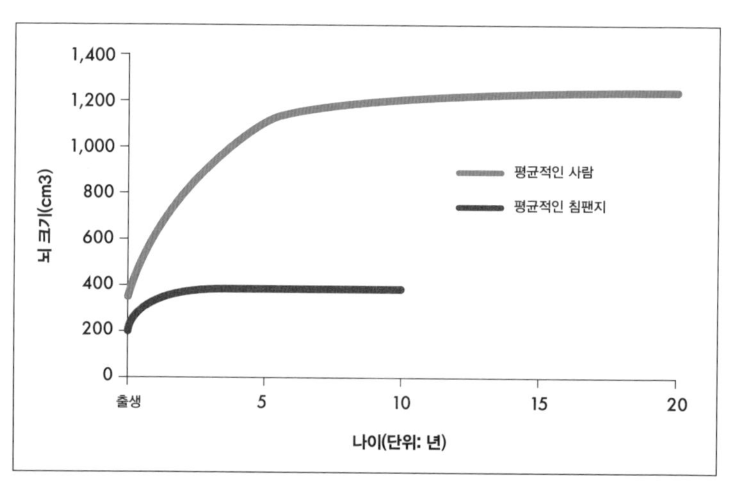

〈그림 4-3〉 뇌는 우리를 무력하게 만든다. 침팬지는 필요한 뇌가 사실상 거의 다 완성된 채 태어나며, 금방 어미의 품에서 벗어날 수 있다. 이와는 대조적으로 사람은 제대로 만들어지지 않은 중추 신경계를 갖고 태어나기 때문에, 발달이 진행되는 몇 년 동안 부모의 보살핌에 전적으로 의존해 살아가야 한다.

와 아기가 죽거나 큰 손상을 입는 일이 자주 일어난다. 또한 다윈주의의 관점에서 볼 때 쓸모없는 것보다 더 나쁜 상태에 있는 아기를 살리기 위해 어른들은 막대한 자원을 투입해야 한다. 아기는 어른에게 큰 비용을 치르게 하여 추가로 아기를 보살필 능력을 방해함으로써 생식 부문의 생산량을 감소시킨다. 이러한 보살핌은 자식의 최종적인 생식을 통해 반드시 보답이 돌아오는 것도 아니다. 인류의 역사 중 거의 전 시기에 지구 어디에서건 대부분의 자식은 부모가 아무리 정성스럽게 보살피더라도 생식 연령에 도달하기 전에 죽었다. 진화의 관점에서 볼 때 아기는 주는 것 없이 계속 받기만 하면서 같은 종의 자원을 축낸다. 아기가 어른이 될 때까지 무사히 살아남을 것이라고 기대하게 된 최근까지만 해도, 아기는 그 보답으로 거의 아무것도 주지 않았다.

출산의 위험에서 살아남더라도, 뇌의 진화를 위해 치러야 할 대가가 크다. 뇌는 불균형적인 크기 때문에 에너지 소비도 불균형적으로 크다. 평균적인 포유류의 뇌는 전체 칼로리 섭취량 중 약 3%를 소비한다. 평균적인 영장류의 뇌는 약 8%를 소비한다. 사람 어른의 뇌는 20~25%를 소비한다. 아기는 특별히 그 정도가 심하다. 생후 21개월의 아기를 키워본 부모라면 알겠지만, 아장아장 걸어다니는 아기는 작은 몸 크기에 비해 엄청나게 많이 먹는다. 빠르게 발달하는 아기의 뇌는 자연에서 가장 게걸스러운 기관이어서 그렇다. 아기가 섭취하는 전체 칼로리 중 최대 74%가 뇌의 성장과 활동에 쓰인다.[32]

아기의 뇌는 단지 칼로리만 많이 원하는 게 아니라 공급원도 까다롭게 가리는데, 이것은 진화적 비용 부담을 더 늘린다. 특히 전두엽(이마엽) 조직에는 지방이 필요하다. 아기가 지방 비율이 16%로 모든 포유류 중에서 가장 높은 상태로 태어나는 이유는 이 때문이다. 생활 방식 때문에 높은 지방 함량이 필수적인 물범조차 태어날 때 지방 함량이 10~14%에 불과하다.[33] 이렇게 아주 통통

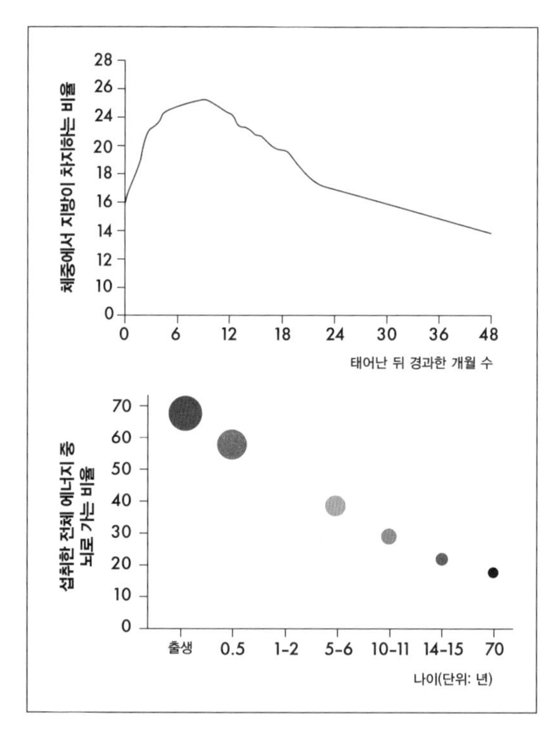

〈그림 4-4a와 4-4b〉 머리에 공급되는 영양: 사람의 뇌는 칼로리 소비량이 아주 많다. 평균적인 포유류는 섭취하는 전체 에너지 중 3%를 뇌에 쓰지만, 평균적인 사람 어른은 20~25%를 쓴다. 아기의 뇌는 전체 섭취 칼로리 중 74%를 가져간다. 뇌는 특히 지방(얻기 힘든 영양분)을 좋아한다. 사람은 뇌를 살아 있게 하기 위해 어떤 종보다 더 힘들게 노력해야 한다.

하게 태어난 뒤에도 아기는 계속 토실토실 살이 붙어 생후 9개월 째에 정점에 이른다. 이때 아기의 지방 비율은 최대 27%까지 올라간다(〈그림 4-4〉 참고).[34] 아기는 이렇게 뚱뚱한 상태가 건강에 좋다. 통통한 아기의 모습—이중 턱, 불룩한 뺨, 허리 둘레의 두툼한 군살, 통통한 넓적다리와 팔—은 며칠 굶어도 별 탈이 없는 지방 저장고와 같다.

하지만 지방은 아기에게는 좋을지 몰라도 종 전체에는 부담이 된다. 뇌의 필요를 충족시키기 위해 우리 조상은 독특한 식습관을 택했는데, 사람은 영장류 중에서 유일하게 일상적으로 육식을 하는 종이다(제인 구달Jane Goodall은 침팬지가 순수한 채식주의자가 아니란 사실을 발견했지만, 침팬지가 먹는 고기의 양은 아주 적은데, 잡식성인 사람에 비하면 훨씬 적다[35]). 대뇌화와 필요한 지방을 효율적으로 공급하는 고기 섭취 중 어느 쪽이 먼저 일어났는지는 알 방법이 없다. 하지만 고기에 의존하는 식습관이 여러 측면에서 취약성을 드러낸 것만큼은 분명하다.

첫째, 영양 섭취를 위해 고기에 의존하다 보니 인류의 역사 대부분을 통해 우리는 포식 동물이 되어야 했다. 가축화가 대규모로 일어나기 이전에 사람은 더 빠르고 강하고 치명적인 짐승과 정면으로 맞서야 했는데, 이것은 상당한 위험을 수반했다. 둘째, 선택주의자의 견해에 따르면, 우수한 지방 소화 능력은 창자의 전문화가 낳은 산물로 가정되었다. 레슬리 아이엘로Leslie Aiello와 피터 휠러Peter Wheeler가 주장한 '비싼 조직 가설'에 따르면, 우리가 동물에 더 많이 의존함에 따라 소화 기관이 그에 맞춰 최적화되었고, 그 결과로 식물 소화 능력이 떨어졌다.[36] 섬유질과 셀룰로오스를 분해하는 효소와 미생물 부족이 이런 결과를 낳았다. 사람 창자에서 고섬유질 식물과 잎, 뿌리는 소화되지 않은 채 그냥 지나가기 때문에 우리에게 에너지를 전혀 공급하지 못한다. 그리고 배설되기 전까지는 탐욕스러운 뇌에 필수적인 영양분을 더 많이 포함한 음식물의 섭취를 방해한다.[37] 따라서 우리가 먹을 수 있는 음식물은 크게 제한돼 있는데, 여기에는 침팬지가 먹는 식물 종 중 절반만 포함돼 있다.[38] 이 교환(식물성 음식물 대신에 동물성 음식물 섭취)은 큰 위험을 가져다주었다. 식물은 도망가거나 반격하지 않으므로, 동물보다 구하기가 훨씬 쉽기 때문이다.

육식의 긍정적 측면은 사냥과 양육에서 사회적 협력이 나타났다는 점이다. 사냥감을 잡으려면 협력하는 법을 배워야 했고, 양육의 분업은 사냥을 위해 집을 떠나야 할 필요에서 생겨났을 것이다. 하지만 여기에는 부정적 측면도 있었는데, 남성이 사냥을 하러 집을 떠나면 여성과 아이가 훨씬 취약한 상태에 놓였다. 얼마나 많은 여성과 아기가 포식 동물에게 잡아먹혔을까? 남녀노소를 막론하고 얼마나 많은 사람들이 영양결핍이나 썩어가는 고기에 포함된 독소로 죽어갔을까?

우리가 사람 뇌에 대해 가정하는 것을 우리가 추론할 수 있는 것과 비교해보자. 우리는 우리를 가장 적합도가 높은 종으로 만든 기관이 바로 뇌라고 가정한다. 그러나 비록 뇌가 놀라운 재주를 보여주긴 하지만, 증가하는 뇌의 능력이 반드시 인구 증가와 일치하진 않으며, 우리와 비슷한 뇌를 가진 종이 대부분 멸종했다는 사실을 우리는 알고 있다. 이 사실은 적합도의 근본 원인이 뇌에 있다는 가정에 치명타가 된다.

사람의 뇌가 커짐에 따라 태아의 뇌도 커졌다고 추론할 수 있다. 태아의 뇌가 커짐에 따라 어머니는 아기의 발달 과정 중 이른 시기에 출산을 하지 않을 수 없었다. 출산이 앞당겨짐에 따라 아기가 자궁 밖에서 성장하는 기간이 늘어났다. 자궁 밖 성장 기간이 길어짐에 따라 아기는 더 많은 시간을 취약하고 의존적인 상태로 보내야 했고, 부모는 아기를 돌보는 데 매달려야 했다. 무력한 아기를 위해 더 많은 자원을 얻으려면, 어른들은 더 교묘한 방법을 사용해야 했지만 그 때문에 더 취약한 상태에 놓였다. 이것은 수확체감의 법칙을 보여주는 전형적인 예이다. 1단계에서 뇌 크기에 대한 투자는 도구와 불을 가져다주었다. 2단계에서는 뇌 크기에 대한 투자가 파괴적 효과를 가져왔다.

이 이론은 순전히 연역적 추론을 바탕으로 한 것이다. 이를 뒷받침하는 것은 오로지 상식뿐이다. 그 대안 이론—뇌가 완전히 발달하기 전에 아기가 태어나는 이 현상이 적응 이득을 위해 선택되었다는 이론—은 경험과 선사 시대의 증거와 해부학 기초와 어긋난다. 우리는 선택주의자가 해야 할 일을 대신 할 필요가 없으며, 따라서 비용이 편익을 훨씬 능가하는데도(사람속 계통과 비교할 때 뇌가 더 작은 영장류가 큰 성공을 거둔 사실에서 볼 수 있듯이) 왜 뇌가 계속 팽창했는지 가능한 설명을 찾는 일은 다른 사람들에게 맡기면 된다. 자연 선택을 발견한 종의 역사보다 자연 선택의 설명력에 내재된 결함이 더 명백하게 드러나는 곳은 없다. 선택주의자들은 그 종의 뇌가 자연 선택을 보여주는 가장 전형적인 예라고 주장하지만 말이다.

나중에 우리는 사람과 뇌 이야기로 다시 돌아올 것이다. 우리의 무력한 상태를 많은 종의 전체 생애보다 더 길게 연장시키는 이 기관은 우리의 장점이기도 하다. 내가 주장하고자 하는 요지는 사람의 뇌가 어느 모로 보나 손해만 끼치는 존재라는 이야기가 아니다. 단지 뇌가 선택되었다는 주장이 타당하지 않다고 말할 뿐이다. 이 주장은 뇌가 결국은 인류의 인구 폭발에 기여했다는 주장과 연결되는데, 나는 이 주장을 학자들이 가정한 기술적 수단 외에 다른 것으로 설명하려고 한다.

하지만 지금은 잘못된 진화의 아이콘들을 끌어내려야 할 때이다. 나는 앞에서 이 아이콘들을 아 포르티오리 논증의 증거라는 것에 초점을 맞춰 살펴보았다. 만약 자연 선택 이론의 아이콘들이 대표성으로 보나 이론이 요구하는 조건과의 합치 여부로 보나 부족한 것이 그토록 많다면, 어떻게 자연 선택이 진화의 지배적인 방식이라고 상정할 수 있겠는가? 나는 증거와 상정의 불일치 뒤에 숨어 있는 지적 조건은 자연을 사회와 동일시한 잘못이었다고 주장했다. 가축화 유추를 통해 다윈은 자연에 품종 개량가의 의지와 의도를 부여했다. 그 과정은 다르지만, 목적과 결과는 똑같다.

대신에 자연을 자연 그대로 두면 어떻게 될까? 그러면 차등적 생존 확률이 항상 혹은 심지어 자주 선택된 형질에서 비롯된다고 자신 있게 말할 수 없다는 것을 인정해야만 한다. 이 책의 후반부는 바로 여기서부터 시작한다. 자연 선택이 상대 빈도로 강등되면, 중성 형질의 고정과 지속을 설명할 다른 이론이 필요하다. 이어지는 장들은 중성에 대한 논의로 시작한다. 중성은 무엇이고, 도처에 존재하는데도 그것을 알아보기가 그토록 어려운 이유는 무엇이며, 어떻게 하면 우리가 중성과 더 잘 조화할 수 있는지 살펴볼 것이다. 일단 중성적 자세를 받아들이면, 자연의 모든 곳에서 중성의 증거를 발견하게 될 것이다. 그것은 평범성과 과잉처럼 보일 때가 많다. 사실, 나는 그 보상은 계속 증가하기만 할 것이라고 주장한다. 하지만 진화의 측면에서 우려해야 할 이유는 전혀 없다. 충분히 훌륭한 형질은 탁월하지 않아 선택되지 않을지 몰라도, 그래도 어떻게든 길을 찾아낸다.

• 제2부 •

굿 이너프 이론

The Theory of the Good Enough

제5장

중성을 받아들이다

Embracing Neutrality

나는 자연 선택이 자신의 아이콘들을 설명하는 데 실패한 원인이 편향 때문이라고 주장했다. 자연 선택을 가축화의 이미지로 상상한 다윈과 그 후계자들은 자연을 최적화를 추구하는 품종 개량가로 보는 개념과 어긋나는 관찰 사실을 보지 않도록 혹은 신경 쓰지 않도록 스스로를 훈련시켰다. 명백하게 자연 선택이 드러나는 사례를 만나면, 과학자들은 그것을 환영한다. 자연 선택에 어긋나는 사례를 만나면, 과학자들은 견강부회에 가까운 것이라 하더라도 어떻게든 적응적 설명을 생각해내거나, 시간이 지나면 비정상적 형질이 도태될 것이라고 가정한다. 그것도 아니라면, 심지어 그 형질을 보지조차 못한다. 제6장에서 다룰 넓은 범위wide range는 보이지 않는 이 형질들의 대표적인 예이다.

과학자들이 형질이 선택된다고 설명하려는 태도는 충분히 이해할 만하다. 그렇게 함으로써 이들은 자연을 이해하고, 결과 뒤에 숨어 있는 원인을 찾으려고 한다. 다시 말해서, 이들은 세계에서 의미를 찾으려고 노력한다. 그것이 과학의 목적이다. 과학은 의미나 필요가 결여된 상태로 나타나는 중성 조건에 맞서 싸운다.

문제는 생물학자들이 중성보다는 기능을 기본값 상태로 간주한다는 점이다. 그들은 우연 대신에 의미—선택—를 상정하는데, 여기서 우연은 대개 유전적 부동이다. 이러한 태도는 비과학적이다. 과학자는 모든 관계는 다르게 증명되지 않는 한 우연의 결과라고 가정하는 귀무가설을 상정해야 한다. 의미를 출발점으로 삼는 진화생물학을 제외하고는 의미를 증명하는 책임은 해당 과학자에게 있다. 진화생물학 분야에서는 증명의 책임은 우연이 특정 형질의 출현과 형태와 크기를 결정한다고 주장하는 사람에게 있다.

1856년, 월리스는 의미를 찾으려는 이러한 파블로프식 조건반사에 주목했다. "박물학자들은 자연의 모든 것에 대해 어떤 용도를 '발견'하지 못할 때 너무 쉽게 '상상'을 한다. 그들은 심지어 '아름다움'에 충분한 용도가 있다는 것에 만족하지 못하며, 심지어 그 동물 자신이 '그것'에 적용할 수 있는 어떤 목적을 찾으려고 애쓴다." 그리고 "동물이나 식물의 모든 부분이 오로지 그 개체에게 어떤 물질적, 물리적 용도가 있기 때문에 존재한다고 믿는 것은 아주 잘못되고 매우 편협하게 자연계를 바라보는 관점이다."라고 말했다.[1] 11년 뒤, 월리스는 급진적 선택주의로 전향하여, 중성에 대한 진화생물학의 혐오를 계속 강조하면서 형질의 유용성에 대한 신념을 명확하게 표현했다. "유기적 자연의 확실한 사실들 중에서 그 어떤 것도, 어떤 특별한 기관도, 어떤 특징적인 형태나 무늬도, 본능이나 습성의 어떤 특이점도, 종 사이나 종들의 집단 사이의 어떤 관계도, 그것을 가진 개체나 품종에게 지금 유용하거나 한때 유용했던 것이 아니라면 존재할 수 없다."[2]

나는 이 신념에 반대한다. 중성적 태도를 기르면 형질(어쩌면 선택된 것일 수도 있지만, 반드시 그런 것은 아닌)을 있는 그대로 볼 수 있는 능력이 생긴다. 우리의 눈을 가리고 있는 다윈과 월리스의 측면 시야 가리개를 치우면, 자연 선택이 자연 법칙이 아니라 그저 상대 빈도에 불과하다는 사실을 부정하기가 더 어려워진다. 이어지는 장들에서 더 분명히 밝히겠지만, 이러한 이해가 자연 선택을 하찮은 위치로 끌어내리진 않는다. 전혀 그렇지 않다. 자연 선택은 지구상에 존재하는 모든 생물의 강건함을 만든 근본 원인이며, 대체로 속屬들, 과科들, 목目들, 강綱들 사이의 차이를 빚어내는 원인이기도 하다. 하지만 중성을 받아들이면, 종들이 쓸모없는 형질의 발달을 포함해 온갖 종류의 기이하고 최적이 아닌 발달을 하면서도 살아남을 수 있는 경우처럼 자연 선택이 작동하지 않을 때가 많다는 것을 볼 수 있다.

기본적으로 중성은 일반적인 경우이기도 한 가장 중요한 사례에 관심을 집중하도록 도움을 준다. 아리스토텔레스는 "특별한 경우를 인식하는 것보다 보편적인 것이 훨씬 중요하다."라는 말로 과학의 적절한 초점을 묘사했다.[3] 하지만 생물학자들은 독특한 것에 지나치게 집착하는데, 로메인스가 특정 형질—어떤 종을 가장 가까운 친척들과 구별하는 형질—은 분류학자에게는 중요하겠지만, 해당 생물에게는 아무 쓸모 없는 것일 수도 있다고 충고한 이유는 이 때문이다(〈그림 5-1〉 참고).[4] 종의 경계를 가르는 기준이 되는 형질은 반드시 유용해야 할 필요가 없다. 단지 생존에 치명적이지만 않으면 된다. 제7장에서 자세히 다루겠지만, 가장 유용한 형

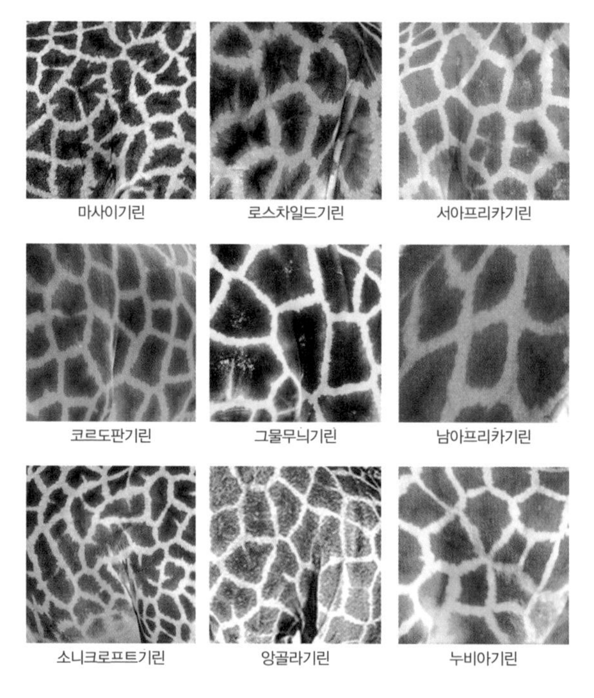

〈그림 5-1〉 특정 형질은 선택적으로 볼 때 중성이다: 각 기린 아종의 털가죽은 고유한 무늬가 있지만, 이 무늬는 생존 경쟁에서 분명하게 담당하는 역할이 없다. 서로 다른 무늬는 아무 기능이 없는 경우가 많다. 대개는 많은 종이 공유한 것이 가장 유용한 형질이다.

질은 많은 종이 공유한 것, 즉 긴 지질학적 시간을 지나면서 생존과 생식에서 그 가치를 증명하고 병목을 지나면서도 살아남은 것인 경우가 많다.[5] 보편성이 신호(선택되었다는)이며, 독특성은 잡음이다. 증거를 원한다면, 우리 눈과 유전체와 지문을 보라. 모든 사람의 홍채는 제각각 고유한 색의 패턴을 갖고 있고, 모든 유전체는 제각각 독특한 내용물을 포함하고 있으며, 모든 지문은 제각각 나름의 고유한 융선과 골의 패턴이 있다. 이러한 신호들은 범죄 수사와 생체 정보 암호 설계자에게 유용하다. 이것들은 어떤 사람이 다른 사람이 아닌 본인임을 알려주는 생물학적 표지이다. 유용한 형질은 모두 서로 비슷하다. 각각의 중성 형질은 나름의 방식으로 특별하다.

자연 선택 이론은 자연의 기묘한 것(적응 돌연변이, 그중에서도 특히 기이한 돌연변이)에 경이로워하는 반면, 평범한 것(설사 차이를 빚어낸다 하더라도 그다지 큰 차이를 빚어내지 않는 변이)을 무시한다. 자연 선택은 특별한 사례들을 설명한다. 굿 이너프 이론은 자연의 중성을 포함할 수 있는 개념들로 자연 선택을 보완함으로써 진화에 관한 용어를 보편화하는 것을 목표로 한다.

제6장과 제7장에서 이 책의 과학적 핵심을 살펴보기 전에 먼저 중성이 무엇이며, 무엇이 옳고 그른지 그리고 의미가 있는지 없는지에 대한 주장을 확립하는 데 왜 중성이 필요한지 알아보고 넘어가기로 하자. 중성적 태도를 취하는 것이 편안하지도 쉽지도 않다는 사실을 이해하는 것으로 이야기를 시작한다.

내부의 적

중성을 적대시하는 사람들은 진화생물학자뿐만이 아니다. 누구나 중성을 적대시하는데, 이에 대해 러시아 철학자 알렉산드르 게르첸Aleksandr Gercen(영어 이름으로는 Alexander Herzen을 많이 씀—옮긴이)은 이렇게 썼다. "우연은 자유로운 정신을 가진 사람에게 참을 수 없을 만큼 거부감을 느끼게 하는 요소가 있다. 그 사람은 우연이 너무나도 비위에 거슬린 나머지 우연에 불합리한 힘이 있다고 생각하며, 우연을 극복하려고 애쓰다가 탈출구를 전혀 발견하지 못하면, 위협적인 운명을 지어내 그것에 굴복하는 쪽을 택한다."[6]

어떤 관찰 사실 이면에 아무 의미가 없을 수도 있다고 인정하는 것은 사실상 비인간적인데, 우리 모두는 중성이라는 개념 자체를 몹시 싫어하는 기관을 공유하고 있기 때문이다. 그 기관은 바로 뇌이다. 자연이 진공을 싫어하는 것처럼 뇌는 중성을 싫어한다. 사람의 뇌는 의미샘이다. 뇌는 의미를 풍부하게 분비한다. 뇌는 행간을 읽고, 데이터를 조작하고, 스스로를 속인다—사건들을 이해하기 위해 어떤 짓이라도 한다.

프로이트는 우리가 쾌락의 원리와 현실의 원리 사이에서 망설인다고 가르쳤다. 의미를 발견하는 것은 즐겁지만, 현실 앞에서 정신이 번쩍 드는 대가를 치를 때가 많다. 의미를 발견하지 못하는 것은 고통스럽지만, 어떤 의미도 알아볼 수 없는 상황에서 의미를 주장하는 것보다는 진실에 더 가까울 때가 많다. 의미의 즐거움에 이렇게 폭 빠진 동물은 사람 외에는 찾아볼 수 없다. 다른 동물들은 사물을 실제로 있는 그대로 대한다.

우연—그리고 그와 함께 중성—에 대한 혐오는 인간의 정신에 깊이 뿌리박혀 있기 때문에, 개인이 만들어내는 특정 의미는 그 사람이 어떤 사람이고 설명해야 할 사실을 어떻게 느끼는가 하는 것과 밀접한 관계가 있다. 사랑에 빠진 비관주의자는 사랑하는 상대의 무관심을 반감으로 해석한다. "저 사람은 저녁 내내 나를 무시했어. 그러니 나를 미워하는 게 틀림없어." 낙관주의자는 동일한 무관심을 수줍음으로 해석한다. 상대방의 피하는 태도를 자기를 좋아하는 것이라고 생각한다. 두 가지 견해는 그 진실을 알 수 없는 곳으로 의미를 투사하면서 중성적 태도에서 벗어난다.

중성에 대한 혐오는 언어에도 그 뿌리가 있다. 영어에서 중성은 다른 상태의 부정으로 표현된다. 그런 단어의 예로는 asexual(무성의), nonaligned(비동맹의, 중립의), disinterested(무관심한), detached(사심이 없는, 초연한), unbiased(편견이 없는), indifferent(무차별의, 공평한), impartial(편파적이지 않은, 공평한) 등이 있다. 이런 식으로 중성은 정상이 아니라 예외적인 것으로 부호화된다. 정상 상태는 선호하는 상태나 경향을 나타내는 상태이고, 중성은 그것의 부정이다. 언어학자들은 중성을 유표적有標的(언어의 일반적인 경향에 대하여 예외적인 것—옮긴이)이라고 부르는 반면, 중성이 없는 상태를 무표적無標的(언어의 일반적인 경향을 보이는 것—옮긴이)이라고 부를 것이다.

하지만 언어는 우리를 엉뚱한 곳으로 안내한다. 현실에서는 중성이 규칙이고 정상 상태이며, 중성이 없는 상태가 예외이자 규범에서 벗어나는 것이다. 균등(indifference), 즉 차이가 없는 것은 언어학적으로 차이(difference)를 상정하지만, 차이—논리와 사실에서—는 균등한 상태의 교란을 상정한다는 사실을 생각해보라. 우리는 "균등을 만든다(make an indifference)"라는 말을 쓰지 않는다. 우리는 현상現狀에 영향에 미침으로써 차이를 만들어낸다(make a difference). 구분되지 않는 상태에서 시작하여 다양하게 분화해가는 줄기세포에서 보듯이, 균등은 시간적으로도 차이보다 앞선다. 생명체는 원시 수프에서 유래했고, 무기물은 형태가 없는 원재료에서 유래했다.

'무無'는 동일한 부정의 오류를 표현한다. '무'는 유有를 상정한 뒤, 텅 빈 것을 나타내기 위해 그것을 부정한다. 하지만 실제로는 무가 훨씬 더 일반적인 조건이며, 원래 상태이기도 하다. 태초에 무가 있었는데, 빅뱅의 무한한 잠재력을 지녔지만 아직 실현되지 않은 상태로 존재했다.

'중성' 자체는 의미를 향한 언어의 편향을 드러낸다. 중성을 뜻하는 영어 neutrality의 어원인 라틴어 네우테르neuter는 남성도 여성도 아닌 중성을 가리키는데, 우주의 대부분은 성에 영향을 받지 않고, 유성 생식을 하는 종은 무성 생식을 하는 종으로부터 유래했다. 중성은 성이 없는 유표적 상태이다. 중성은 성에 기초한 은유의 극단에서 나왔는데, 여기서는 성이 무표적 상태이다. 중성은 직관적으로 이해할 수 있는 것을 참고해야만 이해할 수 있는 대상이다.

의미의 집착에서 벗어나기

중성 왕국은 그 다양성이 눈부실 정도로 찬란하다. 그것은 국제연합에서부터 법의학과 선禪에 이르기까지 광범위하게 뻗어 있다. 사실, 인간사에서 중성을 포함하지 않은 측면은 거의 없다. 중성에 대한 우리의 본능적인 혐오를 누그러뜨리려면, 쓸모없음과 우연, 무차별을 연구하여 이것들이 삶의 모든 차원에서 어떤 역할을 하는지 제대로 이해해야 한다. 우리는 중성을 중성화해야 한다('중성화하다neutralize'란 용어는 '무효화하다'란 의미도 지닌다—옮긴이).

중성은 주관적 중성, 존재론적 중성, 방법론적 중성의 세 가지 형태가 있다. 주관적 중성은 본질적으로 편견이나 관심이 없는 상태이다. 이것은 내가 기르고 싶은 태도로, 편견을 억제하고 피할 수 있는 관점이다. 존재론적 중성은 내가 발견하고 싶은 것인데, 선호가 없는 기본값 상태, 차이가 없는 삶의 기본 재료이다. 존재론적 중성의 전형적인 예로는 줄기세포가 있다. 줄기세포는 주어진 값이 없으며, 순수한 잠재력이다. 존재론적 중성을 보여주는 또 하나의 전형적인 예는 지문이다. 선택 측면에서 볼 때 지문은 중성인데, 식별에 유용한 변이이긴 하지만, 생물학적으로는 부적절한 변이이다. 많은 돌연변이도 존재론적 측면에서 중성이다. 제6장에서 아무것도 하지 않거나 유용한 것을 아무것도 하지 않으면서 모든 종의 유전체에 비활성적으로 축적되는 유전 물질이 얼마나 광범위하게 존재하는지 자세히 살펴볼 것이다. 마지막으로 자연의

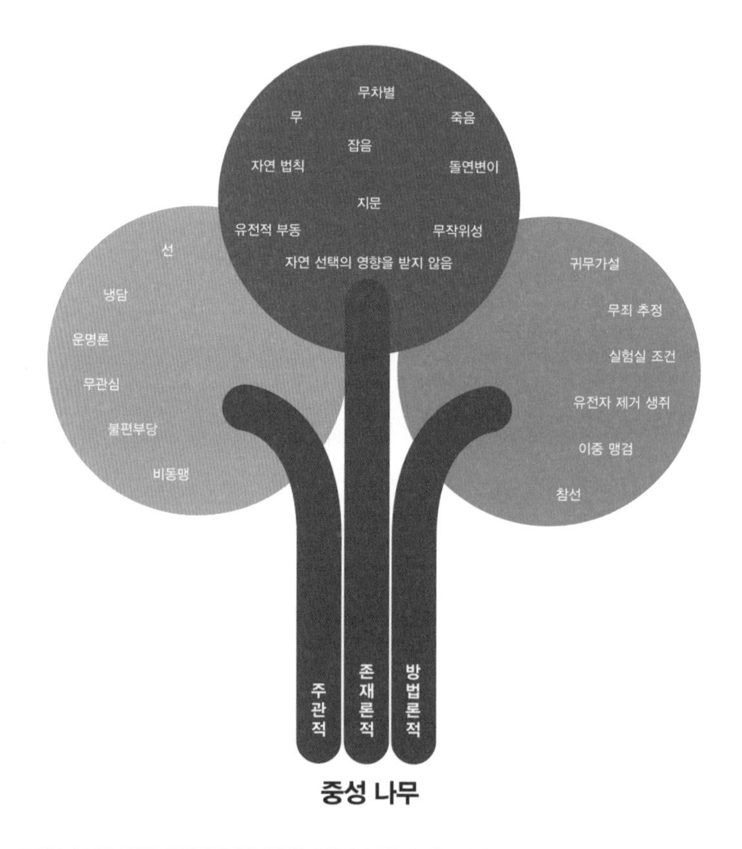

〈그림 5-2〉 중성 나무: 주관적 중성의 핵심은 편향이나 선호가 없는 상태(중성적 태도)이다. 존재론적 중성 개념은 현실 중 상당 부분이 본질적으로 차이가 없다고 인식한다. 참을 확인하는 데에는 중성적 방법이 필수적이다.

기본값 상태처럼 참을 확인하는 수단인 방법론적 중성이 있다. 전형적인 예로는 귀무가설, 실험실 조건, 무죄 추정 등이 있다. 이것들은 참과 거짓을 구별하는 도구인데, 바꿔 말하면 가능한 설명들의 집단 속에서 유일무이하게 적절한 설명이다(〈그림 5-2〉 참고).

이 분류법을 더 발전시켜 세 범주 사이의 연결 고리를 강조할 수도 있다. 예컨대 마음을 비우는 선의 명상은 보편적 조건 속에서 자아를 해체하는 것을 목표로 하는 (주관적) 마음 상태와 (방법론적) 수련이다. 냉담의 중성이 특징인 우울증은 (주관적) 심리 상태이자 (존재론적) 병적 상태이다. 나의 주요 관심사는 관찰자를 존재론적 중성에 민감하게 만드는 것이기 때문에, 과학과 법에서 진실을 찾는 강력한 도구들에 의지하려고 하는데, 이것은 편향에 맞서 싸우는 조사 체계를 사용하는 방법을 보여줄 것이다.

법과 과학에서 중요한 방법으로 사용되는 중성

법과 과학은 증명과 반박의 방법이 서로 다르지만, 종사자들이 정직의 원리에 대해 특별한 의무론적 책임이 있다는 점에서 다른 분야들과 구별된다. 재판관과 과학자는 진실된 명제를 말해야 한다는 엄격한 도덕적, 직업적 요구를 받는데, 그러지 않을 경우에 초래되는 결과가 특별히 중대하기 때문이다. 재판관이나 약리학자의 편향은 미용사나 변호사의 편향보다 훨씬 더 위험하다.

중성이 담보되지 않으면, 정의를 실현할 수 없고, 지식도 얻을 수 없다. 사법과 과학의 과정들이 무의미한 것을 극도로 싫어하는 뇌의 성향에 대비해 철통같은 방화벽을 세우는 이유는 이 때문이다. 법정에서 그 방화벽은 무죄 추정 원칙이다. 과학에서는 귀무가설이 방화벽이다. 모든 사람은 유죄가 입증되지 않는 한 무죄이다. 모든 관계는 그렇지 않다는 것이 입증되지 않는 한 우연의 결과이다. 법정은 무죄가 아님을 입증하는 책임을 받아들인다. 증거를 통해 그렇지 않다는 것이 밝혀지지 않는 한, 피고는 기소된 행위에 대해 중성적이다. 피고는 실제로 범죄 행위를 저질렀을 수도 있지만, 법정의 기준에 따라 그랬다는 것이 입증되지 않는 한 무죄이다. 과학자들은 귀무가설을 반박해야 하는 책임을 받아들여야 한다. 만약 반박하지 못한다면, 우연을 바탕으로 한 설명을 받아들여야 한다. 물론 그 설명이 틀릴 수도 있지만, 어떤 것이 참이라는 것을 증명하지 못한다면, 그 설명을 받아들여야 한다.

이 접근법의 타당성은 오래전부터 인정돼왔다. 무죄 추정 원칙은 고대 세계까지 거슬러 올라간다. 6세기에 만들어진 유스티니아누스 법전은 "증명의 책임은 그것을 부인하는 사람이 아니라 주장하는 사람에게 있다."라고 선언한다.[7] 이것은 지극히 타당한 말인데, 중세 법학자들이 설명한 것처럼 "사물의 이치가 그렇듯이, 어떤 사실을 부인하는 사람이 그것이 옳다는 증거를 내놓을 수는 없기 때문이다."[8]

하지만 이것이 합리적이고 올바른 사고방식인 반면, 합리성과 올바름이 항상 우세한 것은 아니며, 대다수 사람들 사이에서 무죄 추정 원칙이 우세한 것도 아니다. "유죄가 입증되기 전까지는 무죄"라는 금언은 마그나 카르타와 1689년에 제정된 영국의 권리 장전, 미국 헌법, 미국 독립 선언서 어디에도 등장하지 않는다. 이것은 프랑스에서는 1789년에 인간과 시민의 권리 선언에, 영국에서는 1800년 무렵에 법정 소송 사건과 법학 연구 논문에 처음 등장했다. 1894년에 코핀 대 미국 사건에 대한 결정을 내리기 전까지 연방 대법원은 미국의 모든 형사 소송에서 무죄 추정 원칙을 확립하지 못했다. 전체주의 정부들은 무죄 추정 원칙에 가끔 립서비스를 하긴 했지만, 그것을 적용해야 할 이유가 없었다. 영국 소설가 톰 롭 스미스Tom Rob Smith가 『차일드 44Child 44』에서 KGB 수사관들은 자신의 임무가 "유죄가 나올 때까지 무죄를 박박 긁어 파는 것이란 사실을 알고 있었다. 만약 유죄가 드러나지 않는다면, 충분히 깊이 긁어 파지 못한 것이다."[9]라고 썼을 때, 그것은 진실처럼 들렸다. 사실, 법철학자들이 어떻게 생각하건 간에 얼마 전까지만 해도 기독교 국가들에서는 유죄 추정 원칙이 우세했다. 대부분의 기독교 교리에 따르면, 모든 아기는 아담과 하와의 씻을 수 없는 원죄를 안고 태어난다. 오직 그리스도만이 원죄를 속죄할 수 있지만, 그것을 지우지는 못한다.

오늘날 무죄 추정 원칙이 확고하게 자리잡은 곳에서도 올바른 판결이나 평결이 반드시 보장되는 것은 아니다. 예를 들면, 미국의 보석 제도에서는 공판 전 석방을 위해 보석금을 지불하지 못하는 피의자는 일반적으로 유치장에 감금되어 판결이나 평결을 기다려야 하는데, 이것은 이들이 무죄 추정 원칙에도 불구하고 감금된다는 뜻이다. 재판 결과가 나쁘게 나올까 봐 두려워 무고한 피의자가 유죄를 인정할 수도 있다. 어쨌든 편향에 휘둘리지 않겠다는 공언에도 불구하고, 재판관과 배심원단은 아니 땐 굴뚝에 연기가 날 리 없다고 생각할 수 있다.

하지만 실행 과정에서 결함이 나타날 수 있다. 무죄 추정 원칙은 적어도 입증의 책임을 적절한 당사자인 고소인에게 올바르게 지운다. 그러지 않고 다르게 처리한다면 법정의 신뢰가 크게 추락할 텐데, 중세 법학자들이 그랬듯이 유죄 추정 원칙은 남용을 낳을 잠재적 위험이 아주 크다는 것을 쉽게 알 수 있기 때문이다. 무죄 추정 원칙을 버림으로써 진실을 밝히는 데 도움이 된다고 주장할 사람은 사실상 아무도 없을 것이다.

방법론적 중성에 대한 과학적 접근법도 적어도 진화생물학 밖에서는 이와 비슷하게 존중받는데, 자연과학과 사회과학을 막론하고 연구자들은 모든 현상은 서로에 대해 중성적이라는 관점에서 시작한다. 과학계가 의미를 발견하고 받아들이지 않는 한, 두 현상이 시간이나 공간 혹은 다른 차원에서 이웃하고 있다는 사실은 아무 의미가 없다. 심지어 강한 상관관계도 관련 패턴들이 건전한 추론을 통해 서로 연결되지 않는 한 의심해야 한다. 예를 들어 한쪽에는 과학과 우주 연구와 기술에 미국이 지출하는 비용이 있고, 다른 쪽에는 목을 매거나 조르거나 질식에 의한 자살이 있는데, 양자 사이에 거의 완벽한 상관관계가 성립한다 하더라도, 이것은 아무 의미가 없다.[10] 두 데이터 집합이 나란히 늘어선 것은 순전히 우연의 문제일 뿐이다.

어떤 관계가 우연 때문에 일어난 것이 '아닐' 때에만 의미가 나타난다. 이런 경우에는 귀무가설이 반박되고 대안 가설의 정당성이 입증된다. 중요한 것은 귀무가설은 증명할 필요가 없다는 점이다. 귀무가설은 유의미한 결과를 보여주는 실험을 통해서만 반박된다(대조 실험이 불가능한 경우가 많은 사회과학 부문에서는 귀무가설이 확실하게 반박되는 일은 드물지만 그 기반이 흔들릴 수는 있다). 압도적으로 많은 결과가 무의미한 것으로 나오면, 우연 추정의 지혜가 옳음이 증명된다. 무의미한 결과가 그토록 많다는 사실은 왜 수많은 박사 후 연구원들이 논문을 발표하는 대신에 초파리 떼처럼 죽어가는지 설명해준다.

귀무가설의 교과서적 예는 동전 던지기이다. 동전을 던졌을 때 앞면이나 뒷면이 나올 확률은 모두 50 대 50이다. 큰 수의 법칙은 앞면과 뒷면이 나오는 비율이 기대한 값인 1:1이 되려면 동전을 아주 많이 던져야 한다고 말한다. 얼마나 많이 던져야 할까? 의견 일치가 이루어진 값인 20번은 통계학자이자 유전학자인 로널드 피셔Ronald Fisher가 만든 이론에서 나왔다. 피셔의 유의성 수준에 따르면, 뒷면이 연속으로 19번 나오는 것조차 우연히 일어날 수 있지만, 연속으로 20번이 나온다면 그것은 동전에 부정이 있다는 걸 뜻한다. 실험과학에서는 연속으로 20번 얻은 결과는 유의미하다고 하며, 귀무가설을 반박할 수 있다.

귀무가설은 1710년에 메리 여왕의 개인 주치의이자 통계 분야의 권위자이던 존 아버스낫John Arbuthnot이 주장했다.[11] 아버스낫은 1692년에 『우연의 법칙에 관하여Of the Laws of Chance』를 출판했는데, 크리스티안 하위헌스Christiaan Huygens가 쓴 확률에 관한 교과서를 번역한 책이었다. 귀무가설은 신의 존재를 통계학적으로 증명하려는 신성한 목적으로 만들어졌다.

그 증명은 엄청나게 힘든 단순 작업을 바탕으로 한 것이었다. 1629년부터 1710년까지 런던에서 출생한 아기를 모두 조사했는데, 그 수는 약 100만 명에 이르렀다. 만약 남아와 여아의 출생 성비가 순전히 우연으로 결정된다면, 아버스낫이 올바르게 가정했듯이 그 비율은 1:1이 되어야 할 것이다. 놀랍게도 이 기간 내내 실제 성비는 남아 쪽으로 기울어져 있었는데, 때로는 그 정도가 작았지만(1703년에 출생한 아기의 성비는 여아 100명당 남아 101.1명이었다), 때로는 상당히 컸다. 1661년에 출생한 아기의 성비는 여아 100명당 남아 115.6명이었다(아버스낫의 수치는 믿을 만한데, 전반적인 출생 성비인 107:100과 일치한다).[12] 이 데이터는 귀무가설을 부정하는 것이었으므로, 아버스낫은 실제 성비는 "우연의 작용이 아니라 신의 섭리"라고 결론 내렸다.

하지만 남아를 선호하는 쪽으로 신이 개입했다는 것은 무엇을 의미하는가? 아버스낫의 대안 가설은 다층적이다. 그는 "모든 남성이 각자 상응하는 나이의 여성을 만나 이 종이 실패하거나 소멸되거나 하는 일이 절대로 없도록" 하기 위해 사춘기 때 "남녀의 수 사이에 유지되는 정확한 균형"이 필요하다고 지적한다. 그리고 사춘기 때 남녀의 수가 같은 것은 신이 여성보다 수명이 짧은 남성이 더 많이 태어나게 해놓았기 때문이라고 추측한다. "남성(위험을 무릅쓰고 식량을 구해야 하는)이 처한 외부 위험은 그들을 많이 죽이는데…… 이 손실은 걸리기 쉬운 질병 때문에 죽는 여성의 손실을 훨씬 능가한다." 통계와 추론 덕분에 신의 방식을 이해할 수 있다. "그러한 손실을 복구하기 위해 선견지명이 있는 자연은 지혜로운 창조주의 처분에 따라 여성보다 남성을 더 많이 만들고, 그것도 거의 일정한 비율로 만든다." 이러한 논리적 설명으로부터 아버스낫은 훨씬 규범적인 이야기로 나아간다. "일부다처제는 자연과 정의의 법칙에, 그리고 인류의 전파에 어긋나는데, 남성과 여성의 수가 동일한 상황에서 한 남성이 20명의 아내를 차지한다면, 19명의 남성은 독신으로 살아야 하기 때문이다. 이것은 자연의 설계에 어긋난다. 또한, 한 남성이 20명의 남성만큼 20명의 여성을 잘 임신시킬 가능성은 희박하다."[13]

동시대 사람들은 아버스낫의 주장에서 풍자적 요소를 발견했다. 조너선 스위프트Jonathan Swift는 알렉산더 포프Alexander Pope에게 보낸 편지에서 "만약 세상에 아버스낫 같은 사람이 12명만 있다면, 나는 내 여행기를 다 태워버릴 거네."라고 말했다.[14] 귀무가설을 주장한 지 2년 뒤, 아버스낫은 영국, 그중에서도 특히 잉글랜드를 의인화한 캐릭터인 존 불John Bull(풍자만화에 중년의 배불뚝이에 중절모를 쓰고 부르주아를 연상시키는 복장을 한 남자의 모습으로 묘사될 때가 많음—옮긴이)을 탄생시켰다. 귀무가설은 진지하게 받아들여진

농담이었을까? 만약 그렇다면 귀무가설은 마크 트웨인Mark Twain이 벤저민 디즈레일리Benjamin Disraeli가 한 말이라고 잘못 퍼뜨린 금언, "거짓말에는 세 종류가 있다. 거짓말과 새빨간 거짓말, 그리고 통계가 그것이다."보다 앞선 버전이라고 할 수 있다.[15]

무죄 추정 원칙처럼 귀무가설은 오류를 방지한다고 보장하진 못한다. 귀무가설은 의미가 없는 곳에서 의미를 발견하지 않도록 과학자들을 보호해준다고 하지만, 논문을 발표하지 않으면 죽는다는 절박감은 이를 방해하는 강한 동기가 된다. 영향력 지수가 높은 학술지들은 소위 음성 결과—즉, 귀무가설을 반박하지 않는 결과—를 발표하지 않는다. 그래서 아무것도 증명할 수 없는 곳에서도 의미를 찾아내야 한다는 압력이 강하다. 여기서 '음성negative'은 잘못된 용어이다. '중성neutral'이 더 정확한 용어이다. 무의미한 결과는 유의미한 결과만큼 자연을 충실하게 나타내는 것이며, 과학 논문 발표 경향을 감안한다면 때로는 더 충실하게 나타낸다.

다행히도 과학은 유의성을 추구하는 편향을 중성화하기 위해 사용할 수 있는 도구가 더 있다. 실험과학의 중심에 위치한 제어 개념은 연구 대상 인자를 제외한 나머지 모든 인자의 중성화를 의미한다. 생물학자들은 독창적인 제어 방법을 몇 가지 개발했다. 예를 들면, 그 기능을 알아내기 위해 어떤 형질을 제거하는 녹아웃 접근법이 있다. 프랑스 생리학자 클로드 베르나르Claude Bernard는 "우리는 절단이나 절개를 통해 살아 있는 생물의 한 기관을 억제하고, 그로 인해 전체 생물이나 한 특별한 기능에 생겨난 장애로부터 사라진 기관의 기능을 추론한다."라고 썼다.[16] 이탈리아 출신의 미국 유전학자 마리오 카페키Mario Capecchi의 선구적인 연구 덕분에 오늘날 분자생물학자들은 특정 유전자가 표현형에 미치는 효과를 알아내기 위해 그 유전자의 작동을 멈출 수 있다. 생물학자들은 특정 유전자를 교란시킬 때 동물에게 무슨 일이 일어나는지 연구하기 위해 유전자 제거 생쥐와 그 밖의 표본들을 자주 사용하며, 이를 통해 그 유전자의 효과에 대해 더 많은 것을 알아낸다. 이것은 최선의 중성화이다. 자연철학자들은 제어된 파괴를 통한 은유적 실험 형태에 만족할 수밖에 없는데, 예컨대 다윈의 갈라파고스 제도 방문과 갈라파고스핀치를 제거하는 방법을 쓸 수 있다.

중성화를 달성하는 또 하나의 확실한 접근법은 참여자와 연구자 모두 어느 참여자가 대조군에 속하는지 실험군에 속하는지 모르는 이중 맹검 시험이다. 물론 여기서 환자가 중성적 치료를 받았는데도 상태에 변화가 일어나는 플라세보 효과가 나타날 수도 있다. 의미샘은 아무 장애물도 없는 상황을 싫어한다.

잠재력으로서의 중성

생물학자는 아무 기능이 없는 것을 너무나도 싫어하는데, 그래서 사람의 충수(막창자꼬리)마저 어떤 기능이 있다고 옹호하는 사람들도 있다.[17] 중성이 암시하는 부정적 의미를 중성화하려면, 중성이 꼭 필요하다는 것을 보여주어야 한다. 우리에겐 필승 카드가 두 장 있는데, 줄기세포와 돌연변이가 그것이다.

줄기세포는 만능 세포이다. 줄기세포는 아무것도 아니지만 어떤 것이라도 될 수 있다. 분화가 일어나지 않는 한, 줄기세포는 충수처럼 아무 쓸모가 없다. 하지만 충수와 달리 줄기세포는 미분화 상태 때문에 진핵생물 세계의 모든 차이를 만들어낼 수 있다. 중성은 개체 발생에서 아주 중요하다.

중성은 종과 그 형질의 발달 과정인 계통 발생에서도 마찬가지로 중요하다. 중성은 발명의 원재료이다. 모든 형질은 중성 상태로 태어나는 돌연변이의 산물이다. 대부분은 중성 상태로 죽지만, 무수히 많은 것 중 하나가 생명의 기본 구조에서 미미하지만 필요한 역할을 한다. 생물학적 기구가 A를 G로, C를 T로 착각하는 복제 오류가 일어나지 않는다면, 진화도 없을 것이다. 모든 형질은 일련의 복제 오류가 낳은 가장 최근의 자식이다.

심지어 사람의 행동도 중성에 내재하는 잠재력에서 혜택을 받을 수 있다. 이것은 선禪이나 모셰 펠덴크라이스Moshé Feldenkrais의 작품에서 얻을 수 있는 통찰력 중 하나이다. 펠덴크라이스는 공학, 물리학, 화학 학위를 갖고 있을 뿐만 아니라 유도와 주짓수 유단자이기도 한 20세기의 르네상스적 인간이다. 펠덴크라이스는 처음에는 마리 퀴리Marie Curie와 프레데리크 졸리오-퀴리Frédéric Joliot-Curie의 학생이었다가 나중에 연구 조수가 되었으며, 프레데리크와 이렌 졸리오-퀴리Irène Joliot-Curie에게 유도를 가르쳤다. 제2차 세계 대전 때에는 영국 해군 본부에서 과학 장교로 근무하면서 대잠수함 무기를 연구했는데, 젖은 갑판에서 미끄러지는 바람에 오래된 무릎 부상이 악화되었다. 펠덴크라이스는 수술을 거부하고, 대신에 잠깐 동안 자각과 내성을 탐구하는 여행에 나섰다. 마음속에서 과거로 시간 여행을 떠났는데, 현재의 실제 상태로부터 갓난아기의 중성적 상태로, 완성된 것에서 잠재력을 지닌 상태로 떠났다.

이 사색에서 탄생한 『강한 자아The Potent Self』에서 펠덴크라이스는 원초적인 중성을 이론화했다. "만약 현재의 지위에서 남성적으로, 여성적으로, 훌륭하게, 권위 있게, 효율적으로, 오만하게, 자랑스럽게, 온순하게 행동하는 것처럼 관련이 없는 것을 모두 제거한다면, 또 올바른 일을 한다는 확고한 신념처럼 우리가 아동기와 청소년기에 개발하는 그 밖의 어긋난 동기를 모두 제거한다면, 신체 구조와 그 신경 메커니즘이 좌우하는 지위만 남게 된다."[18] 펠덴크라이스는 이렇게 정화된 상태를 '중성적 태도'라고 불렀다. 이 순수한 잠재력이 머무는 장소로부터 축적된 자아에 방해받지 않고 언제 어느 방향으로건 나아갈 수 있다. 중성적 태도는 행동의 줄기세포와 같다. 적어도 일부라도 이러한 태도를 취하는 것은 합리적인 설명에 열린 자세를 보이는 것이다. 자연의 작용을 이해하려고 한다면, 이해의 잠재력을 개발해야 한다.

생존 도구로서의 중성

우주에는 의미가 거의 없으며, 무의미를 의미로 오해하면 심각한 위험에 빠질 수 있다. 무관심의 형태를 띤 중성은 생물의 생존에 필수적이다. 생물은 지어낸 의미에 한눈을 팔 여유가 없다.

거의 모든 것을 무시하지 못하는 상태는 치명적인 증후군이다. 대장균*Escherichia coli*은 당분을 찾는 것 외에 다른 일에 신경을 쓸 여유가 없다. 편도체는 싸울지 도망칠지 결정을 내리기 위해 위험의 원천이 아닌 모든 것을 잡음으로 처리한다.

이 예들은 자연의 일관된 특징, 즉 전체 그림을 보는 것이 치명적이라는 특징을 보여준다. 중성을 그토록 싫어하는 뇌가 한편으로는 거의 모든 자극을 중성화하는 일을 책임진 기관인 이유는 이 때문이며, 그래서 모든 생물은 부분적으로 무관심하다. 생물이 어떤 것(게슈탈트 심리학에서 전경figure이라 부르는 것)을 지각할 때에는 주변 자극(배경ground이라 부르는 것)을 희생함으로써 그렇게 한다. 삶을 유지하는 것은 전경과 배경, 관련 있는 것과 관련 없는 것을 구분하는 능력에 달려 있다.

무관심은 필요악이 아니라 필요선이다. 모든 것을 개인적인 것으로 받아들이는 편집병자와 모든 것을 아는 깨달은 자는 모두 자신의 목숨 혹은 적어도 마음을 위험에 빠뜨린다. 다행히도 이들에게 '모든 것'은 비유적 표현일 뿐이다. 자폐증이 있는 사람은 더 불운하다. 이들은 문자 그대로 과잉 정보 때문에 고통받는다. 이들의 뇌는 모든 자극에 똑같은 수준의 주의를 기울이면서 관련 없는 자극을 적극적으로 버려야 하기 때문에 처리 병목이 일어난다.[19]

야코브 폰 윅스퀼Jakob von Uexküll은 진드기가 부분적 무관심의 챔피언임을 보여주었다. 진드기는 눈과 귀가 멀었고, 오직 포유류의 세 가지 자극에만 민감하다. 세 가지 자극은 뷰티르산, 37°C의 온도, 털의 유무이다(그것도 이 순서대로). 반응 사슬에서 각각의 연결 고리가 작동해야 하며, 그러지 않으면 진드기는 꿈쩍도 하지 않는다. 뷰티르산 냄새를 맡을 때까지 높은 가지 위에서 꼼짝도 않고 엎드린 채 최대 70년 동안이나 기다릴 수 있다. 마침내 냄새를 맡으면, 진드기는 아래로 떨어진다. 운이 좋아 온도가 37°C 부근인 장소에 떨어지면, 털이 가장 적은 부분을 찾아 머리를 살 속으로 처박고 천천히 따뜻한 피를 빨아먹는다.[20] 진드기 우화의 교훈은 관련성이 예외이고 관련이 없는 상태가 표준이라는 것이다.

부분적 무관심은 생존뿐만 아니라 과학도 가능하게 한다. 생존이 달려 있을 때에는 오로지 한 가지에만 집중해야 한다. 진리가 달려 있을 때에는 반쯤 눈이 멀어야 한다. 위대한 사상가는 모두 스스로 진드기가 된 사람이다. 다윈은 자연 선택이라는 측면 시야 가리개를 통해 자연을 바라보았다. 그 밖의 것은 거의 다 무시하거나 무시하는 척했다. 나는 중성에 내재한 잠재력으로부터 대체 측면 시야 가리개를 고안했다. 굿 이너프 이론은 다윈주의의 감시망에서 벗어난 선택되지 않은 형질들에 초점을 맞추게 해준다. 이 새로운 터널 시야가 포착한 가장 중요한 증거는 넓은 표현형 범위이다. 즉, 살아남을 수 있는 형질들의 크기와 양의 범위가 아주 넓다는 뜻이다. 다윈주의가 간과한 이 데이터가 바로 제6장에서 살펴볼 주제이다.

제6장

기묘한 범위: 과잉을 향한 편향

Strange Ranges: The Bias toward Excess

세계보건기구WHO의 최신 보고서에 따르면, 한 번 사정할 때 정자 수가 최소한 3800만 개 이상인 남성은 생식 능력이 있다고 간주한다. 3800만이라고 하면 엄청나게 많은 수처럼 들리지만, 전체 인구 중 90%가 이 기준을 넘어선다. 사실, 전체 남성 중 절반은 사정할 때 이것보다 적어도 5배나 많은 정자를 배출하는데, 그 범위는 최대 12억 개에 이를 정도로 넓게 분포한다(〈그림 6-1〉 참고).[1] 하지만 사람은 왕성한 생식력을 자랑할 처지가 못 되는데, 침팬지와 보노보는 한 번 사정할 때 배출하는 평균 정자 수가 10억을 넘어서기 때문이다.[2]

과잉 쪽으로 크게 치우친 범위에 맞닥뜨렸을 때, 생물학자는 생물이 어떻게 이런 낭비를 견뎌낼 수 있는지 의아함을 느낀다. 이

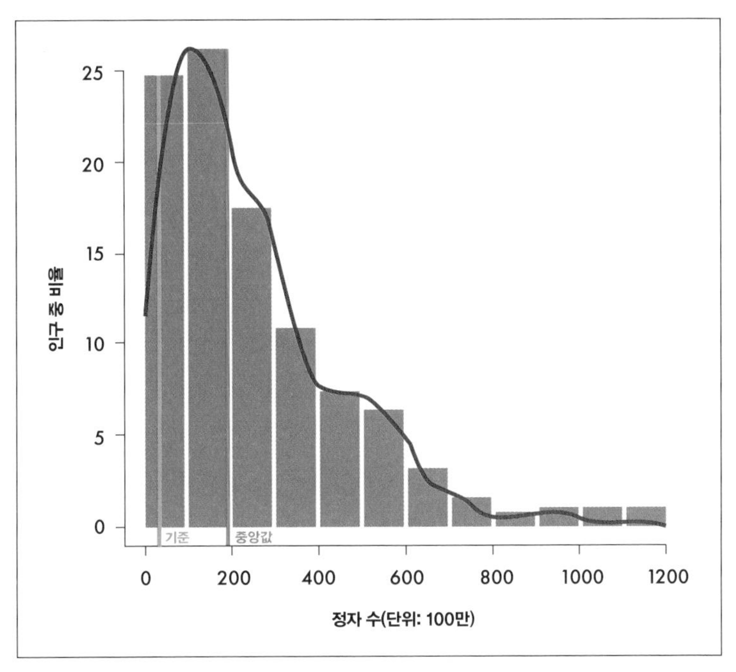

〈그림 6-1〉 과잉 생식 능력: 남성 10명 중 9명은 사정할 때 필요 이상의 정자를 배출한다. 세계보건기구의 기준에 따르면, 정자 수는 3800만 개면 충분하지만, 그 범위는 아주 넓어 10억을 넘어서는 곳까지 뻗어 있다. 전체 범위가 선택되었을 가능성은 없다. 사람의 정자 수는 넓은 범위를 지닌 많은 형질과 마찬가지로 적응적으로 중성인 것이 분명하다.

론적으로는 자연은 푼돈을 아까워하고 낭비벽이 심한 자를 생물의 왕국에서 추방하지 않는가? 하지만 과학자들은 모순이 있는 이론을 근본적으로 의심하는 대신에 자연은 자신이 무슨 일을 하는지(그리고 하는 일이 다윈주의를 따른다는 것을) 그냥 '안다고' 가정한다. 그리고 과잉조차 비용이 적게 들어 중요하지 않다고 주장한다. 비용이 적게 드는 변이도 대사에 어떤 결과를 초래할지 모르고, 비용이 많이 드는 변이는 다른 시간과 다른 장소에서 유리한 것으로 드러날지도 모른다. 낭비처럼 보이는 것은 적응적인 것이거나 관련이 없는 것일 수 있으며, 따라서 선택주의의 최적화 가정에 아무 문제도 제기하지 않는다.

하지만 내 생각은 다르다. 신다윈주의를 부정하는 증거들 중에서 스모킹 건이 바로 넓은 범위이다. 어떤 형질에 대해 적응적 설명(억지 설명인 경우가 많지만)을 생각해낼 수 있지만, 다윈주의로 넓은 범위를 설명할 수 있는 방법은 없다. 그러한 양이 적응적으로 중성이라고 할 수 있겠는가? 즉, 정자 수가 3800만 개이건 12억 개이건 이 범위의 어떤 양이 다른 양들과 마찬가지로 최적화 상태라고 말할 수 있겠는가? 넓은 범위는 다른 설명이 필요하다.

자연에서 양적 범위는 단지 넓기만 한 게 아니라 기묘하기까지 하다. 핀치의 부리처럼 일부 형질은 양적 범위가 좁다. 오직 좁은 범위의 변이만 허용된다. 다른 형질들은 양적 범위가 아주 넓고 느슨한 부분을 아주 많이 포함하고 있다. 이러한 구분은 강하거나 약한 선택압이 작용하는 조건을 파악하거나, 더 나아가 자연 선택과 다른 메커니즘에 의해 고정된 형질을 구별하는 데 도움을 주어야 할 것이다.

하지만 범위가 아무리 기묘하다 하더라도, 전체적으로 일관성 있는 논리가 나타난다. 정자 사례가 시사하듯이, 범위는 필요한 것보다 (훨씬) 더 많은 쪽으로 편향돼 있다. 이러한 편향은 굿 이너프 이론에 필수적이다. 만약 진화가 경쟁이 이끄는 개선이 연속적으로 이어지는 과정이라면, 생명의 모든 무대에서 과잉의 반대인 최적을 향한 편향이 발견되어야 할 것이다. 종들은 낭비를 축적하는 대신에 살아남고 생식하기 위해 더 적은 것을 요구함으로써 유전체적으로나 형태학적으로나 행동학적으로 치열한 경쟁에 더 적합하게 변할 것이다.

이것은 신자유주의 체제하에서 살아가는 사람과 가축화되거나 순화되어 살아가는 동물과 식물을 정확하게 묘사한 그림일지 모르지만, 야생 자연에는 전혀 맞지 않는 그림이다. 이상적인 시장에서 노동자와 기업, 국가는 더 적은 것을 투입해 더 많은 것을 생산한다. 그러지 않으면 파산하고 만다. 야생 자연—자유 시장 윤리의 은유적 기반이라고 이야기되는—에서는 생물들은 오랜 시간이 흐르는 동안 더 많은 것을 투입해 같은 일을 해내는 법을 터득했다. 즉, 생존과 생식이라는 특별한 적합도 목표를 추구하는 과정에서 종들은 최적화가 덜 되는 쪽으로 나아간 것이다. 모든 종의 유전체는 비기능적 물질을 점점 더 많이 축적했다. 생물들은 몸이 더 커졌고, 그럼으로써 칼로리가 더 많이 필요하게 되었다. 쓸모없고 과장된 형질들이 고정되었다. 때로는 돌연변이가 효율을 더 높이는 결과를 낳았지만, 낭비의 상대 빈도가 효율성의 상대 빈도보다 더 크며, 시간이 지남에 따라 낭비가 우세해진다.

이것은 자연 선택이 자연에서 우리가 관찰하는 것 중 일부를 그럴듯하게 설명하지만, 전부를 다 설명하지 못한다는 것을 시사한다. 일부 형질은 자신의 숙주를 멸종하게 하지 않으려고 완벽에 가까운 상태로 발전한다. 사실, 제7장에서 다룰 테지만, 생명의 필수적인 구성 요소가 자연 선택의 산물이라는 것은 거의 확실하다. 하지만 많은 형질은 필수적인 것이 아닌데, 이것은 이 형질들이 자연 선택의 시야에서 벗어났다는 것을 뜻한다. 그리고 많은 필수 형질은 범위가 넓은데, 이것은 이 형질들이 최적화되지 않았음을 보여준다. 이 형질들이 살아남기 위한 단 하나의 필요조건은 자신이 머무는 몸을 죽이지 않는 것이다. 굿 이너프 이론은 이렇게 자연 선택 이론의 시대착오적 잔재를 설명한다.

그러한 잔재는 종내 변이—즉, 함께 살아가는 생물들에게서 관찰되는 형질들의 광범위한 변이—를 살펴보면 가장 분명하게 드러난다. 종의 기원은 자연 선택이 원인인 반면, 종의 팽창—개체수 증가와 광대한 지질학적 시간에 걸쳐 일어나는 선택되지 않은 변이의 축적—은 충분히 훌륭한 형질의 용인이 원인이다. 때로는 확률이 이러한 변이를 압도해 변이가 제거된다. 하지만 변이가 계속 증가하는 경우가 더 많다.

폴리퀀티즘과 다형성의 융합

"사용하지 않으면 퇴화한다."라는 다윈주의의 금언은 형질 자체뿐만 아니라 형질의 양에도 적용해야 마땅하지만, 생물학자들은 이 명백해 보이는 사실을 일반적으로 무시해왔다. 어떻게 그토록 많은 지적이고 근면하며 통찰력이 뛰어난 과학자들이 자연과 사회를 이해하는 데 생물학적 범위가 지닌 의미를 오해할 수 있었을까? 앞에서 보았듯이, 선견지명이 가장 뛰어난 사상가도 자신의 새 이론에 들어맞지 않는 것은 무엇이건 제외하는 발견적 측면 시야 가리개를 쓰고 있어서 많은 것을 놓칠 수 있다. 하지만 그들의 추종자에게는 이 변명이 통하지 않는다. 다윈주의로 설명할 수 없는 양적 증거가 어떻게 다윈주의와 양립할 수 있을 뿐만 아니라 심지어 다윈주의의 기반으로 간주될 수 있었는지 알아보기 위해 또다시 이 이론의 창시자들에게로 돌아가보자.

다윈은 온갖 종류의 형질에 대해 그 범위까지 수집했지만, 결과를 발표하지 않았다. 다윈주의의 틀이라고 선언한 것에 범위를 집어넣은 사람은 19세기 최고의 현장 생물학자였던 월리스였다. 월리스는 『다윈주의Darwinism』에서 온전히 한 장을 할애해 범위를 다루었으며, 『섬의 생물Island Life』(1880)에서는 "모든 동물이 얼마나 크게 그리고 보편적으로 차이가 나는지 생각하는 사람은 거의 없다. 하지만 만약 어떤 일반적인 종의 모든 개체를 조사할 수 있다면, 크기와 색뿐만 아니라 신체의 모든 부분과 기관의 형태와 비율에서도 상당한 차이가 발견되리라는 것이 확실하다."라고 썼다.[3]

월리스는 동료들로부터 많은 사례를 가져와 다윈주의 패러다임이 확고하게 자리잡았던 세대들이 넓은 표현형 범위를 몰랐을 리가 없었음을 보여주었다. 인용한 데이터 중 일부의 출처는 '다윈의 미발표 원고'였다.[4] 또 하나의 주요 출처는 미국 조류학자 조엘

에이사프 앨런Joel Asaph Allen이 쓴 「플로리다주 동부의 포유류와 겨울새」라는 논문이었다. 앨런은 월리스와 마찬가지로 자신이 연구한 "모든 종에서 순전히 개체 수준의 분화 범위"를 발견했다.[5]

월리스는 다윈과 견해를 달리하는 핵심 내용을 범위에서 발견했는데, 자연 선택의 작용 방식에 대한 "문제의 뿌리에 해당하는" 것이었다.[6] 다윈은 진화를 미소한 차이의 축적으로 보았다. "나는 각각의 사소한 변이가 유용하다면 보존되는 이 원리를 자연 선택이라고 부르기로 했다. …… 그 개체를 새로운 조건에 더 잘 적응시키는 구조나 습성, 본능의 아주 미소한 변이는 그 개체의 활력과 건강에 영향을 미칠 것이다."[7] 다윈은 요점을 유명한 은유로 표현했다. "저울 위의 아주 작은 알갱이 하나가 결국에는 누가 죽고 누가 살아남는지를 결정한다."[8] 월리스의 견해는 달라도 너무 달랐다. "여기에 많은 사람들이 유일하게 존재하는 변이라고 생각한 '미소한' 또는 '극미한' 변이가 존재한다는 것은 의문의 여지가 없다. 심지어 그것은 작은 것이라고조차 할 수 없다."[9]

월리스는 또한 다윈이 "변이가 그 재료를 공급하는 변화의 극단적으로 느린 속도를 자주 언급한" 것을 비판하면서 변이의 희소성을 체계적으로 반박했다. 월리스는 이렇게 설명했다. "이 표현들은 더 풍부하게 존재하는 모든 종들의 각 세대에서 분명히 일어나고 필요할 때마다 유리한 변이를 충분히 공급하면서 늘 많은 양의 변이가 모든 부분에서 모든 방향으로 일어난다는 사실과 일치하지 않는다."[10] 월리스에 따르면, 매 순간 그리고 같은 장소에서 자주 대다수 종에 큰 변이성이 공존한다는 사실은 점진적으로 서서히 증가한다는 다윈의 진화 개념에 이의를 제기한다. 1000인 유전체 프로젝트1000 Genomes Project를 통해 드러난 인류의 천문학적 변이성을 알았더라면, 월리스의 주장이 옳다는 것이 입증되었을 테고, 월리스와 다윈은 모두 경이로워하는 동시에 기뻐했을 것이다. 이 프로젝트는 전체 인구 중 적어도 1%는 유전자 변이가 8800만 개 있다고 보고했다. 전형적인 사람 유전체는 참조 유전체와 410만~500만 개 장소에서 차이가 있다. 이 중에는 약 2000만 개의 DNA 염기에 영향을 미치는 구조적 변이가 2100~2500개 있는 것으로 추정된다.[11] 이 수는 아주 커 보이지만, 진유전체 집계 컨소시엄Exome Aggregation Consortium이 발견한 결과에 비하면 아무것도 아니다. 강한 선택이 작용하는 유전체 부분인 단백질 암호화 지역을 책임진 유전체 중 불과 2%에서 750만 개의 변이가 발견되었다.[12] 이것은 저울 위에 작은 알갱이들이 아주 많이 올려져 있는 것에 해당한다.

월리스는 넓은 범위를 내세워 다윈주의에 이의를 제기하지 않았다. 오히려 반대로 넓은 범위를 "다윈주의가 주장하는 종의 기원 이론을 뒷받침하는 유일하게 확실한 기반"으로 보았는데, 양적 변이성은 반가운 돌연변이가 나타날 때까지의 오랜 기다림에서 자연 선택을 해방시켜 주었기 때문이다.[13] 선택이 큰 성공을 거둔 이유는 고정될 수 있는 변이가 항상 존재했기 때문이다. 어떤 종의 유전체에 대립 유전자가 더 많이 존재할수록 자연 선택이 손댈 수 있는 원재료가 더 풍부하다. 다형성(같은 종 내에서 같은 형질의 여러 변이가 공존하는 것)이 많을수록 자연 선택의 방앗간에서 찧을 곡식도 많아진다. 선택권이 많을수록 개체와 종에게 더 이익인데, 각각의 선택권은 사실상 새로운 필요와 환경에 적합한 잠재력을 지닌 전적응 형질이기 때문이다.

얼핏 보기에는 넓은 범위는 동일한 논리를 따르는 것처럼 보인다. 사실, 넓은 범위는 진화론에서 가장 골치 아픈 한 가지 문제를 해결해주는 것처럼 보인다. 그 문제는 자연은 급속하게 변하지 않는데 어떻게 형질들이 급속하게 발달할 수 있는가 하는 것이다. 지금 이곳에 서로 큰 차이가 나는 값들이 공존한다는 사실은 평균적인 것으로부터 훨씬 더 높거나 낮은 쪽으로 도약이 계속 일어나게 해준다. 예를 들어 벽도마뱀*Podarcis muralis*의 목 길이는 한 세대에서 다음 세대로 갑작스런 발달이 일어나지 않더라도, 5mm에서 8mm 사이의 어떤 값이라도 가질 수 있다. 이 범위 내의 모든 값은 이 종의 유전체 내에 변이로 존재하며, 다른 개체들을 통해 동시에 발현될 수 있다(유전자형이 다수의 표현형을 만들어내는 이 능력을 반응규격norm of reaction이라 부르는데, 생명의 강건성을 위해 꼭 필요하다. 또, 희망 섞인 기대에 가까운 괴물 이론인 자연 발생설과 일부 도약 진화론의 필요성도 제거한다. 이것에 대해서는 제7장에서 자세히 다룰 것이다).

하지만 설사 변화 자체가 자연 선택에 필수적이라 하더라도, 넓은 범위는 자연 선택 이론에 문제가 될 수 있다. 넓은 범위는 근본적인 질문을 제기한다. 종내 변이 자체는 선택되는가?

이 문제를 적절히 다루려면 먼저 유전자형 변이와 표현형 변이를 구분해야 한다. 개체군 내에 서로 다른 대립 유전자들(유전자형 다형성)이 공존하더라도, 그 차이가 표현형으로 발현되지 않는 한, 즉 변이가 중성인 한 문제가 되지 않는다. 이러한 중성은 우리를 잠깐 멈칫하게 만드는데, 자연 선택의 작용을 알 길이 없는 생물학적 작용 영역이 아주 넓게 존재한다는 것을 뜻하기 때문이다. 하지만 다윈주의자들은 이러한 다형성을 생물에게 돌아가는 비용이 너무나도 적어서 선택이 그것을 취급하지 않는다고 설명하는 방법으로 처리한다.

다윈주의에 대한 도전은 표현형 범위에서 나온다. 표현형 다형성은 변이들이 초록색 눈과 회색 눈처럼 거의 동일한 비용이 든다는 조건에서 선택될 수 있다. 반면에 양적 변이성의 자연 선택은 도저히 옹호할 수가 없는데, 변이들의 비용이 비슷할 수가 없기 때문이다. 5mm의 목과 8mm의 목은 에너지적으로 상호 교환될 수 없으며, 먹이 구하기와 방어에서 동일한 능력을 보장하지도 않는다. 하지만 둘 다 벽도마뱀 개체군에 존재한다는 사실은 둘의 선택적 가치가 동일함을 시사한다(〈그림 6-2〉 참고).[14]

윌리스가 다윈주의의 조커라고 보았던 것이 사실은 아킬레스건이었다. 양적 변이는 원재료로서 중요한 역할을 할 수도 있지만, 그 존재 자체는 자연 선택과 같은 척도로 비교하는 것이 불가능하다. 종이 최적화됨에 따라 넓은 범위는 좁아져야 한다. 윌리스를 포함해 그 이후의 생물학자 대다수가 범위 앞에서 당황하지 않은

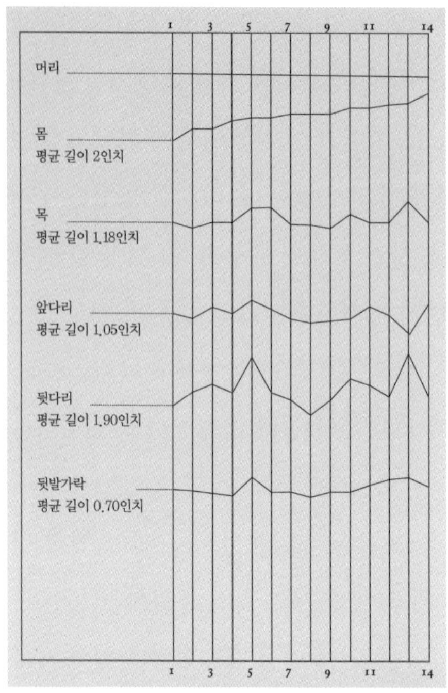

〈그림 6-2a와 6-2b〉 벽도마뱀의 넓은 범위: 월리스는 다윈의 원고에 실린 데이터를 이용해 벽도마뱀의 기관 크기 범위를 그림으로 나타냈다(이 그림은 그것을 다시 그린 것이다). 두 위대한 박물학자는 표현형 변이의 공존에 자연 선택 이론을 뒤흔드는 문제가 숨어 있다는 사실을 알아채지 못했다. 5mm의 목과 8mm의 목이 둘 다 선택될 리가 없다는 점이 문제였다.

이유는 변이를 양성 현상으로 보도록 조건화되어 있었기 때문일 것이다. 윌리엄 베이트슨William Bateson이 말했듯이, 변이는 "진화의 필수 현상이고, 변이는 사실상 진화이다."[15] 이런 편향의 결과로 생물학자들은 늘 다형성을 넓은 범위와 융합했는데, 이것을 나는 '폴리퀀티즘polyquantism'이라 부른다. 베이트슨은 곤충의 부생식기에서 넓은 범위를 연구하면서 질적 변이와 양적 변이를 동일한 종류에 속하고 동일한 논리를 따르는 것처럼 다루었다.[16] 이 도그마는 아무 의심도 받지 않았다. 이 통설에 따라 다형성과 폴리퀀티즘의 주요 차이점—다형성은 비용이 동일한 변이들을 포함할 수 있는 반면, 폴리퀀티즘은 그렇지 않다는 사실—은 수면 아래로 가라앉고 말았다.

양립할 수 없는 범위와 최적화

머리말에서 언급했던 콩팥단위 이야기를 다시 살펴보자. 콩팥의 기본 단위인 콩팥단위는 혈액에서 물과 용해성 물질을 걸러내 필요한 물질을 재흡수하고 나머지를 오줌으로 배출한다. 콩팥단위는 정자보다 훨씬 복잡한(즉, 비용이 훨씬 많이 드는) 형질인데, 이것은 콩팥단위가 정자보다 더 최적화되어야 한다는 뜻이다. 세 대륙에서 다섯 인종 집단의 사람들을 조사한 결과에 따르면, 사람이 가진 콩팥단위의 수는 적게는 21만 332개에서부터 많게는 270만

2079개까지 분포한다. 최대값과 최소값 차이가 12.8배에 이르는 범위는 정자의 범위보다 좁지만, 그렇다고 하더라도 최적화가 제대로 일어났다고 말하기는 어렵다.[17]

다윈주의자는 콩팥단위가 정자보다 비용이 훨씬 높긴 하지만 둘 다 아주 값싼 편이어서 아주 넓은 범위는 적합도에 큰 영향을 미치지 않는다고 반박할 것이다. 이것은 양립할 수 없는 두 가지가 다 성립한다고 말하는 것과 같다. 이 논증은 미소한 차이를 강조하는 도그마와 모순된다. 이것은 또한 자연 선택 옹호자들이 반대 증거가 나오더라도 시시비비를 따질 필요가 없다는 것을 뜻한다. 어떤 형질이 자연 선택의 시야에서 벗어날 때마다 그것은 비용이 너무 싼 것이어서 전혀 문제가 되지 않는다고 말하기만 하면 된다. 이것은 동의어 반복 논리인 동시에 적절치 못하게 주관성에 기대는 태도인데, 둘 다 선택되지 않은 것은 무엇이건 비용이 너무 작아서 에너지적으로 아무 상관이 없다고 말하거나, 낮은 비용의 문턱값을 편리하게 자기 구미에 맞는 아무 값에나 설정할 수 있다. 게다가 선택이 비용이 비싼 형질만 최적화한다는 주장은 콩팥 자체의 사례에서 성립되지 않는다. 콩팥은 비용이 비싼 기관이다. 콩팥은 평균적으로 사람의 전체 기초 대사율(생존하기 위해 필요한 최저 에너지의 양) 중 약 10%를 소비한다. 하지만 체중과 상관없이 콩팥의 무게 분포 범위는 74~235g이다.[18] 전체 기초 대사율 중 27%를 소비하는 간의 무게 범위도 이와 비슷하다.[19] 최대값과 최소값의 차이가 3배에 이르는 범위는 에너지적으로 아무 상관이 없을

〈표 6-1〉 남성과 여성의 내부 기관 무게와 체중 사이의 상관관계(R 값)

	남성($n = 199$)	여성($n = 51$)
체중 대비 뇌의 무게	0.308	0.232
체중 대비 심장의 무게	0.507	0.015
체중 대비 폐의 무게	0.183	0.174
체중 대비 간의 무게	0.477	0.496
체중 대비 지라의 무게	0.337	0.360
체중 대비 콩팥의 무게	0.453	0.461

출처: Thamrong Chirachariyavej et al., "Normal Internal Organ Weight of Thai Adults Correlated to Body Length and Body Weight," *Journal of the Medical Association of Thailand* 89, 10 (2006): 1702–1712.

리가 없다. 일부 사람들은 다른 사람들보다 효율성이 아주 높은 콩팥을 가지고 있는 것이 분명하다(〈표 6-1〉 참고).

자연 선택 이론은 비장의 카드가 한 장 더 있는데, 그것은 바로 안전 계수safety factor이다. 안전 계수는 본질적으로 기관들이 극단적인 조건에 대처할 수 있게 해주는 중복 메커니즘이다. 자연에서 나타나는 에너지 비효율적 과잉의 원인은 아마도 여기에 있을지 모른다. 만약 그렇다면, 안전 계수 범위가 왜 그토록 넓은지 의문이 생긴다. 하지만 잠깐 동안은 안전 계수 개념에 동의하는 척해주기로 하자.

이 시대 최고의 과학 저자 중 한 명인 재레드 다이아몬드Jared Diamond는 생물학적 안전 계수를 연구했는데, 그것이 어떻게 다윈주의 방식으로 작용할 수 있는지 이해하기 위해서였다.[20] 그는 생물학적 안전 계수도 실패 비용이 높을수록 안전 계수가 더 높아지는 식으로 공학 분야의 안전 계수와 비슷하게 기능할 것이라고 예측했다. 따라서 승객용 엘리베이터 케이블의 안전 계수가 11.9(이 케이블은 엘리베이터 무게보다 약 12배나 많은 무게를 지탱할 수 있다)인 반면, 화물용 엘리베이터 케이블의 안전 계수는 6.7에 불과하다.[21] 또한 다이아몬드는 사용하지 않을 때에도 안전 계수가 "항상 작동" 상태에 있다는 사실에 착안해 비용이 많이 드는 형질은 안전 계수가 작을 것이라고 예측했는데, 안전 면에서 한계 이익이 증가할수록 그에 비례해 그 생물이 사용할 수 있는 전체 에너지에서 더 많은 에너지를 요구할 것이기 때문이다. 같은 이유로 비용이 적게 드는 형질은 한계 비용이 낮기 때문에 더 높은 안전 계수를 가질 수 있다.

자연은 두 예측이 모두 틀렸음을 보여준다. 사람 콩팥의 안전 계수는 4, 이자(췌장)는 10, 작은창자는 2이다. 왜 그럴까? 아무 단서도 없다. 이 기관들은 모두 사람의 생명 유지에 필수적이다. 어느 하나라도 제 기능을 못하면 똑같이 치명적인 결과를 초래한다. 비용과 안전 계수 사이의 관계에 대해 예측된 값 역시 아무 의미가 없는데, 작은창자는 이자보다 에너지 집약도가 5배 더 높지 않기 때문이다. 거위의 날개뼈는 안전 계수가 6이지만, 캥거루의 다리뼈는 3이고, 타조의 다리뼈는 2.5이다. 왜 그럴까? 그 이유는 아무도 모른다. 그리고 빨리 달리는 작은 개의 폐는 안전 계수가 왜 1.25에 불과할까? 개의 폐는 적어도 거위의 기능에서 날개가 차지하는 역할만큼 개가 제대로 기능하는 데 중요하다. 뛰어난 관찰력을 자랑한 아리스토텔레스는 일부 동물은 "새끼를 키우는 데 필요한 것보다 훨씬 많은 젖을 생산하며, 이 때문에 남는 젖으로 치즈를 만들거나 저장하여 유용하게 쓸 수 있다."라고 지적했다. 반면에 유방이 두 개보다 많은 동물들은 "새끼를 키우는 데 꼭 필요한 만큼만 젖을 생산하고, 여분의 젖을 더 생산하지 않으며, 또 그 젖은 치즈를 만드는 데 적합하지도 않다."[22] 자연은 어떤 곳에서는 낭비를 하는 반면, 어떤 곳에서는 검약한 모습을 보이는데, 자연은 그럴 수 있기 때문이다—즉, 작용하는 힘들이 선택 인자들뿐만이 아니기 때문이다.

혈액 검사만큼 기묘한 범위가 두드러지게 나타나는 예는 없다. 검사 결과는 임대 계약서에 작은 글자로 적힌 부분과 같다. 대다수 사람들은 이 부분을 자세히 들여다보지 않는다. 우리는 의사를 신뢰한다. 하지만 어느 날 내가 갑자기 궁금한 생각이 들어 얼마 전에 한 혈액 검사 결과를 자세히 들여다보았다고 하자. 거기서 뭔지 잘 모르겠지만 ALT 수치가 리터당 60단위로 측정되었다는 결과를 본다. 구글에서 검색해 ALT가 간의 건강을 알려주는 생물 표지자인 알라닌 아미노 전달 효소alanine aminotransferase이고, 정상 범위가 7~45임을 확인한다. 내 간이 금방이라도 기능을 상실할까 봐 덜컥 겁이 난 나는 공포에 질려 담당 의사에게 전화를 건다. 담당 의사는 "아, 지긋지긋한 인터넷 의학 정보!"라고 혼잣말로 중얼거리고 나서 내게 "선생님은 염려할 게 전혀 없어요."라고 말한다.

나는 당황한다. 어떤 종류의 검사길래 7~45에는 A+를 주고,

60에는 A를 준단 말인가? "그럼 염려할 만한 수치는 어느 정도인가요?"라고 내가 묻는다.

"그건 상황에 따라 달라요. 하지만 굳이 답을 원한다면, 400은 아주 좋은 것이 아니지요."

"400이라고요!" 나는 크게 소리를 지른다. "하지만 그때쯤이면 내 간은 분명히 망가졌을 텐데요?"

내 담당 의사는 온화한 성격이지만, 누구에게나 인내심에는 한계가 있기 때문에 내게 통화를 마치게 할 묘책을 생각해낸다. "사실은 400이어도 아무 이상이 없을 거예요. 하지만 정 불안하시다면 처방전을 써 드리지요. 그리고 한 달 뒤에 검사를 한 번 더 받아보세요."

이제 나는 정말로 궁금증이 커져서 또다시 닥터 구글에게 물어본다. 그리고 ALT의 임계값, 그러니까 내가 죽을 위험에 이르는 수치가 혈청 1리터당 1600단위로, 정상 범위 최대값의 35배라는 사실을 발견한다.[23] 많은 동물도 ALT에서 동일한 경험을 한다. 개, 고양이, 비비도 허용 범위가 아주 넓다. 하지만 내 혈액에는 정상 범위에서 벗어나는 걸 쉽게 허용하지 않는 요소들도 있다. 예를 들어 나트륨은 아주 엄격하게 규제되는데, 그럴 만한 이유가 있다. 혈중 나트륨 농도가 낮은 증상, 즉 저나트륨 혈증은 암을 포함해 아주 다양한 질환에서 나타난다. 고나트륨 혈증은 덜 염려스러운 증상이지만 그래도 피하는 게 좋은데, 어지럼증과 심한 발한을 일으키기 때문이다. 사람의 나트륨 농도 범위는 1리터당 136~145

밀리몰로 아주 좁은 편이고, 임계값은 낮은 쪽으로는 120, 높은 쪽으로는 155이다. 침팬지의 정상 범위는 사람과 동일한 반면, 개는 140~165로, 그 범위가 조금 더 넓다.

자연은 나트륨에 대해서는 수전노 같은 회계사이지만, ALT에 대해서는 무관심한 편이다. 이것은 생명이 상대 빈도 게임이라는 증거이다. 일부 형질은 선택을 통해 최적화되지만, 많은 형질은 그렇지 않다. 미국에서 불교의 선을 대중화시킨 일본인 선사 스즈키 순류鈴木俊降는 다윈주의 진화 모형을 연구하는 사람이라면 누구나 만트라로 삼아야 할 "항상 그런 것은 아니다(Not always so)."라는 금언을 남겼다.[24]

폴리퀀티즘이 최적화를 의심하는 근거는 형질뿐만 아니라 동물의 전체 모습에서도 분명하게 나타난다. 대왕조개*Tridacna gigas*는 길이가 몇 cm에 불과할 수도 있지만 약 100cm도 될 수 있으며, 이 범위 내에서 비교적 고른 분포를 나타낸다. 개복치*Mola mola*는 길이가 1m가 안 되는 경우가 많지만, 3m 이상 되는 것도 가끔 있다. 다 자랐을 때의 무게는 250kg 이하에서부터 1000kg을 넘는 것까지 있다(〈그림 6-3〉 참고). 아이 손바닥 안에 쏙 들어가는 대왕조개와 아이 키보다 더 긴 대왕조개 중 어느 쪽이 최적화된 것일까? 몸 크기가 적응적으로 중성이라고 주장할 사람은 아무도 없을 테지만, 이것은 이 거대한 동물들의 몸길이와 몸무게 분포로부터 타당하게 추론한 결과이다.[25]

비록 종들이 역사를 통해 크기가 증가해온 것은 굿 이너프 이

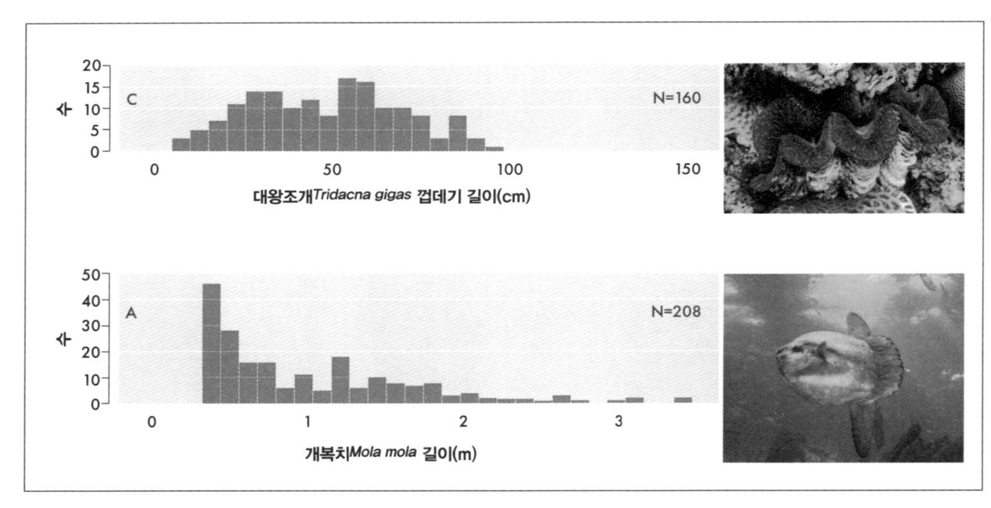

〈그림 6-3〉 어느 쪽이 선택된 것일까? 일부 대왕조개는 손바닥 안에 쏙 들어갈 정도의 크기이지만, 어떤 것은 자동차 트렁크에 넣어야 할 정도로 크다. 개복치 역시 몸길이의 편차가 아주 크다. 만약 1.5m가 0.5m와 마찬가지로 훌륭한 크기라면, 크기는 적응적으로 중성인 것이 분명하다.

론을 뒷받침하는 증거이긴 하지만(이것에 대해 더 자세한 이야기는 뒤에 나온다), 여기서 중요한 것은 동물들의 크기가 아니다. 중요한 것은 범위의 크기이다. 비록 임시변통식 가정이라는 큰 비용을 치러야 하긴 하지만, 비효율성과 무용성은 기능주의자의 구속복에 억지로 끼워넣을 수 있다. 그러나 넓은 범위는 그럴 수 없다. 이득이 없는 비용이 발생하거나 이득은 동일한데 비용만 증가하는 상황은 다윈주의의 관점에서는 이단이다. 최적화 수준이 낮은 것은 솎아내야 할 대상인데, 생존 경쟁에서 밀려날 것이기 때문이다. 그러나 이걸로 이야기가 다 끝난 것이 아니다…….

다윈주의자는 두 가지 비상 탈출구를 제안한다. 하나는 트레이드오프이다. 어떤 형질의 증가나 첨가는 다른 형질의 위축이나 상실로 상쇄된다. 또 하나는 신체의 모든 기관이 동일한 비율로 커지거나 줄어드는 등장성 성장이다. 트레이드오프와 등장성 성장은 "생물은 전체가 아주 긴밀하게 결합돼 있기 때문에, 한 부분에 미소한 변이가 일어나 자연 선택을 통해 축적되면, 다른 부분들도 변한다."[26]라는 다윈의 전체론적 공리에 기반을 두고 있다. 트레이드오프 시나리오에 따르면, 평균보다 큰 형질을 가진 개체는 평균보다 작은 형질로 그것을 상쇄한다. 예를 들어 콩팥이 불균형적으로 큰 사람은 간이 불균형적으로 작을 것이다. 등장성 성장 시나리오에 따르면, 평균보다 큰 형질을 가진 개체는 평균보다 큰 형질이 그것 말고도 또 있을 것이다. 따라서 불균형적으로 콩팥이 큰 사람은 불균형적으로 간이 작을 것이다.

안타깝게도 데이터는 이러한 상식적 생각과 어긋난다. 태국에서 남녀 250명(모두 사고나 살인, 자살로 사망한)을 부검한 결과에서는 등장성 성장의 예측을 뒷받침하는 증거가 전혀 발견되지 않았다. 뇌와 심장, 콩팥, 폐, 간, 지라는 무게 범위가 모두 컸고, 체중과 키와의 연관 관계가 약했다(〈그림 6-4〉 참고).[27] 미국에서 232명의 부검 결과를 분석한 연구에서도 "분석한 모든 기관에 대해 키와 체중, BMI를 사용해 기관의 무게를 예측하는 것이 가능하다고 볼 만한 연관 관계가 충분히 나타나지 않았다."[28] 내가 아는 한, 트레이

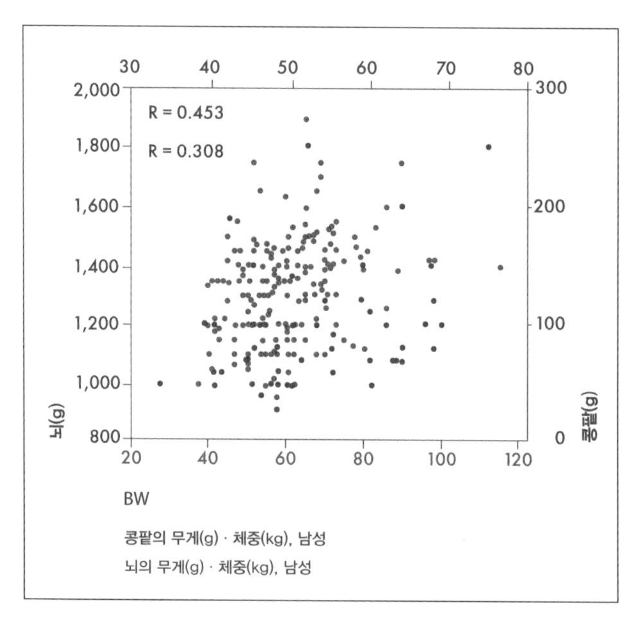

〈그림 6-4〉 기관의 크기는 몸 크기와 독립적인 변이를 보여준다. 사람 뇌와 심장, 콩팥, 폐, 간, 지라의 무게는 체중과 키와의 연관 관계가 약하다. 중요한 기관조차도 최적화되지 않는다. 작은 사람이 비효율적이면서 아주 큰 콩팥을 가질 수 있다.

드오프 가능성은 연구된 적이 전혀 없는데, 이 사실은 그 가능성이 너무나도 기이한 것이어서 고려할 가치가 없음을 시사한다.

트레이드오프와 등장성 성장이 발견되지 않는 것은 인간의 독특성 때문이 아니다. 월리스는 이 현상을 '독립 변이independent variation'라고 불렀고, 식물계와 동물계 전반에 걸쳐 나타나는 것을 확인했다. "개별적인 변이성은 보편적이고 광범하게 분포하는 동물과 식물 종들의 일반적 특징이다. ……하지만 더 중요한 것은 각 부분이나 기관이 다른 부분과 독립적으로 상당한 정도의 차이가 나타난다는 사실이다."[29] 그리고 "종과 속의 기원"에서는 이렇게 썼다. "가장 큰 표본이 항상 날개나 꼬리가 가장 길거나, 가장 작은 표본이 날개나 꼬리가 가장 짧은 것은 아니라는 사실을…… 발견한다. 날개에서 각 부위의 비율은 실제 몸 크기와 상관없이 큰 차이가 나타난다. 각 발가락의 길이는 발목뼈 길이와 독립적으로 변하며, 긴 머리가 때로는 짧은 날개와 짝을 이루는가 하면, 때로는 긴 날개와 짝을 이룬다. 부리 폭은 부리 길이나 신체의 어떤 부위와도 독립적으로 차이가 나타나는 것으로 보인다."[30]

이처럼 명백해 보이는 특징을 그토록 많은 사람들이 간과했다는 사실이 믿어지지 않는다. 종내 변이가 늘 그리고 상당한 크기로 일어난다는 사실을 우리는 오래전부터 알고 있었다. 하지만 우리 중에서 가장 세심한 생명의 관찰자인 생물학자들은 자연의 이 상수를 설명하지 못하는 이론을 자연 법칙이라고 묘사한다. 분명히 하기 위해 말하자면, 넓은 범위의 존재는 자연 선택의 부재를 의미하는 것이 아니다. 하지만 자연 선택은 넓은 범위를 설명할 수 없다. 형태학적 트레이드오프와 등장성 성장, 안전 계수, 비용이 적게 드는 형질에 대한 선택의 무관심을 바탕으로 한 변호는 통하지 않는다. 처음 세 가지를 뒷받침하는 증거는 없으며, 네 번째 변명은 이치에 닿지 않는데, 비용이 많이 드는 형질 역시 그 범위가 넓기 때문이다.

과잉과 평범성의 변이

영어에서 '평범한'이란 뜻의 단어 mediocre의 반의어는 excellent(탁월한), exceptional(예외적인), first rate(일류의), great(훌륭한) 등 여러 개가 있다. 진화생물학에서 그 반의어는 fittest(가장 적합한)와 optimized(최적화된) 딱 두 개밖에 없다. 유의어는 이 책에 많이 등장하지만, 가장 많이 등장하는 것은 neutral(중성의)과 good enough(충분히 훌륭한)이다. 넓은 범위에 숨어 있는 과잉과 평범성을 자세히 들여다보면 생물이 얼마나 최적화되지 않았는지(즉, 실제로 최적화는 바람직하지도 않고 잘 일어나지도 않는다는 것을) 분명히 밝히는 데 도움이 될 것이다. 분자 단계에서부터 표현형 단계와 행동학적 단계에 이르기까지 생물학의 모든 단계에서 과장이 축적된다.

논의를 더 이어가기 전에 유용성과 과장을 구분할 필요가 있다. 흔적 기관—사람의 충수, 보아와 비단뱀의 골반뼈, 동굴물고기의 눈, 고래의 다리뼈, 무성 생식을 하는 민들레의 꽃, 날지 못하는 새의 날개 등—의 명단은 짧고 잘 알려져 있다. 이 명단이 자주 반복되는 것은 흔적 기관이 그만큼 희소하다는 사실을 증언한다. 이 문제에서는 초기의 생물학 이론가들이 한 생각이 옳았다. 윌리엄 페일리William Paley가 『자연신학Natural Theology』(1802)에서 썼듯이, "그 부분이 완전히 무용한 것처럼 보이는 사례들은 나는 아주 드물다고 생각하는데, 용도가 명백한 사례들의 수와 비교하면 그 비율을 매길 수조차 없을 정도로 적다."[31]

그래서 나는 질적 과잉 또는 무용성에는 관심이 없다. 대신에 양적 과잉 또는 과장에 초점을 맞추려고 한다. 보존된 형질이 거의 항상 어떤 목적에 도움이 된다고 해서 그 형질의 크기나 양까지 정당화되는 것은 아니다. 대사가 크기와 부피에서 나오는 기능이라는 사실을 감안하면, 같은 종 내에서 나타나는 양적 차이가 흔히 무시되는 것은 기묘한 일이다. 이론가들이 기린의 목과 핀치의 부리 같은 진화의 아이콘에서 그 크기에 깊은 인상을 받은 것은 결코 우연의 일치가 아니다. 사람의 뇌 이야기에 cm^3 단위가 나오는 것 역시 우연의 일치가 아니다. 양도 하나의 형질인데, 최적화된 형질인 경우는 드물다. 양은 비효율성과 중성과 무용성—즉, 평범성—이 늘 지배하는 영역이다.

유전자형의 평범성

모든 표현형은 유전자형의 오류에서 유래한다. 하나의 오류가 아니라, 불완전한 DNA 복제 과정과 실수를 복구하는 생물학적 기구의 오류를 비롯해 연쇄적인 수많은 오류로부터 생겨난다. 주된 종류의 오류는 DNA 암호를 이루는 네 가지 핵염기(A, C, G, T) 서열에 일어나는 변화인 돌연변이이다. 복제 동안에 한 DNA 서열이 누락될 때 일어나는 결실, 서로 다른 염색체들의 DNA 분절들이 스플라이싱될 때 일어나는 재조합, 난자가 정자를 만나 수정될 때 일어나는 염색체 조합 등이 그 원인이다. 자연 선택이 오식된 문자들을 가지고서 그럴듯한 글을 쓴다는 사실이 실로 경이롭다.

긴 세월이 지나는 동안 이렇게 오식된 문자들의 수가 증가하면서 중성 돌연변이가 많이 쌓였다. 사람의 유전체에는 2만 2000여 개로 추정되는 활성 유전자와 함께 유사 유전자도 1만 2000~1만 4000개 포함돼 있는데, 유사 유전자는 기능 유전자의 돌연변이 형태로 그것이 만들어내는 산물은 해당 생물의 생존에 불필요하다.[32] 돌연변이의 축적은 기하급수적으로 일어나지만 그것을 정화하는 과정은 산술급수적으로 일어난다는 사실을 감안하면, 이것은 그다지 놀랄 만한 일이 아니다. 자연 선택은 끊임없이 일어나는 중성 돌연변이의 생산과 보조를 맞출 수 없다.

유사 유전자 다음에는 쓸모없는 유전 물질이 거대하게 널려 있다. 이것들이 합쳐져 중성적 분자 진화 이론의 기반을 이룬다. "분자 수준에서 일어나는 종 내의 유전적 변이성(단백질과 DNA 다형성 같은) 중 대부분은 선택적으로 중성이거나 중성에 아주 가깝다."[33] 대부분의 돌연변이는 이롭지도 해롭지도 않다는 발견은 기무라 모토에게 노벨상을 안겨다주고 생물학 분야에서 패러다임 전환을 촉발했어야 마땅하다. 두 사건 모두 일어나지 않았지만, 유전체과학은 종들이 필요한 것보다 훨씬 많은 DNA를 갖고 있다는 것을 보여줌으로써 기무라의 통찰력이 옳음을 계속 입증하고 있다. 즉, 쓸모없는 DNA가 표준이고, 유용한 DNA는 예외적이다. 스티브 존스Steve Jones의 표현을 빌리면, 유전자는 "무의미의 사막에 존재하는 의미의 오아시스에 불과하다."[34] 숀 캐럴Sean B. Carroll은 "우리 유전체의 구조를 광대한 바다(정크 DNA)로 분리된 섬들(유전자)의 군도"로 묘사한다.[35]

그 사막과 그 바다에는 무엇이 있을까? 대부분은 중성 돌연변이로 이루어져 있다. 우리가 흔히 '유전자'라고 부르는 것에 해당하는 단백질 암호화 서열이 사람 유전체 중에서 차지하는 비율은 1%를 조금 넘는다. 분명한 DNA-단백질 접촉 증거를 바탕으로 한 유전자의 기능성에 대한 전통적인 정의는 더 넓다. 하지만 그렇다 하더라도 유전체 중 겨우 약 8%만이 이에 해당한다.[36] 이것은 이렇게 바꿔 표현할 수 있다. "우리 유전체 중에서 우리의 생존에 아주 중요하여 자연 선택이 해로운 돌연변이를 제거하고 대체로 온전한 상태로 유지하려고 열심히 노력하는 부분은 겨우 10분의 1도 안 되는 아주 작은 비율에 불과하다."[37] 사람의 유전 물질 중 압도적 다수는 자연 선택의 관점에서 볼 때 부적절한 것이다.

유전체를 가득 채우고 있는 또 하나의 의심스럽지만 유용한 물질은 이동성 유전 인자, 즉 트랜스포존transposon이다. 트랜스포존은 유전체 내에서 이리저리 옮겨다니면서 자신이 속한 염색체나 다른 염색체의 아무 장소에나 자신을 복제하여 집어넣을 수 있는 DNA 조각이다. 트랜스포존은 사람 유전체 중에서 약 절반을 차지한다.[38] 옥수수*Zea mays* 유전체 중 85%는 이 이동성 골칫거리로 이루어져 있다.[39] 트랜스포존을 다룬 연구 문헌은 두 진영으로 나누어져 있다. 대다수 생물학자는 트랜스포존을 오로지 자신의 생존을 연장할 목적으로 숙주 유전체에 들러붙는 기생충으로 본다.[40] 스토아학파 철학자들은 이러한 능동적 관성을 코나투스conatus, 즉 자존성自存性이라고 불렀다. 자존성은 자신의 존재를 유지하려는 선천적 경향을 뜻한다. 다른 생물학자들은 모든 이동성 유전 인자는 이기적 목적으로 유전체에 침범하지만, 일부는 나중에 다양한 일을 하는 데 쓰인다고 주장한다. 트랜스포존을 발견한 바버라 매클린톡Barbara McClintock은 1983년에 노벨상 수상 연설에서 스트레스를 받는 동안 트랜스포존이 활성화되는 현상이 자연 선택을 위한 유전적 변이의 원천이 될 수 있다고 주장했다.[41] 하지만 스트레스와 이동성 유전 인자 사이의 관계는 반드시 이롭기만 한 것은 아니다. 2014년의 한 연구는 트랜스포존의 스트레스 반응이 사람에게 암을 촉발할 수 있다고 주장했다.[42] 요컨대 트랜스포존은 유용한 것도 있고 해로운 것도 있으며 대부분은 중성적이지만, 처음부터 선택된 것은 하나도 없다. 그저 용인될 뿐이다.

이 악명 높은 명단에는 인트론intron도 포함돼 있다. 인트론은 유전자 내에서 암호화에 관여하지 않는 염기 서열을 말한다. 인트론 내의 일부 서열은 유전자 조절에 어떤 역할을 하지만, 대다수는 알려진 기능이 없다. 우리가 아는 한 가지 사실은 인트론이 암호화에 관여하는 형제 염기 서열인 엑손exon보다 압도적으로 많다는 것이다. 각각의 엑손은 2개의 인트론으로 둘러싸여 있고, 평균적인 인트론에는 염기쌍이 약 170개 있는 반면, 엑손에는 약 5400개가 있다.[43] 여러분이 좋아하는 텔레비전 프로그램들 사이에 30배나 더 긴 광고들이 있다고 상상해보라.

유전자형의 평범성을 뒷받침하는 증거 중 가장 두드러진 것은 C값 역설C-value paradox이다. C값은 유전체 안에 있는 뉴클레오타이드의 수를 말한다. '유전체 크기'는 이것을 아주 단순화한 표현이다. 유전체 크기와 생물의 복잡성 사이에는 상관관계가 없다는 것이 C값 역설이다. 뉴클레오타이드가 없으면 어떤 꽃도 존재할 수 없지만, 작은 꽃식물인 파리스 자포니카의 유전체가 다윈이나 아인슈타인 혹은 어떤 사람의 유전체보다 50배나 더 크다는 사실은 매우 기이하다. 이 불쌍한 꽃은 세포 분열을 한 차례 할 때마다 1500억 개의 염기쌍을 복제해야 하는 반면, 사람은 겨우 30억 개만 복제하면 된다(우리 몸은 이 식물보다 세포 수가 월등히 많지만).

C값은 선택에 가장 영향을 덜 받는 분자 차원의 현상일지 모른다. 동물에서는 C값의 범위가 적게는 식물에 병을 일으키는 커피뿌리썩이선충*Pratylenchus coffeae*의 염기쌍 3억 8,500만 개에서부터

많게는 표범폐어*Protopterus aethiopicus*의 1330억 개까지 분포하여 최소값과 최대값이 3300배 이상 차이가 난다. 육상 식물 사이에서 C값의 최소값과 최대값 차이는 약 1000배에 이른다.[44] 세균도 그 범위가 아주 넓다. 수액을 먹고 사는 곤충에 붙어사는 카르소넬라 루디이*Carsonella ruddii*는 유전체가 불과 16만여 개의 염기쌍(그리고 단백질 암호화 유전자는 겨우 182개)만으로 이루어져 있어, 알려진 유전체 중 그 크기가 가장 작다. 2008년까지 세균 중에서 가장 큰 유전체를 가진 것은 흙, 동물 배설물, 나무껍질에서 발견되는 단세포 세균인 소랑기움 셀룰로숨*Sorangium Cellulosum*으로, 그 유전체에는 염기쌍이 약 1300만 개나 들어 있다(〈그림 6-5〉 참고).[45]

많은 유전자는 복제본이 하나 또는 그 이상이 존재하는데, 여분의 복제본은 비활성화되어도 표현형에 효과를 거의 미치지 않거나 전혀 미치지 않는다.[46] 대개의 경우 여분의 복제본은 백업용

〈그림 6-5〉 C값 역설은 자연의 낭비를 잘 보여준다. 유전체 크기와 생물의 복잡성 사이에는 아무 상관관계가 없다. 꽃식물인 열대통발*Utricularia gibba*의 유전체에는 DNA 염기쌍이 약 8200만 개 있다. 사람은 약 30억 개, 표범폐어는 약 1300억 개, 또 다른 꽃식물인 파리스 자포니카는 1500억 개가 있다.

으로도 유용하지 않다. 예쁜꼬마선충*Caenorhabditis elegans*의 중복 유전자 중 96%를 기능하지 못하게 하더라도 표현형에 눈에 띄는 효과가 전혀 나타나지 않는다.[47] 이것은 다른 증거가 나타날 때까지는 중복 유전자를 선택적으로 중성으로 취급해야 한다는 뜻이다. 이와 다른 주장—즉, 자연 선택은 중복 유전자의 출현과 안정성을 선호한다는—은 "사용하지 않으면 퇴화한다."라는 도그마에 위배된다. 진화생물학자이자 과학 저술가인 올리비아 저드슨Olivia Judson이 설명한 것처럼 사용하지 않으면 퇴화한다는 말은 "자연 선택에 의해 적극적으로 유지되지 않는 형질은 급속하게 사라진다."라는 뜻이다.[48] 중복 유전자는 사라져야 마땅하지만, 어떤 연유로 그런지는 몰라도 중복 유전자는 예외라기보다는 규칙이다.

마지막으로, 유용한 유전자가 발현될 때(즉, 단백질을 암호화할 때), 그 일을 지나치게 많이 하는 경향이 있다. 효모 연구에서 효모 세포가 암호화하는 단백질 중 대부분은 필요한 것보다 적어도 두 배 이상 발현된다는 결과가 나왔다. 연구자들은 "많은 진핵생물의 단백질 생산량은 넓은 범위에서 적합도에 중성적인 것이 될 수 있으며, 이 단백질들의 생산량이 극적으로 변하더라도 진화 결과에 변화가 거의 또는 전혀 일어나지 않을 수 있다."라고 지적했다.[49]

또 쓸모없는 것처럼 보이던 것이 언젠가 꼭 필요한 것으로 드러날 수도 있다. 결국 과학은 계속 진행되는 프로젝트이며, 현재 우리가 아는 것은 더 많은 연구가 진행됨에 따라 수정되고 보강될 것이다. 그러한 연구 중 일부는 아주 잘 보존된 DNA 부분을 분석하는 작업을 수반할 텐데, 이 DNA가 만약 어떤 일을 한다면 무슨 일을 하며 왜 하는지 알아내기 위한 연구이다. 좋은 예는 락토스 오페론lactose operon의 세 가지 구조 유전자 중 하나인 *lacA*인데, *lacA*는 포도당이 없을 때 대장균에게 젖당을 대사하게 한다(대장균은 젖당보다 포도당을 우선적으로 이용한다—옮긴이). 1950년대 후반에 락토스 오페론이 발견된(분자생물학 분야에서 일어난 선구적인 업적) 이래 왜 *lacA*가 β-갈락토사이드 트랜스아세틸레이스 효소(이것 자체도 분명한 가치가 없다)를 암호화하는지 그 이유가 불분명한 채 남아 있었다. 락토스 오페론의 공동 발견자인 자크 모노Jacques Monod는 노벨상 수상 연설에서 이 유전자가 "세균 자신에게는 아니라 하더라도 실험자들에게는 매우 유용했습니다."라고 말했다.[50] 하지만 *lacA*는 생물의 필수적인 구조에서 도처에 존재하고 지속되는 특징이기 때문에, 이것의 목적이 무엇인지 추측해보고, 우리의 이론을 뒷받침하는 증거를 찾을 필요가 있다. 의미를 찾는 것(중성에 대한 전쟁)은 과학의 초석이다.

하지만 적어도 우리가 상정한 것은 일관되게 유지할 필요가 있다. 우리 눈앞에 펼쳐진 과잉의 증거를 그냥 무시해서는 안 된다. DNA는 최적화되지 않았고, 곳곳에 비효율성이 넘쳐난다. 생식세포가 복제될 때마다 무용성의 양이 증가한다. 유용성은 놀라운 것이지만, 기본값 가정이 될 수 없다. 기본값 가정은 중성이 되어야 한다.

표현형의 평범성

이렇게 되자 생물학자들은 대체로 유전체에 낭비가 넘쳐난다는 사실을 받아들였다. 비록 많은 사람들은 마지못해 하면서 받아들였고, 그리고 어떤 사람들은 여전히 이 문제는 논란의 여지가 있다고 주장하지만 말이다. 하지만 굿 이너프 이론은 우리가 여기서 더 나아가 기무라의 중성을 생명의 모든 단계로 확대해야 한다고 주장한다.

여기저기서 반대 증거가 나온다. 선택주의자의 패러다임은 유전자형의 평범성을 용인하지만, 표현형의 평범성은 문제가 완전히 다르다. 선택주의자의 패러다임은 유전자형의 낭비는 푼돈도 아까워하는 회계사조차 신경 쓰지 않을 정도로 에너지적으로 무시할 만한 수준이라고 대수롭지 않게 여길 수 있는 반면, 표현형의 낭비는 전혀 무시할 수 없다. 자연 선택은 구애 행동을 위해 유용할 때(즉, 공작의 꼬리깃처럼 성 선택이 일어날 때)에만 노골적인 과장을 용인한다. 하지만 표현형 수준에서의 양적 과잉과 중성은 너무나도 흔해서 성 선택만으로는 설명할 수 없다. 사실, 양적 과잉과 중성은 도처에 널려 있다.

양적 과잉을 가장 강하게 시사하는 단서는 생물의 크기 증가이다. 지구에 생명이 출현하고 나서 처음 25억 년 동안은 어느 방향으로건 길이가 1mm를 넘는 종이 드물었다. 그보다 훨씬 작은 경우가 많았다. 하지만 그 이후에 모든 계통의 크기가 증가했다.[51] 그렇다고 해서 생물의 크기가 줄어드는 일이 전혀 일어나지 않는다는 이야기는 아니다. 거의 모든 진핵생물에서 몸 크기가 줄어드는 진화가 관찰되었다.[52] 사실, 다윈이 변화를 동반한 대물림을 처음 감지한 것은 크기의 감소를 발견했을 때였다. 비글호 항해에 나선 첫해에 아르헨티나에서 코끼리와 비슷한 크기의 땅늘보 머리뼈와 돼지만 한 기니피그 뼈, 거대한 아르마딜로의 등딱지를 채집했다. 하지만 현존하는 생물은 모두 지금보다 더 작았던 멸종 조상이 적어도 하나 어쩌면 수십 종이 있다. 이것은 대왕고래*Balaenoptera musculus*나 카르소넬라 루디이, 기니피그*Cavia porcellus*도 마찬가지다. 최근의 연구 결과에 따르면, 해양 동물의 평균 몸 크기는 캄브리아기 이후에 100배 이상 커진 것으로 드러났다.[53] 또 애런 클로짓Aaron Clauset과 더글러스 어윈Douglas Erwin은 코프의 법칙을 입증하는 연구 과정에서 지난 5만 년 동안 알려진 포유류 4000종의 몸 크기 분포를 재현했다.[54] 미국 고생물학자 에드워드 드링커 코프Edward Drinker Cope의 이름에서 딴 이 법칙은 개체군 계통들이 지질학적 시간이 지나는 동안 몸 크기가 증가하는 경향이 있다고 상정한다.

거의 보편적으로 나타나는 이 몸 크기 증가 경향은 경영 분야뿐만 아니라 생물학 분야에서도 대체로 동의하는 "적은 것이 많은 것(Less is more)"이라는 금언에 어긋난다. 생물학은 상대 빈도의 과학이기 때문에 큰 것이 이득이 되는 사례들이 있게 마련이고, 큰 몸 크기 때문에 어떤 면에서는 이득을 보는 반면 다른 면에서는 손해를 보는 종도 있게 마련이다. 하지만 증가한 몸 크기 때문에 단기적으로 어떤 선택적 이득을 얻는 종이 있다 하더라도, 장기

적으로는 몸이 작은 종이 더 큰 선택적 이득을 얻는 경향이 있다.[55]

큰 몸집에 적응 이득이 있다고 하는 주장들 중 많은 것은 기껏해야 편파적인 주장에 지나지 않는다. 예를 들면, 큰 동물이 상대적으로 작은 표면적 때문에 체열을 더 효율적으로 유지한다고 주장할 수 있다. 하지만 이 설명은 추운 지역에 사는 온혈 동물에게만 적용된다. 갈라파고스땅거북 같은 냉혈 동물은 주변 환경의 온도를 이용하기 때문에, 몸 크기가 작아야 유리하다고 봐야 할 이유가 충분히 있다. 또 점성 물리학 때문에 큰 동물만 헤엄을 제대로 칠 수 있고, 아주 작은 동물은 물결에 이리저리 휩쓸린다고 주장할 수 있다. 이것은 사실이긴 하지만, 선택의 관점에서는 부적절한 주장인데, 헤엄은 생존과 생식에 꼭 필요한 것이 아니기 때문이다. 많은 수생 동물은 헤엄을 치지 않는다. 대다수 수생 생물은 비록 직전 조상보다는 더 크겠지만 몸집이 작다. 또 크기가 성적으로 선택되었다는 주장도 있는데, 이것은 암컷이 큰 것을 아름답게 여긴다는 주장이다. 그럴 수도 있지만, 그런 성향이 반드시 적응적이라고 볼 수는 없다. 작은 것을 싫어하는 암컷의 편향 때문에 얼마나 많은 종이 멸종으로 치달았는지는 알 수 있는 방법이 없다.

하지만 적응적 설명을 찾으려는 충동 앞에서 생물학자들은 스스로를 주체하지 못한다. 그들은 거의 항상 큰 몸집이 적응의 결과라고 가정한다. 한 예로 최근에 대왕오징어*Architeuthis*와 남극하트지느러미오징어*Mesonychoteuthis*의 눈을 연구한 결과를 살펴보자. 지름이 400mm에 이르는 이들의 눈은 동물계 전체를 통틀어 가장 크며, 심지어 몸무게가 280배나 더 나가는 대왕고래의 눈보다 거의 4배나 크다. 단-에리크 닐손Dan-Eric Nilsson과 그 동료들은 불균형적으로 큰 이 기관에 대한 적응적 설명을 찾으려고 이 오징어들을 조사했지만 아무 성과도 거두지 못했다. 이 오징어들의 큰 눈은 짝짓기에도 사냥에도 전혀 필요하지 않았다. 증거가 없는 상태에서 이들은 귀무가설(이 경우에는 눈 크기가 적응의 결과가 아니라는 결론)을 선택할 수도 있었다. 대신에 이들은 아주 큰 포식 동물, 특히 향유고래를 발견하는 데 도움이 될 것이라고 추측했다.[56] 물론 그럴 가능성도 있지만, 그런 시나리오는 논문 저자들이 고려하지 않은 질문을 많이 낳는다. 눈의 발달과 유지에 엄청난 자원을 투입해야 한다는 사실을 감안할 때 이것은 합리적인 트레이드오프일까? 그리고 향유고래에게 잡아먹힐 위험을 동일하게 안고 있는 수백 종의 다른 수생 동물들은 더 작은 눈을 가지고 어떻게 살아갈까? 닐손과 그 동료들은 이런 질문들을 제기하지 않는데, 이 질문들은 선택 편향에서 벗어나는 것이기 때문이다. 그들은 "우리의 목적은 심해 오징어의 특이하게 큰 눈의 적응 이득 뒤에 숨어 있는 주요 선택압을 확인하는 것이다."라고 썼다. 그런 압력—그리고 적응 이득—이 존재하지 않을 가능성은 아예 그들의 선택지에 없다.

진화생물학자들은 몸 크기 증가가 항상 자연 선택의 결과가 아니라는 사실을 상상할 줄 모른다. 이 개념은 생각할 수도 없는 신성 모독의 영역에 속한다. 하지만 적응이 일반적으로 지금 이곳에 존재하는 특정 종의 우발 상황에 따라 개체에게 개별적으로 일어난다고 보아야 한다는 사실을 감안하면, 우리는 큰 몸집의 보편적 적응성을 의심해야 한다. 주어진 상황에 상관없이 거의 모든 계통과 형질이 커진다는 사실 앞에서 우리는 자연 선택의 대안을 고려하지 않으면 안 된다.

과잉과 넓은 범위의 이해

만약 이 책이 순전히 비판을 위한 것이라면, 이쯤에서 이야기를 멈춰도 된다. 자연 선택은 진화의 아이콘들을 제대로 설명하지 못한다. 양적 범위와 표현형 과잉도 설명하지 못한다. 적어도 유전자형 과잉은 다윈주의자를 궁지로 몰아 큰 양보를 하지 않을 수 없게 만든다. 하지만 내가 추구하는 목적은 건설적인 측면도 있다. 나는 자연이 어떻게 기능하는지 새롭게 기술하려고 하는데, 이것은 자연 선택을 수용하지만(자연 선택은 실제로 작용하고 장엄하게 일어나므로) 그 기여를 과장하지 않는다.

그렇다면 나는 자연에서 관찰하는 현상에 대해 더 그럴듯한 설명을 내놓아야 할 의무가 있다. 만약 과잉을 향한 생명의 강한 편향을 자연 선택으로 설명할 수 없다면, 무엇으로 설명할 수 있을까? 엔트로피와 부동만 바라보고 있을 수는 없다.[57] 이것들은 무작위적 과정이어서 증가뿐만 아니라 축소도 일으킬 가능성이 똑같이 있다. 나는 필요 이상의 더 많은 것을 향한 편향에 세 가지 현상—히치하이킹, 누출, 근사—이 각각 따로 또는 서로 힘을 합쳐 기여한다고 생각한다. 이것들은 내가 일반 비대칭 이론general asymmetry theory이라고 이름 붙인 이론 뒤에 숨어 있는 메커니즘이다. 이 이론은 증가를 향한 편향이 자연 법칙—자연 선택—의 부산물이 아니라 그 자체가 하나의 자연 법칙이라고 주장한다.

표현형 히치하이킹

같은 염색체에 나란히 늘어선 유전자들은 함께 유전되는 경향이 있다. 연관이라 부르는 이 현상은 중성 유전자가 이로운 유전자와 함께 유전되면서 개체군 내에서 널리 퍼지는 유전자 히치하이킹genetic hitchhiking을 초래한다.[58] 쓸모가 없는데도 불구하고 *lacA*가 계속 살아남는 이유는 유전자 히치하이킹으로 설명할 수 있다. 유전자 히치하이커는 장점보다는 운 때문에 살아남는다.

나는 또다시 분자 수준에서 이루어진 합의를 생명의 다른 단계들로 확대하자고, 여기서는 표현형 히치하이킹의 형태로 확대하자고 제안한다. 표현형 히치하이킹은 모든 형질이 중요하지만 그중에서 어떤 것은 다른 것보다 더 중요하다는 사실을 전제로 한다. 스타 역할을 하는 형질이 있는가 하면, 조연 역할을 하는 형질도 있고 엑스트라 역할을 하는 형질도 있다. 스타는 유일무이한 존재이고, 엑스트라는 대체 가능하며, 조연은 그 중간에 위치한다. 다윈주의의 용어로 바꿔 말하면, 스타 형질은 강한 선택압을 경험하는 반면, 조연과 엑스트라 형질은 "다양한 증가 법칙의 자유로운 활동에 그 운명이 달려 있다."[59]

다윈은 오직 흔적 기관만 자연 선택의 영향에서 벗어나 있다고 생각했지만, 표현형 히치하이킹 이론은 더 관대한데, 여전히 진화 중인 형질 중에도 쓸모가 없어서 선택압을 받더라도 최소한의 수준에 그치는 것이 많이 있다고 본다. 생물학자들은 이런 형질들을 무시하는 경향이 있다. 이들은 락토스 오페론과 핀치의 부리 같은 스타에만 집중한다. 하지만 조연과 엑스트라는 어떻게 될까? 내 가설은 스타에게 주의가 집중되는 동안 나머지는 배경에 섞여 드러나지 않을 수 있다고 말한다. 즉, 특정 생물이 생존과 생식 능력을 확보하는 데 적합한 적응을 충분히 했다면, 그 생물의 많은 형질은 최적화될 필요가 없다.

경제학자 빌프레도 파레토Vilfredo Pareto와 관련이 있는 두 가지 법칙이 이 가설을 이해하는 데 도움을 준다. 하나는 필수적인 소수의 법칙이라고도 부르는 80 대20 법칙(파레토 법칙이라고도 함)이다. 20%의 인력이 전체 작업량 중 80%를 처리하고, 인구 중 20%가 전체 부의 80%를 소유하며, 20%의 운동선수가 80%의 경기에서 승리한다는 등 이 법칙이 적용되는 예는 많다. 정확한 수치는 상황에 따라 차이가 있다. 진화의 적합도에 관한 파레토 법칙은 나머지 형질이 모두 평범하더라도 소수의 최적화된 형질이 그 생물을 살아남게 하기에 충분하다고 말한다. 이 평범한 형질들은 함께 따라다니는 히이하이커이다. 이 형질들은 단지 치명적인 것이 아니기 때문에 세대가 계속 바뀌어도 살아남는다.

또 하나의 법칙은 파레토 효율Pareto efficiency 또는 파레토 최적Pareto optimality이라 부른다. 아무런 손해 없이 한 요소에서 다른 요소로 자원을 옮기는 것이 불가능할 때 그 계를 파레토 효율적이라고 부른다. 단순한 예를 통해 이 법칙이 어떻게 작용하는지 살펴보자. 치타*Acinonyx jubatus*는 지구에서 가장 빨리 달리는 동물이다. 하지만 나무는 잘 오르지 못한다. 이전처럼 빨리 달리면서 나무도 잘 오르는 치타 모형이 새로 나타난다면, 낡은 모형이 파레토 비효율적이라는 증거를 얻게 될 것이다.

치타의 예가 보여주듯이, 파레토 효율은 발견적 허구이다. 세상에 완벽한 트레이드오프 같은 것은 없다. 실제 계들은 최적 상태에서 멀리 떨어진 지점에서도 생존 가능하고 심지어 번성할 수 있다. 넓은 범위(혹은 훨씬 많은 것을 가지고 같은 일을 하는 방법)는 파레토 비효율을 보여주는 전형적인 예이다.

아주 중요한 곳에서 비치명적인 평범성이 최적화와 짝을 짓는 것이 용인된다는 말은 자연이 80 대 20 법칙을 따르지만 파레토 효율 지점까지는 나아가지 않는다고 하는 말과 같다. 스타는 빛나야 하며, 그러기만 한다면 조연이 오스카 무대에서 배제되더라도 아무 문제가 되지 않는다. 진화의 유명한 예를 사용해 설명한다면, 가장 적합한 부리와 짝지은 핀치의 낭비적인 콩팥은 평범한 부리와 짝지은 최적화된 콩팥보다 후손에게 전달될 가능성이 더 높은데, 부리는 80%의 일을 도맡아 처리하는 20%의 일꾼이기 때문이다. 이것은 핀치의 콩팥 범위가 부리 범위보다 더 넓을 수 있음을 암시한다.

이 추측을 확인하려면 추가 연구가 더 있어야 할 것이다. 그런 연구에서 스타와 조연과 엑스트라가 동일하게 최적화되지 않는다는 사실이, 혹은 안전 계수와 마찬가지로 아무런 패턴도 존재하지 않는다는 사실이 드러날지 모른다. 이런 종류의 발견은 과잉을 향한 편향이 너무나도 강력하여 오직 물리학 법칙만이 그것을 억누를 수 있음을 의미한다.

생명은 누출이 일어나게 마련이다/ 생명은 더 많거나 더 적은 쪽으로 흘러간다

표현형의 평범성을 낳는 또 하나의 원천은 누출과 근사의 결합 작용이다.

생물학적 계에 누출이 일어나는 이유는 완전히 꺼질 수가 없기 때문이다. 거의 모든 생물학적 계는 꺼지면 영원히 꺼진다. '꺼지는' 것은 절대적인 것이고, 대개는 죽음에 해당한다. '켜지는' 것은 범위를 낳는다. 꺼지는 방법은 한 가지뿐인 반면, 켜지는 방법은 아주 많다. 그래서 생명의 모든 단계에서 누출이 일어날 여지가 있다. 징크스 게임을 하면서 1~2분 이상 아무것도 하지 않고 가만히 있을 수 있는 아이는 없다. 나무늘보조차도 같은 크기의 포유류에 비해 절반 미만이긴 하지만 기초 대사율이 있다. 살아 있는 생물은 모두 누출이 일어나는데, 이것은 생물이 완전히 효율적일 수 없다는 뜻이다.

비효율성을 낳는 또 하나의 원천은 근사이다. 생명은 정밀도의 섬들이 점점이 널려 있는 근사의 바다이다. 가장 정밀한 사건조차 근사를 포함한다. 놀랍도록 정밀한 DNA 복제 과정을 생각해보라. 사람의 세포가 분열할 때마다 30억 개의 염기쌍이 복제되는데, 오류는 겨우 170여 개밖에 일어나지 않는다. 더 일반적으로 근사의 정도는 생활사를 통해 증가하는 경향이 있다. 배아 단계—사람의 경우 임신 이후 처음 11주일간—에서 태아의 발달은 원자시계와 같은 정확성으로 조절된다. 그 이후에는 원자시계가 스위스 시계로 대체되며, 출산 몇 주일 전부터는 모래시계로 대체된다. 어린 시절에는 발달이 더욱 우발적으로 변하는데, 아이에 따라 동일한 발달 단계에 이르는 시기가 몇 달 또는 때로는 몇 년까지 차이가 나기도 한다. 어른이 되고 나면, 시기를 따지는 것은 아무 의미가 없다. 발달의 관점에서 볼 때, 모든 생물은 아무것도 운에 맡기지 않는 전문가로 시작했다가 시간이 지나면서 점점 더 아마추어로 변해간다. 이것을 자연 법칙의 용어를 사용해 감수 분열로부터 멀어질수록 근사의 정도가 더 커진다고 표현할 수도 있다.

누출은 필연적으로 필요한 것보다 더 많은 것을 낳는다. 하지만 '더 많거나 더 적거나'가 왜 거의 항상 '더 많이'로 귀결될까? 이 질문은 우리를 일반 비대칭 이론으로 안내한다.

일반 비대칭 이론

표현형 히치하이킹은 비교적 제약 없는 증가가 일어날 수 있는 메커니즘을 제공한다. 누출과 근사는 최적화된 것조차 정말로 효율적인 것이 아님을 의미한다. 하지만 증가를 향한 경향을 설명하는 방법이 있다 하더라도, 발달은 왜 이런 식으로 일어날까 하는 의문이 남는다. 증가가 지속 가능하게 일어난다는 사실 자체는 효율성을 향한 경향이 존재할 가능성을 배제하지 않는다. 그렇다면 생명은 왜 증가를 향해 편향돼 있을까?

나는 과잉을 향한 보편적 편향이 '켜짐'과 '꺼짐' 사이의 비대칭에서 비롯된다고 주장한다. 히치하이킹과 누출과 근사 때문에 '켜짐' 상태는 비효율을 향하는 경향이 있는 상태를 수반한다. 생물은 비효율의 원천을 상쇄하려고 노력하면서 이 경향에 대항할 수 있다. 하지만 그렇게 하다간 너무 적은 쪽으로 방향을 틀 위험이 있으며, 그 결과로 영구적으로 '꺼짐' 상태가 될 수 있다. 이것은 형편없는 계획인데, 차라리 과잉 쪽이 비용이 훨씬 덜 들기 때문이다. 너무 적은 것에는 죽음이 도사리고 있지만, 과잉이 치러야 할 유일한 대가는 효율뿐이다. 적합도는 결핍 속에서 크게 쇠퇴한다. 필요한 것을 너무 적게 가지면 금방 치명적 결과가 닥칠 수 있다. 이와는 대조적으로 효율은 크게 감소하더라도 생존에 미치는 효과가 작다. 다시 말해서, 과잉은 상대적으로 중성적이고, 따라서 선택압을 적게 받는다. 적은 것을 추구하는 생물은 '켜짐'과 '꺼짐'의 불안한 양 갈래 길 앞에 서게 된다. 많은 쪽으로 향하면 효율이 더 높아지거나 낮아지는 다소 느긋한 상태에 머물 수 있다.

여기서 요점은 생명이 결코 절약을 하지 않는다는 게 아니다.

돌연변이는 무작위적으로 일어나며, 따라서 절약이나 과잉이 나타날 가능성은 똑같다. 하지만 절약은 늘 위험한데, 생물을 '켜짐'과 '꺼짐'의 양 갈래 길로 더 가까이 데려가기 때문이다. 생물의 일부 속성은 더 효율적인 상태로 다가가면서 개선될 수 있지만, 그러면서 양 갈래 길의 다른 쪽으로 발이 걸려 넘어질 가능성도 더 커진다.

자연 선택의 최적화 작용이 상대 빈도 문제인 이유는 이 때문이다. 반면에 증가를 향한 경향은 하나의 자연 법칙으로, 가끔 자연 선택이 이 경향을 완화시킬 수 있다. 어떤 핀치는 살아남기 위해 좁은 부리가 필요한데, 그래서 '켜짐'과 '꺼짐'의 양 갈래 길에서 엉뚱한 쪽으로 넘어지지 않도록 부리의 증가 경향이 차단된다. 하지만 핀치를 포함해 모든 종의 경향은 점점 첨가하는 것인데, 그러면 종이 살아남는 데 필요한 것이 너무 적은 상태로부터 더 멀리 벗어날 수 있기 때문이다.

과잉을 선호하는 일반 비대칭은 자연에만 국한된 것이 아니다. 이분법과 논리적 대칭도 양적으로 비대칭이 되는 경향이 있다. 정확해지는 방법은 하나밖에 없지만, 부정확해질 수 있는 방법은 무한히 많다. 벤저민 프랭클린Benjamin Franklin은 "참은 균일하고 좁다. ……하지만 오류는 무한히 다양하다."라고 말했다.[60] 두 점 사이를 지나가는 직선은 하나밖에 없지만, 두 점 사이를 지그재그로 지나가는 선은 무수히 많다. 유의미한 결과보다 무의미한 결과가 더 많다. 구체화되는 것은 드물고 잠재성이 있는 것은 무한히 많다

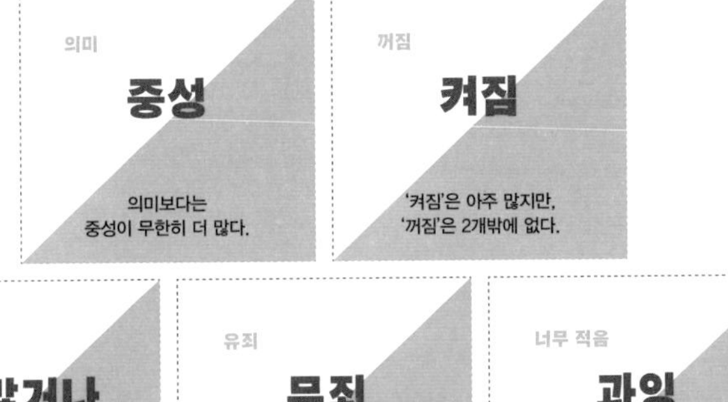

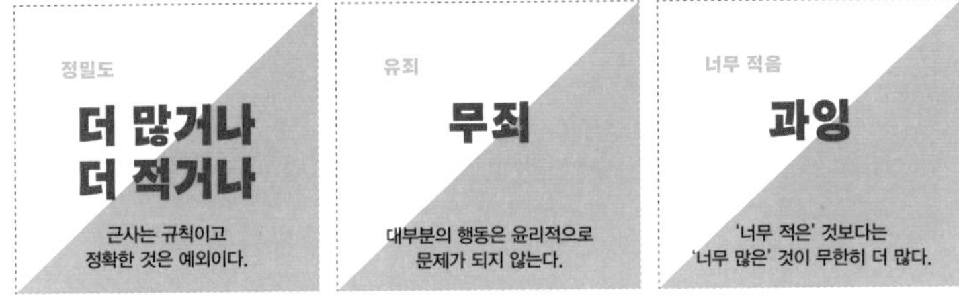

〈그림 6-6〉 일반 비대칭: 생명은 과잉 조건을 향해 편향돼 있는데, 부족한 것보다는 과잉이 비용이 덜 들기 때문이다. 절약을 추구하다가 죽는 것보다는 과잉의 비효율을 감수하는 편이 낫다. 일반적으로 현실은 과잉을 선호하여 딱 알맞은 것이나 최적의 선택보다 더 많은 것을 내놓는다.

(〈그림 6-6〉 참고).

이러한 비대칭적 이분법은 최적점이 본래 드물다는 사실을 떠오르게 한다. 최적점은 최적이 아닌 점들을 배경으로 두드러져 보인다. 이것은 자연뿐만 아니라 인간 사회에서도 마찬가지다. 설사 때로는 안전 계수가 매우 비효율적이더라도, 둘 다 안전 계수를 축적한다. 그러한 과잉은 결핍의 위험을 감안하면 크게 염려할 일이 아니다. 죽는 것보다는 비효율이 훨씬 낫다.

두 가지 진화: 종의 기원 대 종의 다양화

진화에는 두 종류가 있는데, 통시적 진화와 공시적 진화가 그것이다. 굴드를 비롯해 여러 사람이 확립한 개념에 따르면, 자연 선택이 새로운 종을 만들어낸(종의 기원) 짧지만 폭발적인 순간들이 있었다. 이것은 통시적 진화이다. 하지만 종의 평균 수명(멸종 속도라고도 부름)은 포유류의 100만 년에서부터 무척추동물의 1100만 년까지 분포하는데, 이것은 종 분화는 일어나지 않지만 종은 여전히 진화하는 정상 생활 또는 정체기라고 부를 수 있는 시간이 아주 길다는 걸 뜻한다.[61] 공시적 진화는 정상 생활 동안에 일어난다.

정체 과정에서 종은 유전자형과 표현형이 모두 다양해지고 개체수가 늘어난다. 종은 선택적으로 중성인 변이들을 축적할 시간이 충분히 있는데, 넓은 범위는 이것으로 설명할 수 있다. 변이가 치명적이지만 않다면, 지속되면서 자연 선택의 최적화에 온갖 종류의 무용성과 과장을 켜켜이 쌓게 된다.

달리 표현하면, 다윈주의는 수직적이고 대부분 질적인 진화를 설명한다고 말할 수 있다. 다윈주의의 주 개념은 적응이다. 굿 이너프 이론은 다윈주의가 누락한 것을 설명함으로써 다윈주의를 보완한다. 그것은 수평적이고 대부분 양적인 진화로, 종내 다양성과 선택적으로 중성인 종간 차이를 낳는다. 다윈주의가 자연사에서 기묘한 사건들을 설명하는 반면, 굿 이너프 이론은 종의 일상적인 존재, 특히 공존한 표본들에서 두루 관찰되는 변이의 첨가를 설명한다. 굿 이너프 이론의 주 개념은 중성이다.

정상 시기에는 과잉을 향한 편향이 비교적 억제를 받지 않는다. 로메인스는 이 결과를 알아채고 이렇게 썼다. "모든 종의 모든 세대가 제공하는 변이의 수가 얼마나 엄청날지 생각해보라. 따라서 유용하지 않은 변이의 수도 *틀림없이* 엄청나게 많을 것이다. 유용한 변이보다 수백 배는 더 많을 것이다."[62] 여기에 자연 도태가 끼어들 여지가 없는 것은 아니다. 정체가 계속되는 동안 극단적인 것들은 도태된다. 하지만 자연 도태는 돌연변이의 생성과 보조를 맞출 수 없기 때문에(8800만 개의 유전체 변이를 떠올려보라), 극단적인 것들은 계속해서 떨어져나가고 범위는 점점 넓어진다. 정상 시기에도 양성 선택 사건이 일어나지만 아주 드물다.

두 가지 진화는 역설을 통해 서로 연결돼 있다. 정상 시기 동안 자연 선택의 감시를 벗어나는 변이가 많을수록 혁신적인 분출이 일어나는 동안 손댈 수 있는 물질이 더 풍부하다. 한 상황에서 발휘되는 자연 선택의 활력은 대체로 다른 상황에서 자연 선택이 얼마나 휴면 상태에 빠져 있었느냐에 좌우된다.

하지만 이 역설은 대체로 눈에 띄지 않고 지나가는데, 아마도 이 책 전반에 걸쳐 논의한 여러 가지 편향 때문에 그럴 것이다. 역사적 현상을 연구할 때 우리는 거의 언제나 시작을 가장 중요한 단계로 생각한다. 정신분석학에서는 사람이 태어난 뒤 처음 몇 년간을 운명적 시기까지는 아니더라도 결정적 시기로 간주한다. 문명들은 자신의 기원에 집착하며, 건국 신화에 많은 상상력을 투자한다. 공학자, 교사, 생물학자는 이것들은 모두 기본에 관한 것이라고 합창한다. 기본이 없이는 아무것도 이룰 수 없다. 그래서 기본—진화생물학의 경우 종의 기원에 관한 역학—이 유일한 관심사가 된다. 바로 여기서 기본이 모든 것을 설명한다는 맹목적인 가정으로 옮겨가기는 아주 쉽다. 그래서 기본에 관한 훌륭한 이론이 전체에 관한 불충분한 이론이 되고 만다.

우리는 마침내 이 장 도입부에 나왔던 질문을 다룰 수 있게 되었다. 공존하는 생물들 사이에서 목격되는 양적 변이성은 선택된 것인가? 그 답은 분명히 '아니요'이다. 이 변이성은 선택된 것이 아니다. 그것은 두 가지 비선택적 힘의 용인된 부산물인데, 두 가지 힘은 일반 비대칭성과 지질학적 시간이다. 그 작용 방식은 제7장에서 자연 선택이 다루지 않은 부분을 굿 이너프 이론으로 다루면서 더 자세히 설명할 것이다.

제7장

자연의 안전망

Nature's Safety Net

뿔매미(뿔매미과*Membracidae*)는 거의 모든 면에서 특별한 점이라곤 전혀 찾아볼 수 없다. 매미(매미상과*Cicadoidea*)와 매미충(매미충과*Cicadellidae*)의 친척인 뿔매미는 남극 대륙을 제외한 모든 곳에서 풍부하게 살아가며 약 3200종이 있다. 각 개체의 몸길이는 2~20mm이다. 수명은 몇 달밖에 안 되는데, 그동안 수액을 빨아먹고 산다. 사회적 성격이 일부 있지만, 다른 사회적 곤충과 구별될 만큼 특별한 능력은 없다.

뿔매미의 특징은 헤드기어 부분이다. 각 종마다 제 나름의 크고 화려한 헬멧이 있는데, 곤충학자들은 이를 앞가슴등판pronotum이라 부른다. 가시처럼 생긴 것도 있고, 잎이나 개미처럼 생긴 것도 있다. 그 형태가 너무나도 기이하여 그것을 제대로 묘사할 단어를 『옥스퍼드영어사전』에서 찾을 수 없는 것도 있다. 왕실 결혼식에 등장하는 모자들도 이 헬멧들의 화려함 앞에서는 상대가 되지 않는다. 그리고 모든 공주와 공작 부인과 달리 뿔매미는 이 모자를 태어날 때부터 죽을 때까지 1년 내내 계속 쓰고 있어야 한다.

선택주의자의 관점에서는 뿔매미의 헬멧을 정당화하기 어렵다. 이 거추장스러운 것을 평생 지니고 살아가려면 상당한 에너지 부담이 추가되기 때문에, 헬멧에는 뭔가 중요한 기능이 있어야 한다. 어떤 유용한 기능이 있을까? 과장된 특징을 만날 때마다 유력한 용의자로 떠오르는 구애 행동은 성적 이형성 결여 때문에 배제된다. 헬멧은 양 성에 모두 똑같이 나타나며, 생식기를 보아야만 암수를 구별할 수 있다. 또 하나의 가능성인 공기역학은 상식에 부합하지 않는다. 일부 헬멧은 유선형이지만, 다른 것들은 전혀 그렇지 않다. 또한, 여분의 무게는 비행에 불리하다. 위장도 그럴듯한 후보이지만, 이 역시 문제가 있다. 헬멧의 형태나 색이 주변 환경과 잘 섞이는 사례에서도, 몸 색깔이나 형태가 동일하더라도 헬멧이 없는 곤충이 몸 크기가 절반밖에 안 되기 때문에 몸을 위장하기가 훨씬 유리하다. 크기가 더 작으면서 같은 흉내를 내는 종이 없는 상황에서는 헬멧이 포식 동물을 피하기 위한 도구가 아니라는 추론이 합리적이다.

그렇다면 도대체 헬멧은 무슨 쓸모가 있을까? 뱅자맹 프뤼돔 Benjamin Prud'homme과 니콜라스 곰펠 Nicolas Gompel은 뿔매미를 세심하게 연구한 결과를 바탕으로 그 답을 내놓았는데, 그것은 바로 아무 쓸모가 없다는 것이다. 이들은 헬멧이 원래의 기능을 잃은 세 번째 쌍의 날개라는 발견을 바탕으로 흔적 기관에 관한 다윈의 논문을 참고해 이렇게 썼다. 헬멧은 "원래의 기능에서 해방된 어떤 구조가 기관이 어떻게 '다양한 증가 법칙의 자유행동에 따라 변하는지' 보여주며…… 형태적 다양화를 위한 새로운 기반을 제공한다."[1] 하지만 시간이 지나면서 퇴화하는 사람의 충수와 비단뱀의 골반뼈, 고래의 다리뼈 같은 전형적인 흔적 기관과 달리 뿔매미의 헬멧은 계속 지나치게 크게 진화한다. 어떤 헬멧은 나머지 몸 크기의 두 배 혹은 세 배나 된다(〈그림 7-1〉 참고). 뿔매미는 종을 서로 구분하는 특정 형질은 과학자에게는 유용할지 몰라도 종 자신에게는 무용하다는 로메인스의 견해를 확인해주는 사례이다.

수전노 같은 회계사는 일하는 도중에 3200번 정도 깜빡 잠에 빠진 것처럼 보인다. 이 결과는 과잉을 향한 자연의 편향 탓으로 해석할 수도 없다. 이 편향은 종에게 중요한 형질에만 적용되지 흔적 기관에는 적용되지 않는다. 흔적 기관은 보존이 생존에 아무 효과도 미치지 않고, 안전 계수가 필요 없으며, 따라서 고삐 풀린 증가가 일어날 확률도 커지지 않는다. 흔적 기관은 팽창이 아니라 축소되어야 한다. 하지만 장기적으로 그리고 알 수 없는 이유로 더 크고 더 괴상한 것이 널리 퍼졌다. 그 결과는 예술적 걸작에 가까운 것이 되었지만, 선택주의자의 관점에서 볼 때에는 완전한 이단이다. 흰 코끼리가 3000마리 이상 존재하는 상황을 생각해보라. 이것은 예외가 많아도 너무 많은 상황이다.

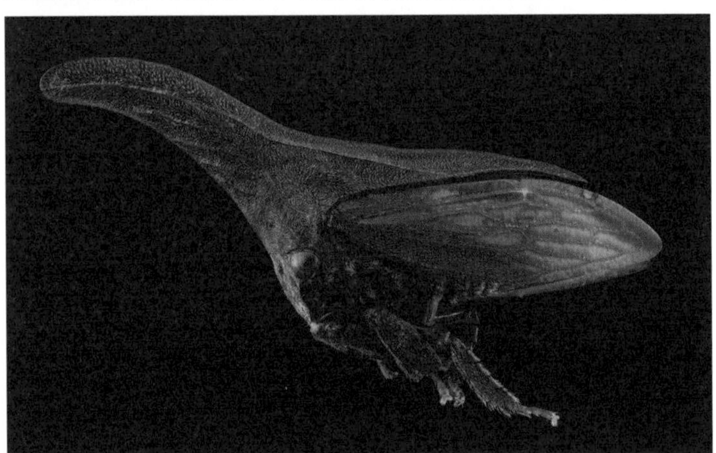

〈그림 7-1a와 7-1b〉 자연이 용인하는 첨가: 3200종의 뿔매미 변종 중 두 종인 헤테로노투스 스피노수스 *Heteronotus spinosus*(a)와 캄필렌키아 라티페스*Campylenchia latipes*(b). 자연은 혹독하고 경쟁적이 아니라 너그럽기 때문에, 무겁기만 하고 대체로 아무 쓸모 없는 '뿔매미의 헬멧'은 오랫동안 살아남으면서 발달했다.

헬멧을 둘러싼 큰 질문은 이미 앞에서 나왔던 것이다. 그런 과잉이 어떻게 살아남을 수 있을까? 이 쓸모없고 지나치게 무겁기만 한 덩어리는 18세기의 프랑스 해부학자 마리 프랑수아 그자비에 비샤Marie François Xavier Bichat가 내린 생명의 정의, "죽음에 저항하는 기능들의 집합"을 어떻게 충족시킬 수 있을까?[2] 뿔매미의 살려는 의지는 의심할 필요가 없다. 바뤼흐 스피노자Baruch Spinoza가 말했듯이, "모든 것은 자신의 힘으로 그럴 수만 있다면, 자신의 존재를 위해 불굴의 인내심을 발휘한다."[3] 이것은 바꾸어 이렇게 생각할 수 있다. 생물은 변화에 저항하는데, 궁극적인 변화는 죽음이다. 변화에는 음성 피드백으로 대응하는데, 음성 피드백은 생물학적 계를 원래의 평형에서 멀어지게 하는 양성 피드백과는 반대로 생물학적 계를 평형 상태로 되돌린다.

살아 있는 생물에게 이러한 인내심이 효과가 있는 이유는 세 가지 메커니즘의 공동 작용으로 설명할 수 있다. 세 가지 메커니즘은 촉진된 변이와 항상성, 반응 규격이다. 촉진된 변이는 30억 년의 자연 선택 뒤에 4억 년의 위험과 어리석은 행동과 기이한 발달이 뒤따랐다고 단언한다. 항상성은 외부와 내부의 교란에 맞서면서 생물의 내부 환경을 보존한다. 반응 규격은 새로운 유전자 변이가 없더라도 모든 유전자형이 광범위한 표현형을 만들어낼 수 있다는 걸 뜻한다. 이 세 가지 메커니즘이 함께 작용해 평범한 것도 살아남아 번성할 수 있는 자연의 안전망을 제공한다.[4] 이 이론은 두 가지 진화의 구분을 당연한 것으로 받아들인다. 지구에 생명이 출현하고 나서 30억 년 동안의 첫 번째 진화 동안 경쟁 가운데에서 일어난 적응이 생명의 본질에 근본적인 변화를 만들어냈다. 두 번째 진화 동안에는 안전망이 아주 튼튼하게 작용한 덕분에 충분히 훌륭한 종은 모두 살아남아서 크기와 형태, 그 밖의 생김새 측면에서 선택적으로 중성인 변이를 실험할 수 있었다.

나는 이 안전망 이론이 그저 하나의 이론임을 강조하고자 한다. 나는 이 이론이 우리가 관찰하는 자연을 설명한다는 것을 증명할 수 없지만, 지배적인 지혜의 빈틈들을 메우면서 유용하게 보완하는 이론이라고 믿는다.

안전망을 이루는 끈들

보존된 핵심 구성 요소와 과정, 그리고 촉진된 변이 이론

생물은 건전한 기반(30억 년 동안 땅을 파고 다진 기반) 덕분에 과장과 무용성을 누릴 수 있다. 마크 커슈너Marc Kirschner와 존 게하트John Gerhart가 쓴 독창적인 책 『생명의 개연성The Plausibility of Life』(2005)이 주는 교훈이 바로 이것이다. 이들은 이 기반을 보존된 핵심 구성 요소와 과정conserved core components and processes, CCCP이라고 부른다. 커슈너와 게하트의 촉진된 변이 이론에 따르면, 모든 생물의 해부학적, 생리학적, 행동학적 특징 대부분을 만들어낸 것은 바로 이 CCCP이다.

CCCP에는 대사의 기본 과정, DNA 복제, 막의 작용, 세포와 신체의 설계 등 현존 생물들 사이에서 일관되게 나타나는 유기적 기구와 구조가 포함된다(〈표 7-1〉 참고). 이 특징들은 고도로 최적화된 것인데, 모든 생명 형태의 보존에 필수적이기 때문이다. 이것들은 80 대 20 법칙에서 20에 해당한다. 이것들은 생물의 강건성과 탄력성을 보장한다. 일부 구성 요소가 제 기능을 하지 못하더라도 기본적인 기능성을 유지할 때 그 생물학적 계는 강건하다고 말하고, 근본적인 변화가 일어나지 않은 채 내부와 외부의 교란에 적응할 수 있을 때 탄력성이 있다고 말한다. 그 계의 구조가 온전한 채로 남아 있다면, 그 계는 새로운 환경에서 살아남게 해주는 새로운 활동으로 옮겨갈 수 있다.

보존된 요소들은 적응적이다. 설사 종이 비적응적 방식으로 발달하더라도 보존된 요소들이 안전망 역할을 하면서 종을 보존한다. 커슈너와 게하트는 다윈의 이론에서 특정 요소들은 받아들이고 다른 요소들에는 이의를 제기한다. 이들은 살아 있는 모든 생물은 공통 조상으로부터 유래했다는 다윈의 직관을 지지하는데, 예컨대 "(사람과 세균처럼) 유연관계가 아주 먼 생물들의 생화학적 경로 중 많은 것은 그 결과로 일어나는 화학적 변환이 거의 동일하다. 이와 비슷하게 서로 다른 생물이어도 이 경로들의 기능적 구성 요소인 효소의 염기 서열이 서로 비슷하다."라는 사실을 인정한다.[5] 이것들은 CCCP 중 일부이다.

하지만 다윈주의자들이 생각하듯이 CCCP가 늘 진화의 압력

〈표 7-1〉 후생동물의 보존된 기능 구성 요소와 과정 연장 세트: 이것들이 진화에서 처음 나타난 때는 언제일까?

진화에서 처음 나타난 때	보존된 기능 구성 요소와 과정(CCCP)
30억 년 전, 초기 원핵생물	에너지 대사, 60가지 구성 단위의 생합성, DNA 복제, DNA에서 RNA로 전사, RNA가 단백질로 번역, 지질막 합성, 막 통과 이동 등의 구성 요소
20억 년 전, 초기 진핵생물	미세 섬유와 미세관 세포 골격 생성, 세포 골격을 따라 물질을 운반하는 운반 단백질, 수축성 과정, 섬모와 막의 파동 운동에 의한 세포의 움직임, 세포내 소기관 사이의 물질 이동, 포식 작용, 분비, 염색체 동역학, 단백질 활성 효소와 단백질 분해가 야기하는 복잡한 세포 주기, 감수 분열과 세포 융합을 통한 생식 등의 구성 요소
10억 년 전, 초기 다세포 동물 형태	15~20개의 세포 간 신호 경로, 세포 부착 과정, 세포의 정단부-기저부 극성, 이음부 형성, 상피 형성, 생리학적 극단을 향한 세포의 전문화, 단세포 난자로부터 다세포 성체까지의 일부 발달 과정 등의 구성 요소
선캄브리아대 무렵, 초기의 체축이 나타난 동물	앞뒤축 형성(Wnt/Wnt 길항 기울기)과 등배축 형성(Bmp/길항 기울기) 같은 복잡한 발달 패턴, 유도, 복잡한 세포 기능, 추가로 전문화된 세포 종류, 선택자 유전자 구획(전사 인자와 신호 단백질 모두)의 신체 설계 지도 형성, 다양한 조절 과정 등의 구성 요소

출처: John Gerhart and Marck Kirschner, "The Theory of Facilitated Variation," *Proceeding of the National Academy of Sciences* 104, 1 (2007): 8582–8589.

을 받는 것은 아니다. 커슈너와 게하트는 CCCP가 여러 차례의 구조적 혁신 과정에서 진화했으며, 각각의 구조적 혁신 과정 뒤에는 오랫동안 정체기가 이어졌다고 주장한다. 따라서 촉진된 변이는 한 가지 중요한 점에서 굴드와 나일스 엘드레지Niles Eldredge의 단속평형 이론과 일치한다. "변화가 늘 광범위하게 일어난다는 다윈의 가정은 생명의 역사에서 어떤 것은 변하고 어떤 것은 변하지 않으며, 변화는 단속적으로 일어난 뒤 모든 후손에게서 고정되어 포함된다는 견해로 대체되어야 한다."[6] 하지만 두 이론은 한 가지 핵심 사실에서 의견이 갈린다. 굴드와 엘드레지는 모든 진화가 단속 평형을 통해 일어난다고 본다. 하지만 커슈너와 게하트는 이 모형은 보존된 구성 요소와 과정에만 적용된다고 주장한다. 그 외에는 진화는 일정하게 일어난다. 정체기는 실제로 정체된 상태가 아니다. 이것은 두 번째 진화이다. CCCP는 한 단계씩 차례로 축적되었고, 각각의 새로운 단계는 정체 상태에 빠졌으며, 이렇게 누적된 하부 구조 덕분에 새로운 생활 방식을 탐구하는 초구조, 즉 종의 출현이 가능했다.

이 이론은 이러한 하부 구조의 혁신이 네 차례의 큰 물결을 통해 일어났다고 주장한다(〈그림 7-2〉 참고). 첫 번째 물결은 원핵생물(세포핵이 없는 단세포 생물)에서 일어났다. 세균과 비슷한 생물인 이 조상은 그 후에 등장한 모든 생물에게 생명의 기본 구조를 물려주었다. 사람과 세균에 남아 있는 유사성에서 그것을 볼 수 있다. 같은 가족은 티가 나게 돼 있다. 갈라선 지 오랜 세월이 지났는데도 불구하고, 대장균에서 추출한 대사 효소 548가지 중 절반이 여러분과 나의 유전체에서 암호화된다. 세균의 대사 효소 중 세균만이 지니고 있는 것은 13%뿐이다. 호모 사피엔스와 대장균 사이의 관계는 그저 공통점이 있는 데 그치지 않는다. 두 종은 유전자를 서로 교환하더라도 새로운 숙주에서 제 기능을 발휘한다. 원핵생물

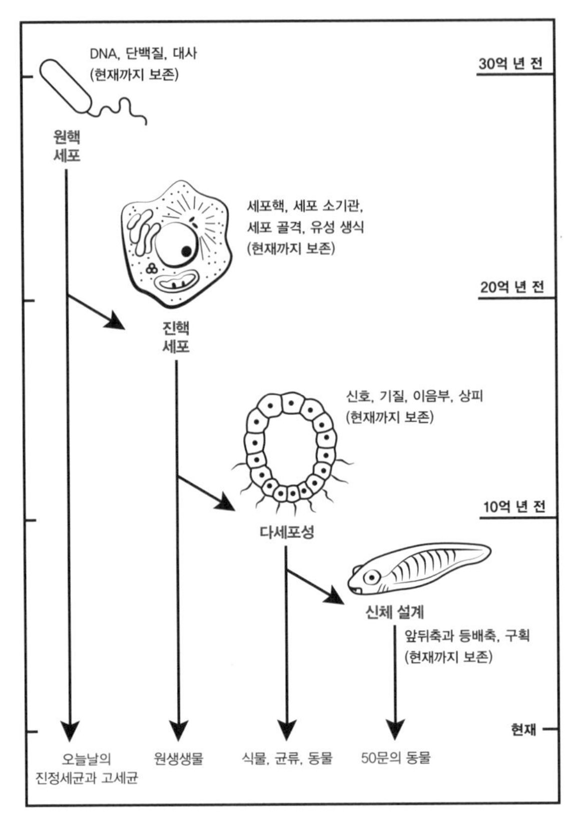

〈그림 7-2〉 핵심 구성 요소와 과정의 보존: 각각의 복잡화 물결은 이전의 이득을 보존한다(변화를 동반한 대물림). 복잡화 증가는 보존된 구성 요소와 과정의 튼튼한 기반 위에 층층이 쌓인 변이(그중 많은 것은 중성 변이)에게 더 많은 기회를 제공한다.

시대에 발명된 DNA와 단백질, 대사는 모두 보존되었다. 이것들은 원핵생물을 파괴할 수 없는 존재로 만들었고, 이것들의 보존은 거기서 갈라져 나와 새로운 계통을 만든 진핵생물에게 강건성을 보장했다.

두 번째 물결 때에는 원생생물(세포핵이 있는 단세포 생물)이 나타났다. 원생생물의 유전체는 세균의 유전체보다 100배나 크다. 이 양자 도약에는 후손에게 물려줄 선물이 많이 포함돼 있었는데, 그중에서 중요한 한 가지는 유성 생식이다. 원생생물의 CCCP에는 막을 기반으로 한 세포핵을 비롯해 복잡한 세포의 기능을 가능케 하는 모든 구조와 활동이 포함된다. 원생생물은 세균의 CCCP와 자신의 CCCP 덕분에 파괴할 수 없는 존재가 되었다.

세 번째 물결은 다세포 생물의 진화이다. 다세포 생물의 CCCP에는 생식세포(정자와 난자)와 체세포(나머지 모든 세포)의 분리와 함께 세포 구조에 일어난 많은 발전이 포함되는데, 그 덕분에 세포들이 더 복잡한 생리학적 과정에 기여할 수 있게 되었다. 세균과 원생생물의 CCCP와 결합된 다세포 생물의 CCCP는 복잡한 생물의 출현과 생존력을 가능케 했다.

네 번째 물결은 신체 설계이다. 이 거시 해부학적 구조는 대체로 약 5억 5000만 년 전부터 시작해 약 2000만 년 동안 이어진 시기인 캄브리아기 폭발 때 시작되었다. 캄브리아기 폭발은 복잡화와 다양화가 활발하게 진행된 시기였다. 이 시기가 끝날 무렵, 좌우 대칭 동물 30문 중 29문이 지구에 존재했다.[7] 사실, 좌우 대칭—동물의 몸이 앞뒤축이나 등배축, 좌우축을 따라 똑같이 나누어진 형태—은 네 번째 물결에서 가장 인상적인 혁신이었다. 앞뒤축은 머리를 맨 앞에, 나머지를 그 뒤에 늘어서게 하면서 생물의 구성 요소들 사이에 위계를 만들어냈다. 이것은 뇌의 발달에 아주 중요하게 작용했을 가능성이 높다. 몸이 방사상으로 생긴 동물은

'머리'가 몸 한가운데에 있다. 이런 동물의 경우, 옆 방향들 사이에 위계가 존재하지 않기 때문에 신경이 뇌로 진화하지 못했을 가능성이 높다. 감각 탐지가 앞쪽에, 노폐물 배출이 뒤쪽에 위치한 이 설계는 신경섬유가 감각 기관 근처에 집중됨으로써 뇌가 있는 생물이 발달할 수 있는 길을 닦았다.

캄브리아기 이후의 동물들은 "아주 강력하고 다재다능한 연장 세트"를 가지게 되어 "유전자 산물 차원에서 추가적인 기능 혁신(단백질과 기능 RNA의 진화)을 대체로 생략하고, 대신에 조절 수준의 혁신을 이용해 해부학적 구조와 생리학적 구조, 발달을 다양화할 수 있었다."[8] 다시 말해서, 이 무렵에는 스타들이 이미 무대에 올라와 쇼를 주도했기 때문에, 조연과 엑스트라가 즉흥적으로 행동하더라도 쇼를 망칠 일이 없었다. 세균의 CCCP에서부터 캄브리아기의 신체 설계에 이르기까지 다층적 하부 구조로 무장한 각 문은 여유를 갖고 각자 자신의 특성을 발달시키는 데 몰두하더라도 크게 탈날 일이 없었다. 그 결과로 신체 설계의 각각 다른 장소들에서 다양화가 걷잡을 수 없이 일어나 지느러미와 팔다리, 그 밖의 부속 기관이 생겨났다. 우리가 가진 팔다리의 조상에 해당하는, 쌍을 이룬 최초의 지느러미는 실루리아기(4억 4300만~4억 1700만 년 전)에 나타났다. 사람 원형의 네 요소—뇌, 입, 눈, 팔다리—가 모두 이 시기에 존재했다.

영겁의 세월이 지나는 동안 각각의 복잡화 단계마다 자연 선택 과정이 효과가 있는 해결책을 자리잡게 하고 보존했다. 실루리야기가 끝날 무렵, 6계의 생물—진정세균, 고세균, 원생생물, 균류, 식물, 동물—이 미세 조정된 충격 흡수 장치로 무장했다. 유용한 단백질을 암호화하는 세균의 유전자가 머물게 되어 단순한 생물뿐만 아니라 더 복잡한 후손들에게 이익을 가져다주었다. 두 번째 물결과 세 번째 물결 때 수립된 세포의 기능들이 지속된 이유는 그것들이 어떤 문제를 최종적으로 해결했기 때문이다. 복잡화의 물결이 한 번씩 밀려올 때마다 멸종에 대한 취약성이 다소 커졌지만, 시간의 시험을 견뎌내면서 고도로 최적화된 형질들의 이익도 컸다. 네 번째 물결이 밀려왔을 때, 극도로 복잡한 종들도 자연 선택에 의한 추가적 최적화의 필요가 거의 없이 상대적 안전 속에서 생명을 위협하는 요소들에 맞설 준비가 되어 있었다. 그래서 정말로 재미있는 일이 마침내 시작되었다. 종들은 어리석은 행동을 하더라도 반드시 멸종의 대가를 치를 필요 없이 끝없이 긴 목이나 화려한 헬멧, 거대한 유전체, 크게 확장된 신피질, 방대한 범위를 진화시키는 것과 같은 위험을 감수할 수 있었다.

로메인스는 CCCP가 정교하고 복잡하게 발전할 것이라고 예견했다. 이것은 다윈주의에 반대한 그의 논증 중 가장 선견지명이 있는 것이었는데, 자연 선택을 거부하지 않으면서 다윈이나 월리스 그리고 그 밖의 추종자들보다 그 의미를 훨씬 잘 이해한 논증이었다. 그는 "내 눈에는 자연 선택 이론이라는 이름은 명백히 잘못 지은 것으로 보인다. 엄밀히 말하면, 그것은 종의 기원에 관한 이론이 아니다. 그것은 적응의 기원—혹은 적응의 누적적 발달—

에 관한 이론이다."라고 썼다. 그것은 생명을 가능케 하는 특정 변이의 축적인 CCCP를 간결하게 표현한 것이다. 하지만 생명을 가능케 하는 것은 생명의 다양화가 아니다. "이 두 가지는 서로 아주 다르다. 왜냐하면, 한편으로는 수많은 종에게 적응적 구조가 보편적인 경우가 압도적으로 많은 반면, 다른 한편으로는 종들을 서로 구분하는 특징들은…… 항상—혹은 심지어 일반적으로—적응적 성격을 지닌 것이 결코 아니기 때문이다."[9] CCCP는 생명을 가능케 하고, 우리에겐 CCCP가 있기 때문에, 생명이 의존하지 '않는' 다채롭고 기이한 변이를 아주 많이 발달시킬 수 있다.

항상성

CCCP가 생물을 삶의 우여곡절로부터 차단할 때, 실제로 차단하는 것은 클로드 베르나르의 표현을 빌리면 '내부 환경milieu intérieur'이라고 말할 수 있다. 1878년에 베르나르는 "내부 환경의 고정은 외부의 변화를 매 순간 보완하면서 평형을 이룰 정도로 생물이 완전해진다는 것을 가정한다. 모든 필수적인 메커니즘은 아무리 다양하다 하더라도, 항상 한 가지 목표를 지향하는데, 그것은 바로 내부 환경에서 생명의 조건을 균일하게 유지하는 것이다. ……내부 환경의 안정성은 자유롭고 독립적인 삶을 위한 조건이다."[10]

월터 캐넌Walter Cannon은 이 필수적인 메커니즘들을 항상성이라는 개념으로 묶어 설명했다: "작인作因들이 자동적으로 작동하면서 교란된 상태를 평균 위치로 되돌려보낸다."[11] 바꿔 말하면, 항상성은 음성 피드백 과정이다. 계는 외부의 입력에 상관없이 평형을 보장하는 기능을 통해 안정성을 유지한다. 반면에 양성 피드백은 일시적으로만 양성 결과를 낳는다. 오랫동안 교란에 휩쓸리면 행복한 결말에 이르는 경우가 드물다. 생명은 CCCP와 항상성 덕분에 예기치 못한 조건에 대처할 수 있다.

반응 규격

종이 오직 한 가지 생태적 지위에만 적응하는 경우는 드물다. 생물은 새로운 환경으로 옮겨가 그곳에서 번성할 수 있다. 이것이 가능한 이유는 새로운 유전자 변이가 없더라도 모든 유전자형은 다양한 표현형을 낳을 수 있기 때문이다. 반응 규격이라 부르는 생명의 이 속성은 독일 생물학자 리하르트 볼테레크Richard Woltereck가 맨 처음 기술했고, 나중에 러시아 생물학자 이반 슈말하우젠Ivan Schmalhausen이 『진화의 요인Factors of Evolution』(1942)에서 자세히 설명했다. 종은 숨어 있는 다재다능한 능력 덕분에 자신도 놀랄 정도로 원래 환경보다 새로운 환경에 훨씬 잘 적응할 수 있다. 많은 가축과 작물에 이런 일이 일어났다. 도처에서 볼 수 있는 예로 감자가 있는데, 16세기에 일어난 강제 이주 덕분에 전 세계에서 네 번째로 많이 생산되는 작물이 되었다.[12] 페루가 원산인 감자는 3500m나 아래로 내려와 두 대양을 건너 네덜란드와 아일랜드에 뿌리를 내리면서 자신의 잠재력을 완전히 드러냈다. 실제로 가축화와 순화 뒤에 대개 큰 유전적 변화가 일어난다.

이러한 유연성은 CCCP의 보호 덕분에 가능하다. 어떤 형질은 생물을 죽지 않도록 하기 위해 변해서는 안 된다. 하지만 핵심 구성 요소와 과정이 굳건하게 제자리를 지키고 있는 한, 종은 자신의 적응 능력을 이용할 수 있다. 이것은 돌연변이가 적응보다 앞서 일어난다는 전통적인 구도를 뒤집는다. 커슈너와 게하트는 이렇게 설명한다. "낯선 환경에서 생물은 스트레스를 받는다. 그래서 생물은 자신의 적응 메커니즘을 계속 사용한다. 완전히 적응한 것은 아니지만, 적어도 최소한으로 생식할 만한 생존 능력이 충분히 있다."[13] 설사 최소한이라 하더라도 생식은 새로운 세대의 탄생을 의미하며, 새로운 세대가 생길 때마다 복제 오류가 일어난다. 결국 이런 오류 중 하나 또는 그 이상이 반응 규격 내에서 일어나는 어떤 적응을 유전적으로 고정되게 할 수 있다. 물론 필요한 복제 오류가 결코 일어나지 않거나 일어나더라도 결코 고정되지 않는 경우도 있다. 적응은 유전적 변화가 있더라도 일어나고 없더라도 일어난다. 적응이 먼저 일어나고, 만약 종이 운이 좋다면, 돌연변이가 그 적응을 유전체에 고정시킨다.

이러한 작업 순서는 커슈너와 게하트의 이론에 그들이 인정하고 싶은 것보다 라마르크설이 많이 포함돼 있음을 의미한다. 획득형질은 유전되지 않지만, 적응과 오류의 행복한 만남에서 진화한 형질은 유전될 수 있다. 촉진된 변이는 신다윈주의와 라마르크설의 새로운 포스트모던 종합이 필요하다고 시사한다. 커슈너와 게

하트는 이 대안 종합이 분자 차원에서 실현 가능하며 실제로 이치에 닿는다는 것을 보여준다. 나는 라마르크설에 대한 반대 입장이 과장되어 전해지는 다윈도 패러다임을 바꾸는 그러한 조치를 열렬히 지지하리라고 믿는다.[14]

포스트모던 종합은 CCCP와 항상성, 반응 규격이 안전망을 이룬다는 사실을 인정할 것이다. 이것들은 생물이 넓은 범위와 그 밖의 일탈을 어떻게 감내할 수 있는지 설명한다. 이것들은 또한 처음부터 다윈주의를 괴롭혔던 문제를 해결하는 데에도 도움을 줄지 모른다. 미바트는 이 문제를 "유용한 구조의 시작 단계를 설명하지 못하는 자연 선택의 무능"이라고 표현했다. 자연의 안전망은 이 문제를 해결한다. 중간 단계들은 선택되지 않았지만 제거되지도 않았다. 중간 단계들은 반응 규격—그 안에서 CCCP가 계속 항상성을 보장할 수 있는 적응 범위—내에 있기 때문에 용인되었다.

분명히 자연 선택은 이 이론에서 아주 중요한 역할을 한다. 자연 선택은 안전망 뒤에 숨어 있는 공학자이다. 하지만 이 역할은 '단' 30억 년 동안만 지속되었다. 캄브리아기 중기 이후로 양성 선택은 건축가와 디자이너의 역할로 축소된 반면, 자연 도태(자연 관용)가 지배적 역할을 하게 되었다. CCCP와 항상성은 선택 과정을 통해 고정되고 최적화되었으며, 그 이후로 종들은 생김새와 크기를 자유롭게 만지작거릴 수 있게 되었다. 버지스 셰일(5억 800만 년 전에 생긴 화석들)에서 발견된 신체 형태들의 기묘한 다양성은 고정된 하부 구조의 힘을 잘 보여준다. 그 안전망이 너무나도 튼튼해 유전자 로또는 온갖 종류의 지속 가능한 일탈을 만들어낼 수 있었다. 뿔매미의 헬멧은 "부적합하다는 선고가 낭독되고 멸종의 형벌이 집행되기" 전에 일탈이 매우 극심하게 일어났음을 증명한다.[15] 안전망은 적자와 평범한 자 모두를 위해 자연이 마련한 보장 장치이다. 탁월성은 해롭지도 않지만 꼭 필요한 것도 아니다. 평범한 것도 충분히 훌륭할 수 있다.

자연의 안전망은 물론 사람에게 이롭다. 하지만 우리에게는 특별한 점이 있는데, 우리는 생명의 최종 중재 판정에서 승리했기 때문이다. 우리는 나머지 모든 종보다 유리한 점이 있는 게 틀림없다. 만약 내 주장이 옳다면, 이 유리한 점은 선택된 것이 아니다. 우리의 승리는 큰 선택적 부담을 주는 기관을 통해 쟁취한 것인데, 어쨌든 경쟁이 사라지지 않는 무대에서는 아무도 승자가 아니다. 제8장에서 나는 인류가 살아남고 독보적인 번성을 누리게 된 이유에 대해 그럴듯한 설명을 제시하는데, 이것은 오롯이 자연 선택에만 의존한 설명이 아니다. 복지 국가가 들어서기 수만 년 전에 인류는 자기 나름의 안전망을 발전시켰는데, 그것은 바로 미래였다.

• 제3부 •

우리의 승리와 그 부작용

Our Triumph and Its Side Effects

제8장

내일의 발명

The Invention of Tomorrow

자연의 안전망은 인상적이긴 하지만 완벽한 것은 아니다. 무수한 종이 그 구멍 사이로 추락했다—공룡과 도도에서부터 호모 에렉투스, 호모 네안데르탈렌시스까지, 그리고 하마터면 호모 사피엔스마저도. 우리를 구한 것은 사람만 유일무이하게 지닌 능력이라고 나는 주장하는데, 그것은 바로 현재와 다른 (그리고 어쩌면 더 나은) 미래를 상상하는 능력이다. 이 능력은 6만 년 전에 소수의 사람들이 아프리카를 떠나 다른 곳에서 번성한 이유와 밀접한 관계가 있을지 모른다. 그 당시 아프리카에 살았던 사람들 중 대다수는 이주하지 않았다. 이주한 사람들은 분명히 무슨 이유가 있었을 텐데, 모든 것은 있던 자리에 그대로 머무르려는 경향이 있기 때문이다. 나는 자연철학의 도구를 사용해 이주자들이 다른 곳에서 더 나은 미래를 기대했을 것이라고 추측한다.

지금부터 하는 이야기는 어디까지나 가설이다. 나는 이것이 진실이라고 주장하지 않는다. 이것은 단지 그럴듯한 시나리오이며, 자연 선택이 지구에서 인류의 독특한 위치를 제대로 설명하지 못하기 때문에 새로운 이론이 필요하다고 나는 주장한다. 내 이론은 인류 중 극히 일부에게 뇌가 스스로를 극복하는 일이 일어났다고 주장한다. 뇌가 우리에게 가져다준 부담은 계속 남아 있었지만, 뇌는 미래를 발명함으로써 인류를 멸종으로부터 구했다. 미래와 함께 불안의 씨앗도 따라왔다. 그래서 그때 200여 명이 아프리카를 떠났는데, 이 사건은 인구 폭발의 기폭제가 되었다. 이 탐험가들은 관성과 음성 피드백의 보편적 체제에 도전했다. 자연이 안정을 추구할 때, 인류는 내일의 꿈과 그것이 예고하는 변화를 추구한다. 이러한 이분법은 오늘날까지 이어지고 있으며, 앞으로도 계속 이어지면서 우리 종의 모든 슬기와 낭비를 분출시킬 것이다. 미래는 우리의 안전망인 CCCP의 다섯 번째 물결이다.

아프리카 탈출, 스몰 뱅

인류는 단숨에(지질학적 시간으로 볼 때) 고질적인 비참한 상태에서 벗어나 "지금까지 지구에 나타난 동물 중 가장 지배적인 종"이라는 칭호를 얻었다.[1] 우리의 제국은 모든 곳에 뻗어 있다. 그것은 알렉산드로스 대왕이나 칭기즈 칸, 나폴레옹이 꿈꾸었던 영역을 훌쩍 뛰어넘는다. 오직 구글과 맥도날드만이 가까이 다가올 수 있다. 지리적 승리 뒤에는 인구 폭발이 뒤따랐다. 최저점에 이르렀을 때 1만여 명에 불과했던 인구는 수백만 명으로 증가했고, 거기서 다시 수십억 명으로 증가했다. 인류는 적합도 면에서 엄청난 성공을 거두었는데, 맬서스는 이에 자극을 받아 종말론적 이론을 내놓았다. 인류가 이렇게 기적적으로 살아나 큰 성공을 거둔 과정에 데우스 엑스 마키나deus ex machina(직역하면 '기계 장치로 [연극 무대에] 내려온 신'이란 뜻. 문학 작품에서 결말을 짓거나 갈등을 풀기 위해 뜬금없는 사건을 일으키는 플롯 장치를 말한다. 호라티우스Horatius는 시인은 이야기를 풀어가기 위해 신을 등장시켜선 안 된다고 주장했다—옮긴이) 같은 것은 전혀 관여하지 않았다. 그 공은 6만 년 전에 대대로 조상들이 살아온 고향을 떠나면서 다시는 뒤돌아보지 않은 200여 명에게 돌려야 한다. 그들은 예기치 않은 운명의 반전, 즉 "행동의 방향을 정반대쪽으로 확 틀게 한 변화"를 촉발했다.[2] '아프리카 탈출'로 불리는 이 순간은 지구의 역사를 그 이전과 이후로 나누었다. 유전자 데이터도 이 시나리오를 뒷받침한다. 오늘날의 모든 사람들은 아프리카의 뿔에서 유래했다.[3]

다윈도 이런 사건이 일어났으리라고 짐작했다. 그는 아프리카에는 "이전에 고릴라와 침팬지와 아주 가까운 관계에 있는 멸종 유인원들이 살고 있었다."라고 지적하면서 "이 두 종은 현재 사람의 가장 가까운 친척이므로, 우리의 초기 조상들이 다른 곳보다 아프리카 대륙에 살았을 가능성이 다소나마 더 높다."라고 추측했다.[4] 인류의 아프리카 유래설을 뒷받침하는 유전적 증거가 있다는 사실을 다윈이 알았더라면 얼마나 기뻐했을까! 인류의 이동 경로와 패턴을 지도로 작성하는 제노그래픽 프로젝트Genographic Project는 전 세계에서 70만 명 이상의 개인에게서 DNA 표본을 채취했는데, 그중에는 오스트레일리아의 여행 가이드이자 모험가, 그리고 찰스 다윈의 현손玄孫(손자의 손자)인 크리스 다윈Chris Darwin도 포함되었다. 크리스 다윈의 DNA 덕분에 우리는 다윈의 부계 조상이 약 4만 5000년 전에 북동아프리카에서 중동이나 북아프리카로 이주했다는 사실을 알게 되었다. 이 중동 씨족에서 갈라져 나온 새로운 계통이 약 4만 년 전에 이란 또는 중앙아시아 남부에서 나타났다. 약 3만 5000년 전에 또 다른 돌연변이에서 나온 계통이 서쪽으로 향했다. 제노그래픽 프로젝트는 다윈 가문이 유럽으로 팽창해간 물결을 주도하고 네안데르탈인의 종말을 예고한 크로마뇽인의 직계 후손이라는 사실도 밝혀냈다.

아프리카 탈출 사건은 그 중요성에도 불구하고 수수께끼로 남아 있다. 무엇보다도 이 사건은 그 이름이 암시하는 것보다 훨씬 복잡하다. 아프리카를 떠난 이동의 물결은 단 한 차례만 일어났던 게 아니다. 호미닌은 약 170만 년 전에 아프리카 대륙을 떠나기 시작했다.[5] 현생 인류는 약 13만 년 전에 어쩌면 그보다 더 앞서 팔레스타인에 도착했다. 그래서 앨런 템플턴Alan Templeton의 '반복적으로 일어난 아프리카 탈출' 모형이 나오게 된 것이다.[6] 앞선 물결은 카르멜산과 요르단 계곡에 이르러 그곳에 정착했다. 이들의 유전자 흔적은 다른 곳에서는 찾아볼 수 없다. 반면에 우리 조상들은 비옥한 곳이건 척박한 곳이건 도착한 모든 장소에서 다시 이동을 계속했다. 일부 사람들은 머물렀지만, 다른 사람들은 좌고우면하지 않고 계속 나아갔다. 아프리카 탈출은 나일강 삼각주, 아라비아, 메소포타미아, 갠지스강 삼각주, 오스트레일리아, 알래스카, 칠레를 비롯해 수많은 지역과 읍락, 마을을 떠나며 시작한 이동을 일반적으로 부르는 이름이다(〈그림 8-1〉 참고). 도대체 어떤 악마에게 홀렸길래 이들은 늘 떠나려고 했을까?

이들이 언제 아프리카를 떠났고, 어디에서 떠났으며, 어떤 경로를 따라 나아갔고, 얼마나 많은 사람들이 여행에 나섰는가 하는 질문들을 다루는 문헌은 풍부하다. 이와는 대조적으로 이들이 왜 떠났는가를 다루는 문헌은 양적으로나 질적으로나 빈약하다. 주목할 만한 한 가지 예외는 토바 화산 재난 이론인데, 이것은 1993년에 과학 저널리스트인 앤 기번스Ann Gibbons가 처음 주장한 뒤 그 후 10년에 걸쳐 '진짜' 과학자들의 지지를 얻었다. 기번스는 7만 4000년 전에 수마트라섬의 토바산에서 초화산 분화가 일어나 6~10년 동안 온 지구에 겨울이 닥쳤고, 그 후 1000년 동안 서늘한 기후가 계속 이어졌다고 주장했다. 이 사건은 호모 사피엔스를 멸종 위기로 몰아간 병목 현상을 일으켰다. 하지만 이 이론에 나쁜 소식이 있는데, 토바산 분화는 대체로 학자들의 의견이 일치된 아프리카 탈출 시기보다 1만 4000년이나 앞서 일어났다.

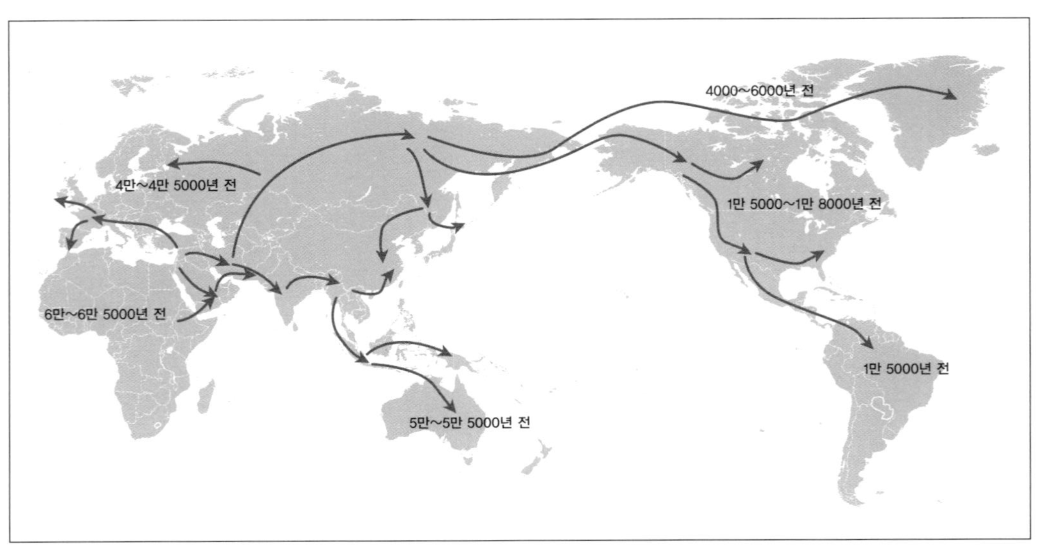

〈그림 8-1〉 아프리카 탈출: 우리 조상들은 수십만 년 동안 동아프리카에서 고향을 사랑하며 살아가다가 약 6만 년 전에 소집단이 고향을 떠났다. 이들과 그 후손들은 처음 당도한 적당한 장소에 정착하는 대신에 이동을 계속해나가 결국 전 세계를 정복했다. 오늘날의 모든 사람들은 바로 한 곳에 가만있지 못하고 늘 새로운 곳으로 떠난 이 사람들로부터 유래했다.

제노그래픽 프로젝트는 이동에 대해 이와 비슷한 설명을 제시한다. "약 7만 년 전부터 기후가 좋아지기 시작하자, 우리는 멸종에 가까이 다가간 이 사건으로부터 회복했다. 인구가 팽창했고, 일부 대담한 탐험가들이 아프리카 밖으로 떠나기 시작했다." 즉, 인구 과잉이 거주 공간에 압력을 가해 이주를 자극했다는 말이다. 이 인과적 사건들의 연쇄는 정통 학설로 자리잡았지만, 곰곰이 생각해보면 터무니없는 설명으로 보인다. 마지막 병목 때 생존했다는 1만여 명이 새로운 운명을 개척하기 위해 다른 곳을 찾아 떠나지 않으면 안 될 만큼 아프리카 대륙에서 그렇게 큰 압력을 받았을 리가 만무하다. 어쨌든 실제로 떠난 사람은 겨우 200여 명에 불과했다.

아프리카 탈출의 '이유'에 대한 생물학자들의 관심은 대체로 부족한 편이지만, 예외가 하나 있다. 일부 과학자들은 도파민 수용체 유전자이자 변이가 가장 잘 일어나는 사람 유전자 중 하나인 DRD4를 집중적으로 연구했다. 그 대립 유전자 중 하나인 DRD4-7R은 주의력결핍과다활동장애(ADHD)와 관련이 있다. 하지만 이 나쁜 유전자는 좋은 유전자이기도 한데, 탐험 활동과 새로운 것을 추구하고 위험을 감수하는 성향을 낳아 '역마살 유전자'라는 별명이 있기 때문이다. 로버트 모이지스Robert K. Moyzis와 그 동료들은 2002년에 한 연구에서 우리 조상의 방랑 생활 성향은 바로 이 대립 유전자에 그 뿌리가 있다고 주장했다. 한 연대 측정 결과에 따르면, 이 대립 유전자를 낳은 돌연변이는 3만~5만 년 전에 나타났다. 만약 아프리카 탈출이 실제로 일어난 시기가 대체로 학자들의 의견이 일치된 시기보다 더 늦게 일어났다면, DRD4-7R이 한 요인이 되었을 가능성이 있다. 그리고 설령 아프리카 탈출이 의견이 일치된 시기에 일어났다 하더라도, 이주자들에게 계속 나타난 방랑벽에 이 대립 유전자가 모종의 역할을 했을 가능성이 있다. 하지만 논문 저자들은 다른 연대 측정 방법으로는 이 대립 유전자의 출현 시기가 30만 년 이전으로 측정된다는 사실을 인정하는데, 그렇다면 이 대립 유전자가 아프리카 탈출에 기여했다는 근거가 약해진다.[7] 냄새에 관여하는 사람 유전자가 800개(그리고 생쥐의 경우에는 1400개)나 된다는 사실을 감안하면, 방랑벽 혹은 이 문제와 관련된 다른 정신적 성향이 단일 유전자에서 유래했다는 주장은 의심할 필요가 있다.[8]

이동의 원인에 대한 관심이 일반적으로 부족한 것은 이상한데, 인과성(혹은 그게 아니라면 강한 상관관계)을 찾는 것은 과학의 존재 이유이기 때문이다. 아마도 이렇게 심드렁한 태도는 우리의 현대적인 측면 시야 가리개에서 유래했을 것이다. 오늘날에는 이동은 굳이 거론할 만한 주제가 못 된다. 오히려 태어난 곳에서 계속 머무는 일이 드물다. 한 장소에서 다른 장소로 이동하는 것은 너무나도 흔한 일이어서 그것은 생각할 가치조차 없다. 그래서 오스트레일리아박물관의 교육자들은 "아프리카를 떠나는 데 왜 그렇게 오랜 시간이 걸렸을까요?"라고 묻는다.[9] 애초에 이들이 왜 떠날 생각을 했을까라고 묻는 것이 더 나은 질문이다.

아프리카 탈출은 너무 어려운 문제여서 정확한 답을 알아내지 못할 수도 있다. 아프리카 탈출은 유례없이 엄청난 규모로 일어난 두 사건을 가리킨다. 급속한 전 지구적 확산—호모 에렉투스는 확산 속도가 느렸고, 전 세계의 모든 지역 중 95%에는 가지도 않았다—과 인구 폭발이 그것이다. 두 사건을 동일한 원인으로 설명하려는 시도는 불가능한 임무처럼 보인다. 아프리카 탈출에 포함된 많은 소규모 이동은 문제를 더 복잡하게 만든다.

마지막으로, 우리는 외부적 힘과 내부적 힘, 그리고 스트레스와 추동의 어떤 조합이 작용했는지 결코 입증하지 못할 것이다. 이 때문에 이 임무는 "해결 가능한 것의 기술"[10]을 실행하는 과학자들에게 다소 터무니없는 것으로 보일 수 있다. 노벨상을 수상한 생물학자 프랑수아 자코브에 따르면, 과학자에게 주어진 명령은 "접근 가능하다고 간주되는 문제들, 그 인상이 옳건 그르건 어쨌든 풀 수 있다는 인상을 받는 문제들을" 다루는 것이다.[11] 우리 조상의 방랑벽을 촉발한 심리적, 인지적, 혹은 내부적 원천은 무엇이었을까? 이것은 프라크뷔르디히fragwürdig(물을 가치가 있는) 질문이지만, 프라글리히fraglich(과학적으로 물을 수 있는) 질문은 아니다.

하지만 자연철학자들은 그런 제약이 없다. 우리는 어떤 답이라도 구하려고 시도할 수 있다. 우리의 첫 번째 시도는 아프리카 탈출을 그것이 속한 범주의 맥락에서 살펴보는 것이다. 그 범주는 바로 이동이다. 이동은 일탈적 행동이기 때문에 설명이 필요하다.

이동이 일탈적인 이유는 두 가지 보편적 원리에서 벗어나기 때문이다. 하나는 관성의 법칙이고, 또 하나는 음성 피드백이 양성 피드백보다 우위에 있다는 원리이다. 이것은 이동이 큰 압력을 받을 때 일어난다는 것을 의미한다. 강요당하지 않는 한 아무도 다른 곳으로 이동하려 하지 않을 것이다. 역사적으로 묘사된 이동 기록들도 이를 뒷받침한다. 성경에는 그런 이야기가 아주 많다. 아담과 하와는 에덴동산에서 쫓겨났다. 야곱은 에사우의 보복을 피해 달아났다. 족장들은 기근을 피해 이집트로 갔다. 이스라엘 민족이 뿔뿔이 흩어진 사건은 제1성전과 제2성전이 파괴된 후에 일어났다. 이스라엘 국가는 주님이 아브람에게 "네 고향과 친족과 아버지의 집을 떠나, 내가 너에게 보여 줄 땅으로 가거라."(창세기 12장 1절)라고 명하면서 세워졌다. 위대한 성경 주석자인 랍비 라시Rashi는 우리를 다른 곳으로 옮겨가게 하는 데 왜 그토록 막강한 힘이 필요했는지 그 이유를 이렇게 설명한다. "일단 집을 떠나 길에 나서면…… 출산과 부와 명성이 줄어든다."[12] 다시 말해서, 집을 떠나는 것은 적합도에 나쁜 결과를 초래한다. 모든 사람은 살던 곳에 계속 머물려고 하거나 원래 살던 곳으로 되돌아가려는 경향이 있다.

아프리카 탈출 사건 중 가장 유명한 이스라엘 민족의 이집트 탈출은 실제로는 일어나지 않았을 가능성이 크지만, 성경에 나오는 그 이야기는 교훈적이다. 새로 자유를 얻은 이들은 역경을 만날 때마다 다시 이전에 살던 곳으로 돌아가길 갈망했다. 설령 그것이 노예 생활을 의미하더라도 말이다. "이스라엘 자손들까지 또다시 울며 말하였다. '누가 우리에게 고기를 먹여줄까? 우리가 이집트 땅에서 공짜로 먹던 생선이며, 오이와 수박과 부추와 파와 마늘이 생각나는구나.'"(민수기 11장 4-5절) 그리고 약속의 땅을 눈앞에 두고는 두려움에 휩싸였다. "우리가 차라리 이집트 땅에서 죽었더라면! 아니면 이 광야에서라도 죽어 버렸으면! ……차라리 이집트로 돌아가는 것이 더 낫지 않겠나?"(민수기 14장 2-3절)

아프리카 탈출은 그런 패턴에서 벗어난다. 이스라엘 민족은 향수를 극복하기 어려웠고, 매번 최종 목적지에 도착했다고 믿으면서 한 장소에서 다음 장소로 나아갔지만, 6만 년 전에 아프리카를 떠난 사람들은 전진을 멈추지 않았다. 이스라엘 민족은 전체가 하나의 무리가 되어 42번이나 장소를 옮겨가며 진을 쳤다(민수기 33장). 이와는 대조적으로 아프리카를 떠난 사람들은 정착촌을 세운 뒤, 일부는 그곳에 정착해 살아가고 다른 사람들은 계속 이동했다. 이스라엘 민족이 광야를 방황한 여행은 목적과 목적지가 있었다. 약속의 땅에 들어가기 전에 '사막 세대'로 불리던 이전의 노예들이 모두 죽어야 했다. 아프리카 탈출은 어떤 기능이나 목적인이 없이 수천 군데의 정착촌으로부터 지구 전체로 뻗어나가는 이동이 강하게 일어났다. 아프리카를 떠난 사람들은 계속 방황하며 앞으로 나아갔다—아프가니스탄으로, 시베리아로, 알래스카로, 그린란드로. 이스라엘 자손들의 여행은 이집트의 파라오가 촉발하고 하느님이 연장시켰다. 호모 사피엔스의 전 세계 확산은 미지의 힘이 촉발하고 미지의 힘이 연장시켰다. 그 힘들은 과연 무엇이었을까?

이 질문에 대한 답은 다른 동물의 이동을 일부 인간의 이동과 구분하는 두 가지 이분법을 고려함으로써 내놓을 수 있다. 그것은 스트레스 대 추동, 미는 힘 대 끌어당기는 힘이다. 자연에서 이동을 촉발하는 보편적 원인은 스트레스이다. 사람을 제외한 모든 동물은 살던 곳에 계속 머물고 싶어 하지만 그곳에서 쫓겨난다. 인간의 이동은 두 가지 원인 중 어느 하나 때문에 혹은 둘 다 때문에 일어난다. 우리는 강제로 쫓겨나기도 하지만, 알려진 것이건 미지의 것이건 새로운 생태적 지위에 매력을 느껴 이동하기도 한다. 아프리카(그리고 메소포타미아와 오스트레일리아 등등) 탈출의 일부 원인은 분명히 환경적 스트레스에 있었다. 하지만 인간의 이동에서 독특한 특징은 강한 집단이 새로운 것과 기회에 자극을 받아 출발하는 것이다. 19세기의 아일랜드인 이민에 관한 전문가 스티븐 킨셀라 Stephen Kinsella는 "아일랜드를 떠난 사람들은 어떤 의미에서 우리 중 가장 뛰어난 사람들이었다. 그들은 가장 역동적이고 가장 야심만만하고 성공 의지가 가장 넘치는 사람들이었는데, 그들은 살던 곳에서 성공할 조건을 제공받지 못했다."라고 썼다.[13] 200명의 이주자가 성공할 기회를 찾아 떠났을 가능성이 있을까?

이 질문은 우리를 이주자의 내면 세계라는 지뢰밭으로 끌고 간다. 우리 자신의 동기도 가늠하기가 어려운데, 하물며 6만 년 전에 살았던 사람들의 동기를 가늠하기는 사실상 불가능하다. 하지만 직관이 단서를 제공할 수 있다. 낯선 사람을 만났을 때, 우리는 그 사람에게서 자신과 자신이 아는 사람들을 떠올리게 하는 점이 없는가 하고 되물을 수 있다. 닮은 점에 우리가 속아 넘어갈 수도 있지만, 200명의 이주자가 우리와 비슷한 사람이었다고 믿을 만한 이유가 일부 있다. 무엇보다도 우리 계통의 다른 종들은 우리와 같지 '않았다는' 사실을 우리는 알고 있다. 호모 에렉투스도 이동을 했지만, 그들은 기술적 발전을 이룰 능력이 없어 80만 년 동안 동일한 양날주먹도끼를 사용했다. 현생 인류는 절대로 그러한 정체를 순순히 받아들이지 않는다. 호모 에렉투스는 분명히 우리와 달랐고, 따라서 우리는 그들이 구세계를 배회한 동기를 결코 이해하지 못할 것이다. 먼 옛날에 살았던 호모 사피엔스는 많은 점에서 우리와 더 비슷했지만, 그들은 멸종할 뻔한 위기를 수동적 태도로 기다리기만 했다. 그들 역시 낯선 사람들이었다.

이들과 비교해 아프리카를 탈출한 200명의 주인공들은 두드러지게 달라 보인다. 이들에게는 낯익은 냄새가 배어 있다. 적어도 이들의 동기가 우리 자신과 같은 것이었다고 주장할 수 있다. 이들이 한 장소에서 다른 장소로 이동한 배경에는 우리 현대인에게 늘 새로운 것을 갈망하게 만드는, 낡은 것에 대한 불만이 자리잡고 있었던 것처럼 보인다.

나는 변화 자체를 위해 변화를 선택한 사람은 모두 바로 이 고질적인 여행자들의 후예라고 주장한다. 그들은 '다른 곳으로 떠나고 싶은 충동elsewherism'이라는 바이러스에 최초로 감염된 사람들이었다. 그들은 자신의 꿈이 실현되리라는 느낌이 들었다—다른 곳에서. 그런 예감이 든다는 것은 이루어야 할 꿈이 있다는 뜻이다. 그러려면 미래에 대한 감각이 있어야 한다. 이 감각을 지닌 동물은 우리 말고는 아무도 없다. 어떤 동물도 현재가 아닌 조만간 닥칠 순간이나 무無가 뭔가가 될 수 있다는 것을 상상하지 못한다.

언어가 제공하는 설명

아프리카 탈출 이후에 일어난 인구 폭발에 미래가 어떤 역할을 했는지 더 자세히 살펴보기 전에 대안 이론들을 깨끗이 정리하고 넘어가기로 하자. 표준적인 설명은 기술과 언어이다. 이 둘은 사람을 나머지 모든 동물과 구분하는 특징이자 세상에서 가장 탁월한 종으로 만든 특징으로 간주된다. 하지만 하마터면 멸종할 뻔한 위험에 처한 우리 조상을 기술로는 구할 수 없었다는 것을 이미 앞에서 보았다. 우리의 안전망—그리고 결국에는 우리의 경이로운 적합도—은 다른 재료로 만들어졌다. 그렇다면 언어는 어떨까?

우리가 숨 쉬는 동물을 모두 지배하게 된 데에는 언어가 한 가지 필요조건이라는 것은 의심의 여지가 없다. 말하지 못하는 동물은 우리가 거둔 성공에 결코 가까이 다가오지 못했을 것이다. 하지만 언어는 충분조건일까? 아마도 그렇지 않을 것이다. 많은 동물은 일종의 기호를 통한 의사소통 능력이 있다. 개의 지능에 관한 대표적인 전문가이자 『개는 어떻게 생각할까How Dogs Think』(2004)의 저자인 스탠리 코렌Stanley Coren은 개가 약 165개의 단어와 기호를 이해하며, 가장 똑똑한 개—콜리, 저먼 셰퍼드, 푸들—는 250개까지 이해할 수 있다고 주장한다.[14] 체이서Chaser라는 보더 콜리는 1022개의 단어에 숙달해 『기네스 세계 기록』에 올랐다.[15] 하지만 이들은 지배하는 동물이 아니라 지배당하는 동물이다. 게다가 우리 조상은 아프리카 탈출보다 훨씬 이전부터 일종의 언어를 사용하고 있었다고 보는 게 합리적이다. 30만~40만 년 전에 호모 사피엔스에서 갈라져나간 호모 네안데르탈렌시스는 "현생 인류와 마찬가지로 FOXP2에 두 가지 진화적 변화가 일어났는데, 이 유전자는 말과 언어의 발달과 밀접한 관련이 있는 것으로 알려졌다." 이것은 오래전에 사라진 우리 사촌이 생물학적으로 우리 자신과 비슷한 언어 능력이 있었음을 시사한다.[16] 당연히 언어 능력에는 FOXP2 말고도 많은 것이 관여하지만, 적어도 우리와 가까운 에렉투스와 네안데르탈렌시스가 사물에 이름을 붙이거나 지능이 높은 개보다 훨씬 정교한 수준으로 의사소통을 하는 능력이 있었다는 사실을 부정할 이유는 없다.

만약 기본적인 말이 과도하게 발달한 쌍곡면 뇌와 2차 만성성의 손실을 상쇄하기에 충분하지 않다면, 언어의 특정 측면이 효과를 발휘할지도 모른다. 나는 그것이 문법이라고 주장한다. 사람의 경우, 문장을 다루는 능력은 생후 18개월 무렵부터 나타나기 시작한다. 아기가 "인형 차"라고 말할 때, 실제로는 "인형이 차에 있다."라는 뜻일 수 있다. 아기는 곧 정확한 문장을 만들어 사용하게 되는데, 이것은 정신 발달 단계에서 아주 큰 도약에 해당한다. 체이서는 많은 단어를 이해하고 심지어 기본적인 구문론도 이해한다. 코렌은 평균적인 개가 언어적으로 두 살배기 아이와 비슷할 정도로 똑똑하다고 말한다.[17] 하지만 "체이서, 앉아!"라고 말하는 아이는 곧 개의 주인이 되며, 그 반대 사건은 절대로 일어나지 않는다.

언어 자체가 우리 조상을 지배적 종으로 만든 것은 아니지만, 아마도 그 특징 중 하나가 중요한 역할을 했을 것이다. 개가 이해하지 못하는 문법의 특징 중 하나는 시제이다. 실제로 지금까지 알려진 바로는 사람 이외의 동물 중에서 과거와 현재와 미래를 구별하는 종은 하나도 없다. 나는 그중에서도 미래의 이해가 스몰 뱅Small Bang을 촉발했다고 주장한다.

미래: 인류의 구원자

사람 이외의 모든 동물은 니체Nietzsche의 표현을 빌리면 "순간의 말뚝에 묶여 있다는" 점에서 전자, 중성자, 양성자, 사막, 별과 같다.[18] 지금 이곳에 뿌리를 박고 살아간다고 해서 사람 이외의 동물에게 기억이 없다는 뜻은 아니다. 주인을 반기는 개는 그 반대가 사실임을 입증한다. 하지만 동물이 현재만 산다는 주장이 유효한 이유는 과거가 현재에 박혀 있고 인식론적으로 현재와 동일하기 때문이다. 앙리 베르그송Henri Bergson이 시간을 '지속'으로 보는 개념은 이 문제에 대해 시사하는 점이 많다. 베르그송은 현재를 사람의 의지에 따라 접혔다 펼쳐졌다 하는 아코디언에 비유했다. 때로는 오르가즘처럼 금방 지나가지만, 때로는 편두통처럼 사라질 줄 모른다. 사람의 언어와 문화는 편리하게 현재를 과거와 구별하지만, 논리와 물리학 법칙은 이 둘을 서로 다른 것으로 경험해야 한다고 요구하지 않는다. 하지만 과거와 현재의 범주는 인식론적으로 미래의 범주와 다르다. 과거와 현재는 알려진 양이다. 이것들만이 현재를 구성한다. 미래는 무無이고 존재하지 않는다. 우리는 현실에 대해 참인 진술을 할 수 있지만, 미래에 대해서는 그럴 수 없다. 하지만 우리는 미래가 현재와 어떻게 다를지 상상할 수 있다. 사람 이외의 동물은 그렇게 할 수 없다.

사람 이외의 동물도 겨울에 대비하는 것처럼 미래 지향적 행동을 한다는 반론을 제기할 수 있다. 그것은 사실이지만, 이런 동물이 개별적으로 미래의 동기 부여를 예측하는지는 확실치 않다. 다람쥐와 곰이 가을에 열심히 기울이는 노력은 계산과 판단을 바탕으로 일어나는 것이 아니다. 그것은 그저 DNA에 프로그래밍되어 있을 뿐이다. 클라크잣까마귀*Nucifraga columbiana*가 최대 3만 개까지 씨를 '숨기고' 그 후 6개월에 걸쳐 그것을 찾아내 먹는다고 보고된 능력 역시 똑같이 설명할 수 있다.[19] 뜰에서 일주일 전에 묻었던 뼈를 파내는 개는 처음부터 그런 계획을 세우고 행동한 것이 아니다. 그저 그 뼈를 우연히 발견하여 파냈을 뿐이다. 개에게는 30cm 아래의 땅속에 있는 것은 모두 후각적 지금 이곳의 일부이다. 이동하는 두루미는 목적지가 있지만, 만약 "어디로 그렇게 열심히 날아가니?"라고 물으면, "난 그냥 날아갈 뿐이야."라고 대답할 것이다. 두루미는 자신이 어디로 가는지 혹은 무슨 목적으로 날아가는지 알지 못한다. 이와 같은 행동들은 오직 사람에게만 미래를 내다본 행동으로 보인다.

사람 이외의 동물은 오직 즉각적인 동기 부여를 바탕으로 행동하며, 미래의 동기 부여를 예측해 행동하지 않는다는 이 주장은 비쇼프-쾰러 가설Bischof-Köhler hypothesis로 알려져 있다. 이 가설은 정교한 실험들을 통해 반복적으로 검증을 거쳤지만, 틀렸음이 입증된 적은 한 번도 없다.[20] 저녁에 다음날 아침에 먹을 먹이를 준비하도록 캘리포니아덤불어치*Aphelocoma*를 훈련시킨 조련사들은 《네이처》에 그 논문을 실을 지면을 얻었고, 《데일리 미러Daily Mirror》는 '아침을 위한 계획'이라고 그 신문에 어울리는 헤드라인을 내걸고 이 논문을 소개했다.[21] 하지만 이 실험은 미래의 욕구에 대한 예상이 동물 행동의 동기가 된다는 것을 증명하지 못했다.

선견지명이 사람과 사람이 아닌 동물을 구분한다는 주장은 설령 우리가 많은 근거를 포기하더라도 유효하다. 어쩌면 덤불어치는 아침 식사를 계획했을 수도 있다. 그렇다 하더라도, 덤불어치는 내 주장에 중요한 종류의 선견지명인 미래의 가능성에 대한 감각이 없다. 인류가 인구 증가에 성공한 배경에는 앞으로 다가올 무無를 무엇이 채울지 상상하는 특유의 능력이 있었다. 덤불어치의 미래는 기껏해야 과거-현재의 영원한 연장이며, 따라서 내가 주장하는 의미의 미래가 전혀 아니다. 그것은 상상력으로 그려 넣어야 할 텅 빈 캔버스가 아니라, 끝없이 반복되는 현실이다. 만약 오늘이 비참하다면, 내일 역시 비참할 것이다—행운이 개입하지 않는 한.

오직 사람만이 운명의 사슬에서 벗어날 수 있는데, 오직 사람만이 완전히 다른 것을 위해 노력할 수 있기 때문이다. 호모 에렉투스조차 그런 능력이 없었는데, 그래서 개선이 전혀 없이 양날주먹도끼만 주구장창 쓰는 세월이 80만 년 동안 이어졌다. 그리고 우리가 노력할 수 있는 이유는 우리에게는 무가 있기 때문이다. 글렌 굴드는 "사람에게서 가장 인상적인 것은, 아마도 그 모든 멍청함과 야만성의 단점을 상쇄해준 것은, 존재하지 않는 것에 대한 개념을 발명한 것이다."라고 말했다.[22] 그것이 발명되고 나자, 모든 '이곳'은 그에 대응하는 '저곳'이 생겼고, 모든 '지금'은 그에 대응하는 '다음'이 생겼다. 모든 '좋아yes'에는 '하지만but'이 따라붙는데, 첫 번째 '내일 보자'는 '내겐 선택의 여지가 없었어.'의 끝을 의미했기 때문이다. 우리가 조작할 수 있는 미래가 있기 때문에, 인간은 항상 다르게 할 수 있고, 혹은 적어도 다르게 하는 것을 상상할 수 있다.

내일의 발명으로 선사 시대 사람들은 지금 이곳 낙원/지옥에서 추방되었다. 이들은 눈앞의 현실 외에 다른 선택지가 존재한다는 당혹스럽고도 어질어질한 느낌을 경험했다. 이주자들은 어느 곳에 잠깐 머물다가 떠났고, 다시 다른 곳에 잠깐 머물다가 떠났는데, 각각의 장소에서 다른 선택지를 상상했기 때문이다. 호모 에렉투스처럼 미래가 없는 종과 달리 이들은 도구와 무기에서도 새로운 잠재력을 보았다. 아프리카 탈출 이전의 100만 년 동안 기술적 정체 상태가 이어졌지만, 그다음 2만 년 동안에는 엄청난 개선이 일어났다. 차별화되지 않았던 기본적인 석기가 칼날과 조각 도구, 화살, 창끝, 낚싯바늘, 구멍 뚫는 장비 같은 전문화된 도구들로 발전했다. 이 시기에 사람들은 점토에 열을 가해 딱딱하게 만드는 방법도 알아냈다. 아프리카 탈출 이후 2만 년 동안 일어난 그 밖의 기술 발전에는 밧줄, 석유램프, 귀 달린 바늘도 포함되었다.[23]

한 장의 그림(〈그림 8-2〉 참고)이 천 마디 말보다 나을 수 있다. 일곱 살 아이와 체스를 두는 침팬지는 어쩔 줄 몰라 한다. 침팬지가 이 소녀에게 이길 확률은 모리셔스섬에서 도도가 네덜란드인의 총에 맞서 이길 확률과 비슷하다. 일곱 살 아이의 '미래 지수'는 어떤 침팬지보다 몇 광년이나 앞서 있다. 미리 먼 미래까지 계획을 세우고, 이 계획을 동료들과 공유하고, 함께 힘을 합쳐 계획을 실

〈그림 8-2〉 도저히 꺾을 수 없는 상대: 정교한 미래 개념이 없는 침팬지는 체스 게임에서 일곱 살 아이를 이길 가능성이 전혀 없다. 인류의 미래 지향성은 큰 성공을 거둔 열쇠로, 우리를 멸종에서 구원하고 인구 폭발을 가져왔다.

행에 옮기는 능력을 습득한 종은 나머지 모든 종들보다 되돌릴 수 없는 우위에 서게 되었다. 개별적으로는 호랑이나 뱀, 거미가 사람을 죽일 수 있지만, 종 전체를 놓고 본다면 호랑이나 비단뱀, 검은 과부거미는 호모 사피엔스와 상대가 되지 않는다.

미래는 인류의 특별한 CCCP이다. 일단 그 가치를 알고 나자, 다시는 뒤로 돌아갈 수 없었다. 그것은 문화적, 유전적 전달을 통해 고정되었다. 미래는 우리의 DNA에 새겨졌다고 자신 있게 말할 수 있는데, 미래는 인간 발달의 보편적 경로를 따라 나타나기 때문이다. 갓난아기와 걸음마를 배우는 아이는 다른 동물들과 마찬가지로 지금 이곳에서 살아간다. 어떤 것도 이들의 눈을 실제로 존재하는 것들로부터 다른 곳으로 돌리게 할 수 없다. 그러다가 4~5세 무렵이 되면 아이들은 영장류의 조건에서 벗어나기 시작한다. 그 이후로는 마치 개체 발생이 계통 발생을 반복하는 것처럼 간극이 점점 더 벌어진다. 그다음 1년 혹은 2년이 지나는 사이에 아이들은 가까운 미래와 먼 미래를 구별하고, 곧 계획과 선택지와 다른 곳으로 떠나고 싶은 충동이 존재하는 세계를 알게 된다.

우리 자신의 안전망이 우리를 따라잡자, 인류는 반드시 이로운 것만은 아닌 온갖 종류의 새로운 것을 시도하면서 무수히 많은 방향으로 도약할 수 있었다. 하지만 인구학적 적합도에 중요한 것은 생존 외에 다른 것도 있는데, 그것은 바로 번식이다. 미래의 발명이 번식과 무슨 관계가 있을까? 미래의 잠재력 개념은 분명히 유성 생식에 필요한 것은 아니다. 사람 이외의 동물은 기회가 닿는

대로 교미를 통해 번식한다. 사람의 번식에서 미래가 중요한 이유는 2차 만성성의 큰 손실을 보상해주기 때문이다. 인류가 자연의 다른 곳에서는 보기 드물고 자신의 성공에 필수적이었던 혁신인 부성父性을 발전시킨 이유는 바로 미래 때문이다.

종의 생존 가능성을 높이는 부성

자연 선택의 관점에서 볼 때, 성교는 번식에 도움이 되는 한 정당화된다. 하지만 사람은 그 밖의 여러 가지 이유로도 성교를 한다. 인류의 성생활이 자연과의 결별을 보여주는 전형적인 예로 거론되는 이유는 이 때문이다. 재레드 다이아몬드는 이것을 『섹스의 진화Why Is Sex Fun』에서 다음과 같이 표현했다. "만약 당신의 개가 당신과 같은 뇌를 갖고 있고 말을 할 수 있다면, 그리고 만약 당신이 개에게 당신의 성생활을 어떻게 생각하느냐고 묻는다면, 그 대답에 깜짝 놀랄지도 모르겠다. 개는 다음과 비슷하게 대답할 것이다. '저 역겨운 인간들은 시도 때도 없이 교미를 해! 바버라는 (생리 직후처럼) 자신이 임신할 수 없다는 사실을 알면서도 교미를 하자고 보채. ……바버라와 존은 바버라가 이미 임신을 했는데도 계속 교미를 해! ……존의 부모가 가끔 찾아오는데, 나는 이들도 교미를 하는 소리를 들어. 존의 어머니는 이미 몇 년 전에 폐경기를 지났는데 말이야. ……이 무슨 낭비란 말인가!'"[24]

이 무슨 실수란 말인가! 다이아몬드는 개를 빅토리아 시대에나 어울릴 법한 고상한 척하는 태도를 지닌 것으로 묘사했지만, 사실은 개는 늘 방탕한 반면, 사람은 때로는 방탕하지 않다. 이 문제에서 우리가 보이는 독특한 태도는 성교에는 결과가 따른다는 발견에서 유래한다. 구체적으로는 우리가 성교가 임신으로 이어지고, 임신은 출산으로 이어진다는 사실을 유일하게 아는 동물인 이유는 우리가 그만큼 미래를 정교하게 이해하기 때문이다. 개의 성생활—그리고 사실 모든 동물과 식물의 성생활—은 지금 이곳에 한정돼 있다. 사람 이외의 종은 새끼가 교미의 산물이라는 사실을 모른다. 그들에겐 교미의 산물도 없고, 따라서 목적도 없다. 그냥 그러도록 프로그래밍되어 있기 때문에 그렇게 행동할 뿐이다. 만약 바버라와 존의 개에게 발언권을 더 주어 "교미는 왜 하지?"라고 묻는다면, "새끼를 갖기 위해서."가 아니라 "재미있기 때문에." 라고 답할 것이다.

다른 동물의 교미에는 미래가 전혀 없기 때문에, 출산은 부계의 유산과 단절된다. 그 결과 자연에서 나타나는 부성은 대개 생물학적 수준에 그친다. 수컷은 교미를 하고는 다른 데로 가버리고, 자신이 한 일의 결과는 까마득히 잊어버린다. 물론 예외적인 '페미니스트'들이 있긴 하다. 자연에서 올해의 아버지상은 수컷 다약과일박쥐*Dyacopterus spadiceus*에게 돌아가는데, 수컷이 직접 새끼에게 젖을 먹인다. 비단마모셋*Callithrix jacchus*도 새끼를 애지중지하는 아비로는 누구 못지않다. 수컷 비단마모셋은 새끼를 품고 다니고 털 고르기를 해주고 먹이를 먹이는 일까지 도맡음으로써, 출생체중이 어미의 4분의 1이나 되는 쌍둥이를 낳은 후에 기진맥진하여 회복할 시간이 필요한 어미의 부담을 덜어준다.[25] 하지만 자연에서 아비의 양육은 극히 드물기 때문에 수컷 줄무늬몽구스*Mungos mungo*의 적극적인 양육 행동은《네이처》에 논문으로 실리는 영광을 얻었다.[26] 생물학적 아비가 공급자이자 보호자로서 제 역할을 하는 것은 전체 포유류 종 중 9~10%밖에 안 된다.[27]

과일박쥐와 마모셋, 몽구스는 모든 수컷의 롤 모델처럼 보일지 모른다. 자신의 씨에 더 많이 투자할수록 새끼가 살아남아 자신의 혈통을 계속 확산시킬 확률이 높아진다. 하지만 자연 선택은 적극적인 부성을 발휘하도록 수컷을 프로그래밍하는 경우가 드물다. 그토록 명백히 유익한 적응이 어떻게 누락될 수 있을까? 신다윈주의는 경제적 설명을 내놓는다. 암컷 포유류는 교미 이후에는 그 결과를 오롯이 짊어지는 수밖에 선택의 여지가 없다. 이에 반해 수컷은 선택의 폭이 넓다. 자식이 자립할 때까지 잘 돌보든가, 아니면 많은 암컷을 임신시키고 그 결과에는 책임을 지지 않을 수 있다. 선택주의자는 두 번째 전략이 더 합리적이라고 주장한다. 집에 계속 머무는 수컷은 오랫동안 금욕 생활을 감수해야 하는데, 짝이 수유를 하는 동안은 배란을 하지 않기 때문이다. 최적화 패러다임은 바람을 피우라고 권한다.

이 설명은 합리적인 것처럼 들리지만, 선택주의자의 논리에 흔히 일어나는 일처럼 검증할 방법이 없다. 다만, 우리는 다른 동물들의 부성 결여가 선택된 것이건 아니건, 자연의 무책임한 바람둥이를 비난할 수 없는데, 이들은 특정 자식에게 책임을 느껴야 한다는 인지 능력이 없기 때문이다. 새끼가 태어날 무렵에는 짝짓기 행위는 먼 과거의 일이 되고 만다. 우리는 수컷 개가 자신의 새끼를 소중하게 여기리라고 생각하고 싶지만 그렇지 않을 가능성이 높은데, 집에서 기르는 개의 임신 기간이 약 60일이나 되기 때문이다. 사람 이외의 동물은 두 달 간격으로 일어난 사건들을 연결할 능력이 없다. 교미와 새끼는 밀과 빵만큼 다르다. 오직 사람만이 두 사건을 연결 지을 수 있다. 심지어 부모의 투자 수준이 예외적으로 높은 수컷 영장류도 침팬지의 임신 기간인 243일을 사이에 두고 벌어진 사건들을 인과적으로 연결하는 데 필요한 인지 도구가 없다.[28] 어떻게 자기 자식을 알아보지 못할 수 있을까 하고 의아하게 생각하는 사람이 있다면, 심지어 사람 중에도 부성 감각이 없는 사람이 있다는 사실을 생각해보라. 폴란드 출신의 영국 인류학자 브로니스와프 말리노프스키Bronisław Malinowski는 1929년에 남태평양의 트로브리안드 제도 사람들은 성교와 임신을 연결 짓지 못한다고 보고했다.[29] 아네트 와이너Annette Weiner에 따르면, 트로브리안드 제도 사람들이 1980년대까지 성교와 아이 사이의 연결 관계를 계속 무시했다고 한다.[30]

하지만 거의 모든 사람들은 임신에서 부성으로의 비약이 손쉽게 일어난다. 먼 미래의 새로운 필요와 기회를 마음속으로 상상하고 계획을 세우는 능력 덕분에 아버지는 태어날 아기를 맞이할 준비를 할 수 있다. 더 중요한 것은 시간 속에서 여행을 할 수 있는 남성은 자신의 씨에 현명하게 투자하고, 자식이 스스로를 돌볼 수 있을 때까지 자식을 보살필 가능성이 더 높다는 사실이다. "내일 보자."라고 말할 수 있는 남성은 투자에 대한 잠재적 수익을 계산할 능력도 있다. 충분히 많은 아이의 아버지가 되어 그들을 잘 기르는 것은 노년을 위한 보험이다. 허리가 구부정해지고 발이 아플 때, 아들과 딸이 그를 먹여 살릴 것이다. 아이를 키우는 것은 힘든 일이다. 미래를 상상할 능력이 있는 자만이 오늘 자식에게 투자하면서 자신의 만족을 다년간 미룰 수 있다.

부성(단지 수정뿐만 아니라 부모의 양육까지 포함한)은 인류의 생존 가능성을 높인다. 부성은 비대해진 뇌에 드는 비용을 상쇄하는 데 도움을 준다. 만약 남성 조상들이 자식을 돌보지 않았더라면, 우리 종의 인구 폭발은 결코 일어나지 않았을 수도 있다. 그리고 우리의 심적 시간 여행 능력이 없었더라면 자식을 돌보는 행동은 결코 나타나지 않았을 것이다. 조부모도 같은 방식으로 도움을 준다. 고인류학자 레이철 캐스퍼리Rachel Caspari는 호모 사피엔스와 호모 네안데르탈렌시스가 공존한 기간에 사람 개체군에서 연장자(30세 이상)의 수는 네안데르탈인 시대보다 5배 더 높았다고 추정한다. 할머니 가설은 수명 연장 덕분에 연장자, 특히 여성 연장자가 생식 연령의 딸과 그 자식에게 투자를 할 수 있었다고 상정한다.[31] 기대수명 연장에 미래가 기여하는 역할은 명백하다.

현재 상태의 대안을 상상하는 능력은 다른 해결책들도 내놓았다. 예를 들면, 여러 문명은 각자 독자적으로 아기 운반 도구를 발명했는데, 이 덕분에 양 손이 해방됨으로써 어머니는 일을 하는 동

〈그림 8-3〉 미래의 동력이 제공한 해결책: 현재의 조건에 대한 대안을 상상하는 능력은 현제의 문제에 대한 해결책을 제공한다. 예를 들면, 전 세계 각지의 문명들은 무력한 아기 때문에 겪어야 하는 불편에 대해 동일한 해결책을 발견했다. 아기 운반 도구 덕분에 부모는 양 손이 해방되어 자신과 아기를 보호하는 동시에 일을 할 수 있게 되었다.

시에 아기를 보호할 수 있었다(〈그림 8-3〉 참고). 제7장에서 다룰 현생 인류의 특징인 분업 덕분에 부모는 자식을 육아와 교육 전문가에게 맡길 수 있게 되었다. 이것은 현재에 매여 살아가면서 기껏해야 초보적 수준의 분업(예컨대 사냥꾼 대 보호자)에 만족해야 하는 동물보다 우위에 설 수 있는 또 하나의 이점으로, 자신뿐만 아니라 자식의 삶에 필요한 것을 더 많이 공급할 수 있게 해주었다. 부모와 조부모의 보살핌과 함께 미래가 가져다준 이 발명들 덕분에 인류는 살아남았을 뿐만 아니라, 지구와 환경 용량으로 우리와 비슷한 크기와 식욕을 가진 생물을 부양할 수 있는 것보다 수천 배나 많이 불어날 수 있었다.

이것은 선사 시대의 묘책이었다. 2차 만성성 때문에 사람속 개체들이 대량으로 죽어갔다. 하지만 전체 계통이 대량으로 죽어나간 뒤에 우리의 무력함은 번성을 위한 원재료가 되었다. 어떤 아이가 자기 자식인지 알고 자신을 미래로 투사할 수 있는 능력을 가진 어른은 이 원재료로 놀라운 것을 만들었다. 놀라운 것이란, 온갖 불리한 조건에도 불구하고 자신의 생존을 보장할 복잡한 방법들을 배울 능력이 있는 다음 세대였다. 자신의 뇌 중 25%를 갖고 태어나는 동물은 그것만이 자신의 소유이고, 나머지 75%를 만들 권리는 부모에게 있었다. 시인 사울 체르니홉스키Shaul Tchernichovsky는 "인간은 자기가 태어난 땅의 이미지이다/어릴 때 자신의 귀에 흡수된 것과/보는 것에 질리기 전에 눈에 기록된 것이다."라고 읊었다.[32] 사람을 만드는 과정에서 유전의 역할을 깎아내린 것은 틀렸지만, 환경의 영향을 강조한 것은 옳았다.

이렇게 높은 수준의 환경 효과는 인간의 전유물인데, 미래 지향적인 문화 세계의 독특함을 반영하고 있다. 다른 생물은 유전자가 압도적인 효과를 발휘하는 산물인 반면, 우리 각자는 선천적인 것과 후천적인 것의 혼합으로 이루어진 독특한 산물이다. 캘리밴Caliban(『템페스트Tempest』에서 프로스페로Prospero가 "악마, 타고난 악마, 그의 본성에/ 양육이 씨도 안 먹히는 놈. 내가 그토록 온갖 공을/ 자비롭게 들였건만, 전부 다, 전부 다, 물거품이 되었구나."라고 묘사한) 같은 픽션 속 인물만이 환경 효과에 영향을 받지 않을 수 있다.[33] 굴드는 2차 만성성이 사람의 진화에서 차지하는 중심적 역할을 이론화한 논문 「사람의 진짜 아버지로서의 아이The Child as Man's Real Father」[34]에서 알렉산더 포프Alexander Pope의 『인간론An Essay on Man』(1733)에 나오는 구절로 마무리를 짓는다.

> 따라서 짐승과 새는 공동의 책임을 다하니,
> 어미는 보살피고, 아비는 보호한다;
> 새끼를 땅이나 공중을 배회하도록 떠나보내면,
> 거기서 본능이 멈추고, 보살핌도 끝난다;
> 연결은 끊어지고, 각자 새로운 포옹을 찾는다,
> 또 다른 사랑이 이어지고, 또 다른 경주가 이어진다.
> 인간의 무력한 자식에게는 더 긴 보살핌이 필요하다;
> 더 긴 보살핌은 더 영속적인 무리를 보장한다.[35]

인류가 인구 증가에 큰 성공을 거둔 것은 우리의 적응에서 비롯된 것이 아니라, 살기 좋은 미래를 만드는 데 도움을 주면 우리 각자가 혜택을 받는다는 인식에서 비롯되었다. 물론 이 인식이 생물학적 계들에서 창발한 의식의 결과인 것은 사실이다. 하지만 자연 선택이 제공하는 더 튼튼한 생활 능력에도 불구하고, 우리의 사촌들은 동일한 생물학적 계들의 혜택을 누리지 못했다. 한편, 이러한 계들이 없는 상태가 영장류 친척들이나 지구상의 어떤 동물에게 장애가 된 것은 아니다. 우리 인간이 살아남은 것은 순전히 운 때문이다. 우리는 운 좋게도 생물학적으로 평범했지만 변덕으로 아프리카를 떠난 남녀 200명의 후손이기 때문에 이렇게 큰 성공을 거두었다. 그들은 내일이 오늘과 다를 수도 있다고 생각했다. 그들 덕분에 우리는 심각한 약점을 충분히 상쇄하고도 남을 만큼 많은 것을 가지게 되었다. 우리에게는 미래를 바탕으로 만든 안전망이 있으며, 이 안전망은 다른 동물에 비해 우리의 삶을 쉽게 해준다—비록 대다수 동물 역시 상당히 관대한 환경에서 살아가지만.

더 쉽긴 하지만, 경쟁이 덜한 것은 아니다. 내 논증에서 세 번째이자 마지막 부분이 다루는 주제는 바로 이것이다. 지구에 살고 있는 많은 생물과 마찬가지로 우리는 풍부하게 존재한다. 하지만 우리가 "저 밖의 세계는 정글이다."라고 말할 때, 이 말은 사회가 야생 자연처럼 오직 적자만이 살아남는 이전투구의 세계라는 뜻을 담고 있다.

이것은 사회의 역설이다. 우리는 자원과 지원의 집단 공급으로부터, 기본적인 필요를 손쉽게 충족시키도록 보장하는 노동과 공동체의 구조로부터 매 순간 혜택을 얻는다. 하지만 우리는 삶이 그것에 달려 있다는 듯이 치열하게 경쟁한다. 제9장과 제10장에서는 그 이유를 설명하는 방법을 살펴볼 것이다. 왜냐하면, 만약 이 경쟁이 자연이 정한 것이라면, 분명히 다른 원천이 있을 것이기 때문이다.

제9장

인류의 안전망

Humanity's Safety Net

모든 동물 중에서 인간만이 "이 상상력의 특권을 갖고 있으며, 이 불규칙한 마음은 그가 원하는 대로 존재하는 것과 존재하지 않는 것, 옳은 것과 그른 것을 나타낸다. 이것은 값비싼 대가를 치르고 얻은 이점이지만, 자랑스러워해야 할 이유가 전혀 없는데, 바로 여기서 죄와 질병, 우유부단, 고통, 절망을 비롯해 그를 괴롭히는 모든 악이 분수처럼 솟아나기 때문이다."[1]

뇌의 능력으로부터 우리의 구원자와 천벌이 나온다. 사실, 이것들은 특별한 한 가지 능력에서 나오는데, 그것이 바로 상상력이다. 정신적 시간 여행을 할 수 있는 이 능력은 인류를 멸종으로부터 구했고, 인구 폭발을 가능케 했다. 이것은 또한 오늘날 인류의 안전망을 만든 원천이라고 나는 주장한다. 이 안전망은 파괴할 수 없는 동시에 파괴적이기도 하여 우리를 순화馴化 상태와 유아 상태에 영원히 머물게 한다. 끊임없이 개선되는 이 안전망 덕분에 우리는 삶과 계통을 보존하기 위해 애써 노력할 필요가 거의 없다. 따라서 우리는 과잉—권투 챔피언(이 글을 쓰고 있는 지금 「월드 복싱 뉴스World Boxing News」에 따르면 남성 체급에만 70명)에서부터 자동차 종류(셀 수 없이 많다)에 이르기까지, 흰색 페인트의 농담濃淡에서부터 다윈주의의 적합도 관점에서 보면 불필요한 산물인 개인적 자아에 이르기까지—을 엄청나게 많이 만들어낼 자유가 있다.

하지만 깊이 생각해보면, '자유'는 적절한 단어가 아니다. 우리가 맞닥뜨리는 것은 실제로는 정반대이다. 즉, 자유가 아니라 강요이다. 사람의 낭비적인 신피질은 필요 이상의 능력을 갖고 있으면서도 제대로 쓰이지 않는다. 우리 각자는 남는 시간에 뭔가 하고 싶어 하는 신피질을 충족시켜야 하는데, 신피질은 시간이 아주 넉넉하기 때문이다. 사회의 분업이 아주 정교하게 전문화되어 대다수 사람들은 매일 몇 시간 동안 한 가지 일만 하며 보내도 되고, 다른 곳에 한눈을 팔 방법을 찾아야 한다.

우리는 정말로 그토록 따분한가? 그렇다. 이것을 햄릿 증후군이라고 불러도 좋다. 햄릿은 문학에서 가장 유명한 캐릭터인데, 그렇게 된 일부 이유는 독자들이 셰익스피어의 작품에 나오는 이 덴마크 왕자에게서 자신의 모습을 쉽게 발견할 수 있다는 사실에 있다. 햄릿이 살아가면서 겪는 특정 고통들은 우리가 겪는 고통들과 같지 않을 수 있지만, 그의 뇌는 우리의 뇌와 같다. 햄릿의 뇌는 프리즘과 같고, 우리 뇌 역시 마찬가지인데, 한 가지 자극을 많은 반응으로, 한 가지 생각을 끝없이 많은 뒷생각으로, 한 가지 목표를 많은 선택으로 굴절시킨다. "단어, 단어, 단어"는 행동, 행동, 행동을 유발한다[2](폴로니어스가 "왕자님, 무엇을 읽고 있습니까?"라고 묻자, 햄릿은 "단어, 단어, 단어Words, words, words."라고 대답한다—옮긴이).

햄릿의 의무는 아버지가 당한 "추악하고 천륜에 극히 어긋나는 살인"에 대해 복수하는 것이다.[3] 햄릿은 오로지 복수에만 전념하겠다고 맹세하지만, 임무를 완수하기 전에 많은 일을 한다. 그는 미치광이처럼 행세하고, 약혼녀 오필리아를 적대시하고, 극단을 조직해 왕과 왕비 앞에서 상징적인 연극을 보여주고, 어머니에게 고통을 주고, 오필리아의 아버지인 폴로니어스를 죽인다(〈그림 9-1〉 참고). 각각의 행동은 기억할 만한 재주이지만, 어느 것도 그의 임무 수행에 도움이 되지 않는다. 비록 햄릿은 자신의 일탈 행위에 대해 늘 변명할 말이 있지만 말이다. 마침내 아버지의 원수를 죽일 때에는 햄릿은 거의 우연에 가깝게 그 일을 한다.

햄릿의 우유부단은 일종의 정신적 거품을 만들어낸다. 원래의 입력은 햄릿이 다중의 의미와 성격, 감정, 가능성을 붙들고 씨름하는 사이에 수많은 결과를 양산한다. 사람 이외의 동물은 이러한 사치와 저주를 경험하지 못한다. 그저 주어진 상황에서 본능에 따라 행동할 뿐이다. 설사 그 행동이 생존이나 생식 또는 죽음을 초래하더라도 말이다. 다른 동물은 선택을 놓고 고민할 필요가 없다.

따라서 어디서나 볼 수 있듯이, 사회에서는 자연에서보다 과

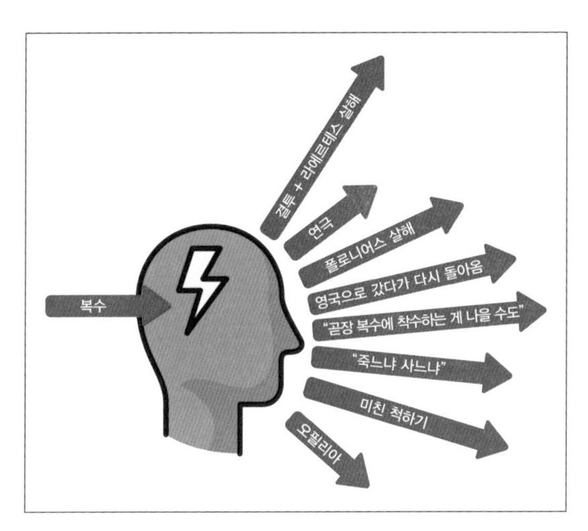

〈그림 9-1〉 햄릿 증후군: 한 가지 자극이 많은 반응과 뒷생각과 선택과 행동을 촉발한다. 이것은 일반 비대칭 이론이 예측한 대로, 인간의 행동에서 과잉을 향한 편향이 강하게 나타난다는 것을 보여주는 교과서적 사례이다.

잉을 억누르려는 선택의 작용이 훨씬 약하다. 만찬회에서 손님들이 먹어치울 수 있는 것보다 훨씬 많은 음식이 나왔다고 해서 뭐라고 하는 사람은 아무도 없다. 하지만 음식이 아주 조금이라도 부족하다면, 모두 아쉬움을 금치 못한다. 오직 필요한 앱만 깔린 스마트폰은 잘 팔리지 않을 것이다. 그리고 모든 것을 다 할 수 있는 스마트폰을 사고 나면, 그것을 보호하기 위해 수백 가지 케이스 중에서 하나를 선택한다. 우리는 왜 그토록 많은 것을 가지려고 할까? 그것은 바로 미래 때문이다. 우리는 어떻게 지구의 다른 낭비적인 동료들보다 훨씬 과도한 과잉을 누리면서 살아갈 수 있을까? 그 답은 미래에 있다. 미래는 한때 우리를 멸종으로부터 보호해주었고, 지금은 피할 수 없는 과잉 속에서 살아가게 해주며, 과잉 때문에 치러야 할 대가로부터 우리를 보호해준다.

이 이중의 작용—과잉을 만들어내고 우리를 그것으로부터 구해주는—은 긴밀하게 얽힌 세 가지 과정의 결과이다. 그 세 가지 과정은 협력과 위임과 전문화이다. 제8장에서 우리는 이 3자 연합의 기초적 사례인 부성이 자신을 미래로 투사하고 현실의 대안을 상상하는 능력으로부터 나온다는 것을 보았다. 하지만 분업은 사회 구석구석으로 확장된다. 미래가 가능케 한 이 구조의 모순적 영향은 사실상 모든 문제에서 사람들을 의존적으로 만들면서 일상생활을 촉진하는 것으로 나타난다.

이러한 의존성의 결과로 우리의 기본적인 회백질세포(자율 과정을 책임진 뇌세포로, 다른 종들과 함께 공유하는)는 흔들리지 않고 제 할 일을 하는 반면, 생존 경쟁에서 승리를 가져다준 최고의 회백질세포는 마땅히 할 일이 없어서 힘들어한다. 이 세포들은 새로운 필요를 만들어냄으로써 이에 대처하는데, 새로운 필요는 새로운 전문화를 요구한다. 즉, 새로운 목적이 새로운 수단이 된다. 이러한 전문화는 추가적인 분업을 촉진하는데, 이것은 안전망을 튼튼하게 하는 데 도움이 되고, 이것은 다시 구성원의 의존성을 증가시킨다. 이렇게 새로운 수단이 새로운 목적이 된다. 이것은 위임의 선순환과 악순환이다. 끝없이 솟아오르면서 나선을 그리는 피드백 고리를 이루면서 수단이 목적이 되고, 목적이 다시 수단이 된다. 사람은 모든 종 중에서 유일하게 수단 자체를 위한 수단을 현실화하는 종이다. "살기 위해서 먹는 게 아니라, 먹기 위해서 산다."라는 반농담조의 말이 나오는 것도 이 때문이다.

과잉은 특권층의 어려움에 불과하고, 많은 사람들, 특히 개발도상국의 많은 사람들은 결핍 때문에 고통 받는다고 말하고 싶은 독자가 있을지 모르겠다. 사실, 오늘날 선진국이라 부르는 나라들도 얼마 전까지만 해도 사회 전반에 결핍이 광범위하게 퍼져 있었고, 지금도 전체 인구 중 상당수는 결핍 때문에 고통 받고 있다. 하지만 과잉은 가난한 사회들을 포함해 도처에 널려 있는데, 모든 사회에서 비만이 유행병처럼 번지고 있다.[4] 노벨상을 수상한 경제학자 로버트 포겔Robert Fogel이 『빈곤과 조기 사망으로부터의 탈출, 1700-2100The Escape from Hunger and Premature Death, 1700-2100』에서 보여주었듯이, 이 기간에 전체 인구 집단보다 하류층이 얻은 이익이 훨씬 컸다.[5] 생존 경쟁에서 승리를 향한 추세는 한 방향으로만 나아가며 불가역적이다.

내가 기술하는 안전망은 전체 인간 가족에게는 충분히 튼튼하지만, 이것을 모든 구성원에게 확대하려는 노력은 고통을 이전투구 사회의 경쟁에서 패배한 것과 동일시하는 신다윈주의-신자유주의 복합체 때문에 여러 측면에서 방해를 받는다. 사실, 경쟁에서 진 사람에게 벌을 주는 것은 자연 법칙이 아니라 사회가 강요하는 것이다. 하지만 이 문제는 제10장에 가서 자세히 다루기로 하자. 여기서는 인류의 안전망에 집중하기로 하자.

살기 편한 삶

사람은 위임하는 동물이다

살기가 편한 한 가지 이유는 사람은 혼자서 걸어가지 않기 때문이다. 우리 삶에서 거의 모든 것은 다른 사람들의 노력에서 나온 산물이다. 우리는 한 대리인은 사냥을 하라고 보내고, 다른 대리인은 채집을 하라고 보낸다. 세 번째 사람은 동굴에 머물면서 끌로 조각을 하고, 네 번째 사람은 주술을 하고, 다섯 번째 사람은 다음 세대를 가르치는 일을 한다. 여섯 번째 사람은 밀입국한 불법 체류자인데, 사냥꾼과 채집인, 조각가, 주술사의 아이들이 다니는 학교에서 청소 일을 한다.

사람들은 또한 우리가 만든 것들에서 큰 혜택을 받으며 살아간다. 인체는 정교한 항온 유지 메커니즘이 있지만, 옷과 주거지, 담요, 난방기, 에어컨 등으로 추가 보호를 받는다. 심지어 잠조차 한 도구에 경계 임무를 위임함으로써 도움을 받는데, 그 도구는 다름아닌 가축화된 개이다. 보초를 서고 위험을 알리는 것이 개의 첫 번째 기능 중 하나였을 가능성이 높다.[6] 최고의 친구를 보초로 세우자, 이제 우리는 한 눈을 뜬 채 잠잘 필요가 없어졌다. 렘수면 주기에서 깨어날 때마다 우리는 악몽과 달콤한 꿈을 꾸게 해준 개에게 고마워해야 한다. 그리고 정신분석가들은 "개가 없었더라면 프로이트도 없었을 것이다."라고 말해야 한다.

우리의 주요 필요는 모두 위임을 통해 충족된다. 원한다면 문명의 이기를 사용하지 않고 농사와 사냥, 채집에 의존해 힘들게 살아가는 방식을 선택할 수 있겠지만, 우리의 대사 노력은 결코 힘들어야 할 이유가 없다. 대개는 적절한 슈퍼마켓을 선택하는 것만으로 해결된다. 물 공급은 가장 가까운 천연 수원지를 방문하는 대신에 상수도에 연결된 수돗물을 사용하는 것이 훨씬 효율적이다. 주거? DIY 전문가조차 철물점에 가서 필요한 재료와 도구를 구입한다. 안전? 국가는 안전을 제공할 뿐만 아니라, 우리가 직접 자기 손으로 법을 집행하려는 시도를 금한다. 운송? 자동차, 열차, 비행기, 배, 우주선이 우리를 모든 곳으로 데려다준다. 심지어 우리는 날씨마저도 우리의 목적을 위해 이용하는데, 태양 전지와 풍력 터빈을 사용해 날씨로부터 에너지를 얻는다. 마크 트웨인Mark Twain이 말한 것으로 전해지는 "모두가 날씨에 대해 이야기하지만, 날씨에 대해 뭔가를 하는 사람은 아무도 없다."라는 말은 더 이상 사실이 아니다. 왜냐하면, 이제 우리는 '불임' 구름에 드라이아이스 같은 화학물질을 뿌려 비를 내리게 할 수 있기 때문이다.[7] 바람과 태양, 로봇, 채무 추심원, 플라스틱을 먹어치우는 지렁이, 총탄, 사전, 누드생쥐, 돌망치, 통신 위성 등 이 모든 것은 우리 뇌가 연장된 것으로, 갈 수 있는 우주의 모든 구석으로 오로지 우리를 위해 파견한 인공 팔다리이다.

오늘날의 세계에서 우리가 일을 위임한 대리인의 수는 그 서비스의 수요를 훨씬 능가한다. 우리 배가 꼬르륵거릴 때마다 수십 곳의 공급업체가 비타민과 단백질과 항산화제로 배를 채울 기회를 달라고 간청한다. 몸무게가 1kg 늘 때마다 신속한 체중 감량을 약속하는 10가지 다이어트 비법과 100가지 제품이 나타난다. 변기가 막힐 때마다 배관공을 부르지 않고도 문제를 해결해줄 10가지 뚫어뻥과 10가지 용매가 있다.

이러한 위임의 만연은 자연의 결과와는 전혀 다른 결과인 극단적인 전문화를 가능케 한다. 물론 자연에서도 분업이 일부 일어난다—수컷과 암컷, 그리고 부모와 자식 사이에. 개미와 벌은 분명히 구별되는 다섯 가지 계급이 있다. 하지만 대다수 생물에게 생존 게임의 이름은 다재다능이다. 거의 모든 생물은 여러분과 나와 비교하면 르네상스적 생물이라고 부를 수 있다. 미생물에서 기린에 이르기까지 다른 종들은 생존이 요구하는 거의 모든 과제를 독자적으로 책임지고 해결한다. 이와는 대조적으로 사람들 사이에서는 심지어 싸우느냐 도망치느냐도 은유에 불과하다. 우리는 기본적인 필요가 너무나도 잘 충족되기 때문에, 스포츠나 선거, 뉴스, 리얼리티 TV, 그 밖의 갈등과 긴장의 원천 등 대용물을 통해 스릴을 얻는다. 이렇게 거의 모든 과제를 면제받는 우리는 한 가지 일에 숙달할 수 있다(혹은 아무것에 숙달하지 않아도 된다). 나머지 시간은 가축화된 동물처럼 복지 인류 사회에 의지해 살아간다.

유아화와 가축화

야생 자연에서 살아가는 생물은 어른과 같아 스스로 돌보며 살아갈 수 있다. 농장에서 (주인과 함께) 살아가는 생물은 아이와 같다. 이들은 남에게 의지해 살아간다. 월리스는 가축의 유아화를 간파했지만, 그의 글은 자신과 인간 사회에서 살아간 나머지 모든 사람에 대해 쓴 것일지도 모른다.

> 야생 동물과 가축의 본질적인 차이점은 이것이다. 야생 동물은 자신의 안녕과 존재 자체가 모든 감각과 신체적 힘의 완전한 사용과 건강한 조건에 달려 있는 반면, 가축은 그러한 것들을 일부만 사용하며, 어떤 경우에는 전혀 사용하지 않는다. 야생 동물은 먹을 것을 한 입 구할 때마다 그것을 열심히 찾아야 하는데, 먹이를 구하고, 위험을 피하고, 계절의 궂은 날씨를 피할 거처를 마련하고, 자식에게 먹을 것과 보호를 제공하느라 시각과 청각과 후각을 최대한 사용해야 한다. ……반면에 가축은 먹이와 거처를 제공받고, 흔히 갇힌 곳에서 지내면서도 계절의 변천으로부터 보호받으며, 천적의 공격으로부터 세심하게 보호받고, 심지어 사람의 지원 없이 새끼를 키우는 경우도 드물다. 가축의 감각과 기능 중 절반은 거의 쓸모가 없다. 그리고 나머지 절반은 가끔 조금만 사용하는 데 그치고, 심지어 근육계조차도 불규칙적으로 사용한다.[8]

아기의 무력함은 2차 만성성과 느린 성숙으로 설명할 수 있지만, 그 부모가 지구에서 가장 의존적인 어른인 이유는 이것으로 설명되지 않는다. 더 적절한 생물학적 용어는 유형 성숙幼形成熟인데, 이에 해당하는 영어 단어 neoteny는 그리스어로 '어린'을 뜻하는

'neos'와 '연장'을 뜻하는 'teínein'에서 유래했다. 유형 성숙은 어떤 생물의 생리학적 발달이 지연되거나 늦춰지는 것을 뜻한다. 굴드는 유형 성숙이 호모 사피엔스의 독특한 특징이라고 주장했다. "미키 [마우스]처럼 우리는 절대로 성장하지 않는다. 비록 애석하게도 늙기는 하지만."[9] 홀데인J. B. S. Haldane은 『진화의 원인Causes of Evolution』(1932)에서 다윈주의의 이단에 해당하는 학설을 설파하면서 유형 성숙의 정체를 진화의 한 가지 특징으로 고려하는 게 적절하다고 지적했다. 그는 "우리의 진화에서 마지막 단계의 본질적 특징은 새로운 형질의 습득이 아니라, 개인의 생활사에서 폭력으로부터 보호받는 시기에 발달한 배아와 유아 형질의 보존이었다."라고 썼다.[10]

굿 이너프 이론은 바로 이 사실, 즉 복지는 우연과 과잉 편향, 자연 도태의 체제하에서 진화한 산물의 한 가지 속성이기 때문에 표준이 되었다는 사실을 기반으로 한다. 하지만 뇌의 상상력은 너무나도 위대하여 인류는 다른 동물들보다 더 멀리 나아갈 수 있었다. 자연은 매우 관대하지만, 사회는 그보다 훨씬 더 관대하다. 사회는 지금까지 등장한 것 중 가장 관대한 복지 체계를 제공해 대대수 개인에게 생존에 필수적인 과제를 거의 다 면제시켜준다. 다른 생물의 관점에서 볼 때, 인간의 조건은 소풍이나 다름없다.

실직 상태에 빠진 신경세포

가축과 가축을 길들인 사람은 여유롭게 살아가는 동물들이지만, 자유 시간이 각자에게 미치는 영향은 서로 아주 다르다. 소와 돼지는 영원한 현재에 머물면서 살아가기 때문에, 도도의 전철을 밟으면서 살이 찌고 조심성이 없어진다. 사람은 미래 지향적이어서 자신의 게으른 회백질세포를 위해 도전 과제를 찾아야 한다.

뇌는 문제의 해결책을 제공해야 마땅하지만, 해결책은 따분함을 유발한다. 알렉산드로스 대왕은 고르디우스의 매듭을 칼로 잘라 문제를 해결했을지 몰라도, 그 매듭을 묶은 고르디우스Gordius야말로 그 문제를 만든 진짜 영웅이었다. 만약 뇌가 자신을 위해 새로운 도전 과제(이전 것보다 더 어려운 것일수록 좋다)를 만들지 않는다면, 우울증에 빠질 위험이 있다.

우리가 뇌의 능력 중 겨우 10%만 사용한다는 주장이 일리가 있다고 할 수 있는 이유가 여기에 있다. 속설처럼 퍼진 이 개념은 신경학적으로는 옳지 않다. 모든 신경세포가 동시에 신호를 발사하지는 않는다 하더라도, 쉬고 있는 뇌 지역은 전혀 없다.[11] 하지만 우리의 정신 능력이 제대로 발휘되지 않고 있다는 주장은 틀린 것이 아니다. 좀 더 구체적으로 말하면, 가장 발달된 신경세포들이 가장 적게 일한다. 우리가 비단뱀과 악어와 공유하는 파충류 뇌의 신경세포들은 혈압과 호흡, 침 분비, 음식 삼키기를 비롯해 그 밖의 무의식적 과정들을 조절하느라 늘 바쁘다. 모든 네발 동물의 투쟁 혹은 도주 반응을 담당하는 편도체의 신경세포 1200만 개 역시 결코 쉬는 법이 없다—비록 우리의 경우에는 받는 압력이 덜한 편이지만.[12] 신피질의 신경세포들은 일찍 퇴근한다. 이것들은 우리 조상에게 불을 다루게 하고, 아프리카를 떠나게 하고, 미래를 발명하게 한 신경세포들이다. 이 세포들은 자신의 전문 기술을 복지 인류 사회에 외주를 주고는 편안하게 지낸다.

이 엘리트 신경세포들은 여가 시간을 어떻게 보낼까? 이들은 문화를 만들어낸다. 안전망을 보강한다. 자신이 풀어야 할 문제를 만든다. 과잉 중 일부를 단지 교체하기 위해 매립지로 보내는 계획적 진부화는 따분함을 퇴치하기 위한 이 시시포스적 계획을 아주 잘 보여준다. 계획적 진부화 개념은 경제계에서 가장 직접적으로 사용되고 있다. 신제품 생산은 기존 제품의 교체를 주 목적으로 일어나는데, 소비자가 이미 구입한 제품에 만족하지 않도록 하기 위해서이다. 계획적 진부화 개념을 유행시킨 산업 디자이너 브룩스 스티븐스Brooks Stevens는 계획적 진부화를 "구매자에게 필요한 것보다 조금 더 새롭고 조금 더 낫고 조금 더 빠른 제품을 소유하고 싶은 욕구를 주입하는 것"이라고 정의한다.[13] 하지만 이 개념은 경계가 없다. 아이폰뿐만 아니라 인간 사회의 모든 범위를 지배한다. 모든 예술 운동은 그 뒤를 잇는 운동이 있고, 계절마다 새로운 팝뮤직이 히트를 친다. 전통을 옹호하는 사람들도 있지만, 새로운 것을 선호하는 사람들에 비해 수에서 밀린다. 낡은 것도 다시 새로운 것이 될 수 있지만, '복고풍'으로 재창조될 때에만 그럴 수 있다. 복고풍이란 명칭은 다른 것이 부활할 때까지 일시적으로만 적용되는 이름이다. 과학도 마찬가지로 계획적 진부화의 노예이다. 칼 포퍼Karl Popper의 에토스("증명은 할 수 없고 단지 반증만 할 수 있을 뿐이다.")는 모든 과학적 명제는 자기 파괴를 위해 만들어진다는 것을 뜻한다.

영원히 지속되는 것은 없다는 사실이 중요하다. 계획적 진부화는 기술 부문을 흥하게 하기 위한 음모에 불과한 게 아니고, 인류의 안전망이 지닌 필수적 특징이다. 그 중요성은 기대 수명이 높고(따라서 낭비할 시간이 더 많고) 생존을 위한 도전 과제가 특별히 적은 선진국에서 훨씬 크다. 계획적 진부화의 대안은 대량 실업(전체 인구 중 상당수가 할 일이 없는 상태)이다. 계획적 진부화는 단지 따분함 때문에 서로를 잡아먹을 듯이 싸울 상황에서 우리를 구해준다.

아리스토텔레스는 그러한 따분함에서 풍부한 가능성을 보았으며, 거기서 기초 과학의 기원을 발견했다. "사변은 삶의 거의 모든 필요가 이미 공급되었을 때 오락이나 취미로 시작되었다."[14] 고대 아테네 시민은 인류를 지원하고 유아화하는 복지 제도 형태를 아주 잘 압축해 보여주었다. 아테네에서 지식 탐구는 남성 자유 시민 3만여 명의 전유물이었다. 근심걱정 없는 남성들이 철학적 사색을 하는 호사를 누릴 수 있었던 것은 여성과 노예의 힘든 노동 덕분이었다.

인류에게 최선의 결과(과학, 기술, 예술, 문학, 스포츠)와 최악의 결과를 가져다준 것은 제대로 일하지 않는 신경세포들이다. 블레즈 파스칼Blaise Pascal은 "사람에게 열정도 할 일도 딴 생각도 공부할 것도 없이 완전한 휴식 상태에 있는 것만큼 견디기 어려운 것도 없다. 그다음에는 자신의 무가치함, 홀로 버려진 느낌, 불충분함, 의존성, 약함, 공허함을 느낀다. 그리고 곧 마음속 깊은 곳에서 피곤, 우울, 슬픔, 조바심, 짜증, 절망이 솟아오른다."라고 말했다.[15] 파스칼은 모든 인간 활동을 게으름의 해로운 효과로부터 주의를 딴 데로 돌리기 위한 것이라고 보았다. 만약 내 이론이 옳다면, 우리는 더 많은 주의를 딴 데로 돌리는 활동이 점점 더 많이 필요할 것이다. 좋은 소식은 이러한 필요를 충족시키고, 충족시켜야 할 새로운 필요를 만들어내는 것이 우리의 특기라는 점이다.

수단에서 목적으로,
목적에서 다시 수단으로

프로그래밍 언어 파스칼Pascal에 주의를 딴 데로 돌리는 것이 필요하다는 이론을 만든 사람의 이름이 붙은 것은 시적 정의正義라고 할 수 있다. 컴퓨터, 특히 인터넷이 발명된 이후의 컴퓨터는 주의를 딴 데로 돌리는 수단으로 역사상 가장 효율적인 것 중 하나가 되었다. 웹을 사용하면 찾고자 하는 것을 불과 몇 초 만에 찾을 수 있지만, 두 시간 뒤에 우리는 여전히 뭔가를 찾고 읽고 공유하고 보고 있다. '뭔가를 찾는 것'은 '찾는 것'이 되고, 그다음에는 그냥 '보는 것'이 되었다. 동사는 목적어를 잃고, 그 자체가 하나의 프로젝트가 되었다.

이러한 변환은 수단이 목적으로 변하는 과정을 잘 보여주는

데, 이것은 인간의 과잉을 지속시키는 핵심 메커니즘이다. 미래에 대한 기대는 선택지(수단)를 만들어내고, 이것은 위임과 전문화를 낳으며, 그다음에는 유아화와 따분함을 낳는다. 따라서 우리는 우리의 고통을 덜기 위해 더 많은 선택지를 만들어낸다.

인류가 손대는 것은 모두 이런 종류의 양성 피드백 고리로 들어간다. 우리 조상을 살아남게 한 능력과 행동과 습관은 원래의 기능과 단절되어 자신만의 고유한 삶을 발달시키고, 강한 창조성을 발휘하는 장소가 되었다. 의사소통이 교과서적 사례이다. 세포, 미생물, 새, 고래, 코끼리는 모두 분명히 구별되는 여러 가지 목적을 위해 의사소통을 한다. 그다음에 의사소통이 무엇보다도 중요하다고 말하는 사람이 나타났다. 커뮤니케이션 산업의 수입이 수조 달러에 이르는 이유 중 하나는 의사소통 자체가 목적이 되었기 때문이다. 사회에서는 숨 쉬는 것 자체가 하나의 기술이 되었는데, 균일 호흡, 복식 호흡, 교호 호흡, 정뇌 호흡, 점진적 이완, 유도 시각화처럼 다양한 방법으로 실행할 수 있다. 심지어 배설물조차 분변 예술과 문학의 형태로 인간의 창조적 행위 대상이 되었다.

수단이 목적으로 변할 때, 과잉의 축적에 기여하는 새로운 전문화가 생겨난다. 전문화는 종처럼 행동한다. 전문화는 독립적인 진화 속성 때문에 이종 교배가 어렵다. 오늘날 전문가는 다른 전문 영역으로 이동할 때 여권과 통역자가 필요하다. 초파리 실험실에 발을 들여놓는 미생물학자는 그곳이 마치 화성처럼 보일 것이다. 무릎 관절 전문 외과의는 테니스 엘보 환자를 수술하려고 하지 않을 것이다. 포드 자동차 정비소에서는 혼다 자동차를 수리하려 하지 않을 것이다. 마이클 조던Michael Jordan의 몸과 뇌는 농구에 적합하게 조건화되어 있기 때문에 야구에서는 성공하기 어렵다. 가축화에서도 비슷한 결과가 나타난다. 로트바일러는 힘과 스태미나가 뛰어나 짐수레를 끌기에는 이상적이지만, 장님을 안내하게 해서는 안 된다. 많은 옥수수 품종 중에서 튀김옥수수*Zea mays* var. *everta*는 오로지 팝콘용으로만 재배된다.

식사는 생물학적 목적이 문화적 영역으로 변형된 전형적 사례이다. 우리는 살기 위해 그리고 활동하기 위해 먹는다. 하지만 인류의 안전망 덕분에 식사는 단순히 대사 기능에 국한될 필요가 없다. 사회적 기능과 개인적 기능도 할 수 있다. '먹는 것'으로부터 '무엇을 먹을까'와 '어떻게 먹을까'가 나타난다. 이것들이 목적이 되면, 다시 여기서 새로운 수단이 나타난다. 단지 생명을 유지하는 데 그치지 않고 특별한 경험을 원하는 욕망에서 전문화와 창조성을 향한 새로운 길이 나타난다. 그래서 의식과 즐거움의 목적을 위해 고급 요리, 음식과 음료의 궁합, 유명 요리사, 정교한 도축 기술이 발전한다. 동물을 잡아먹는 것이 오로지 생존 목적으로만 일어날 때, 육식 동물은 먹이를 발견한 곳에서 고기를 섭취한다. 미래가 강화시킨 뇌 시대에 사는 사람들은 그렇지 않다. 소의 사용에 적용되는 전문화 수준은 이해할 수 없을 정도로 복잡한데, 채식주의자들의 속을 뒤집어놓고도 남을 만한 수준이다. 소고기를 자르는 방식은 아주 다양하며, 그것을 요리하는 법도 수백 가지나 된다. 수단이 목적으로 변하면, 그것은 게임이 된다. 인류의 안전망 덕분에 우리는 요람에서 무덤까지 놀이를 하면서 살아갈 수 있다.

이러한 '필요들'의 개발이 초래한 팽창이 그 생물학적 목적을 뛰어넘어 넘쳐흐르는 또 다른 특징을 어떻게 강화하고, 또 그 특징에 의해 어떻게 강화되는지 분명히 볼 수 있다. 그 특징은 바로 자아이다. 모든 생물, 심지어 세포조차도 나머지 세계와 분리된 '나'를 이루고 있다. 이 자아는 외부 환경과 커뮤니케이션을 하지만, 막, 피부, 비늘, 털 같은 기관을 통해 보호받는다. 사람 이외의 생물의 경우, 자아는 오로지 생명을 보존하기 위해 존재한다. 사람의 경우, 자아는 단지 생존 목적만을 위해 존재하는 것이 아니다. 자아는 그것을 위해서라면 우리가 기꺼이 죽이거나 심지어 죽을 수 있는 선善이다.

이 유일무이한 자아는 2차 만성성과 유아화와 미래 지향성의 부산물로 볼 수 있다. 2차 만성성은 사춘기 이전의 형성기를 연장시키는데, 이 기간에는 유성 생식을 하는 동물은 모두 이기적으로 행동하도록(오직 자신의 생존만 생각하도록) 프로그래밍되어 있다. 인류의 안전망은 부모에게 책임을 외주화함으로써 자신만의 독특한 '나'를 개발하게 해준다. 미래는 세상에서 자아를 가꿀 모든 시간과 함께 그 과정을 계획할 텅 빈 페이지도 제공한다.

자아를 이렇게 적극적으로 추구하는 것은 폭주하는 수단-목적-수단 고리의 전형적인 예를 보여준다. 생존에 기본적인 필요를 인류의 안전망이 제공하기 때문에, 자아는 그 자신의 목적이 된다.

이 목적은 전문화된 옷, 전문화된 일, 개인적인 예술적 표현, 체육적·감정적·정신적 목표 추구 같은 여러 가지 수단을 만들어낸다. 우리 자신이 만들어내는 수단들은 목록으로 작성할 수 있는 범위를 완전히 벗어난다. '자아' 산업의 혼돈 속에서 길잡이를 찾으면서 우리는 제2의 본성(후천적 본성)을 따라 진정한 자아를 추구하는 일을 정신분석이나 종교, 인생 상담, 심상 유도, 알프레트 아들러 Alfred Adler의 방법을 잘 아는 전문가들, 또는 탄트라 요가나 랜드마크 포럼, 파워 오브 소프트니스Power of Softness(전체론적 치유 기술 및 생활방식—옮긴이), 그 밖의 수많은 자조自助 매뉴얼에 위임한다.[16] 일터에서 점점 커져가는 소외와 일터 밖에서 점점 늘어나는 여가 시간을 감안할 때, 이것들은 소비자의 수요를 결코 충족시키지 못할 가능성이 높다.[17]

자아는 수단-목적-수단 고리에 끝없이 새로운 자원을 투입하는데, 자아는 인간의 궁극적인 목적이기 때문이다. 그것은 사회 계약의 약속이다. 즉, 내 몸을 의사에게, 내 아이를 보모에게, 내 안전을 경찰에게, 나의 영원한 영혼을 성직자에게, 내 차를 수리공에게 맡기고, 그 대가로 나는 내 전문 지식으로 그들에게 봉사하겠다는 약속이다. 이 트레이드오프로 절약된 시간과 에너지 덕분에 의사와 보모, 경찰, 성직자, 수리공 그리고 나는 일을 하거나 여가를 즐기거나 간에 우리의 진정한 자아를 발견할 수 있을 것이다. 하지만 우리는 인간의 과제를 다 끝낸 뒤에 찾아오는 따분함과 함께 살아갈 수 없기 때문에, 자아 거품을, 그리고 그와 함께 과잉의 소용돌이를 끝없이 부풀린다.

거품

자아이건 혹은 우리가 만들어낼 수 있는 어떤 것이건 간에, 사람은 항상 거품을 만들어낸다. 이 수단-목적-수단 고리는 양성 피드백을 미친 듯이 날뛰게 만든다. 그래서 거품이 생겨난다. 처음에는 산술이, 다음에는 기하학이, 그다음에는 변수의 기하급수적 증가가. 여기에는 '전방으로의 탈출'을 뜻하는 프랑스어 'fuite en avant'이라는 표현이 아주 적절하다['전방으로의 탈출'은 '위험하지만 필요하다고 판단되는 (정치적, 경제적) 과정을 가속화시키는 것'을 뜻하며, 심리학에서는 '두려워하는 위험 속으로 스스로를 내던지는 무의식적 메커니즘'을 가리킨다—옮긴이].

거품은 세 가지가 있는데, 인류는 유일무이하게 세 가지 모두에 통달했다. 먼저, 어떤 범주의 새로운 양이 같은 범주의 더 적은 양을 대체하는 치환이 있다. 예를 들면, 상대적으로 짧은 기린 목이 더 큰 목으로 대체되면서 개체군에서 제거된다. 그리고 어떤 범주에서 새로운 양이 같은 범주의 다른 양들에 합류할 때 나타나는 범위 또는 폴리퀀티즘이 있다. 마지막으로, 어떤 범주의 새로운 형태가 같은 범주의 다른 형태들과 합류할 때, 거품은 다양성을 낳을 수 있다. 우리는 이런 종류의 다형성 사례(예컨대 뿔매미의 헬멧)를 많이 보았다.

가축화는 첫 번째 거품의 보루이다. 조상의 산출보다 더 많은 산출을 낳는 돌연변이는 틀림없이 조상을 대체하며, 그보다 더 많은 산출을 낳는 후손으로 대체된다. 크기, 모양, 색깔, 성격, 목적의 다양성이 아주 놀라운 300가지 이상의 개 품종에서 보듯이, 가축화는 가끔 두 번째 종류와 세 번째 종류의 거품과 결합한다. 인류는 컴퓨터의 소형화 사례에서 보는 것처럼 어떤 양을 더 작은 양으로 대체하는 '역'거품에도 뛰어난다.

잘 알려진 거품 중 하나인 정신 질환 분류에서 일어난 폭발은 수단-목적-수단 고리의 폭주 성격을 잘 보여준다. 1840년대에 미국의 정신병 의사가 내릴 수 있는 진단의 선택지는 두 가지뿐이었다. 정상이 아닌 사람은 정신 이상자이거나 백치였다.[18] 이 미니멀리즘은 아이작 레이Isaac Ray의 『정신 이상의 법의학에 관한 연구Treatise on the Medical Jurisprudence of Insanity』(1838)에서 유래했는데, 레이는 이 책에서 어떤 분류도 "엄밀하게 옳을 수가 없는데, 그러한 분류는 자연이 만들지 않았고, 실제로도 관찰될 수 없기 때문이다."라고 주장했다.[19] 하지만 분류에 관한 한 상식은 성공할 가망이 없는데, 이 수단은 쉽게 목적으로 변하기 때문이다. 분류의 직접적 효용이 무엇이건, 그 행위 자체(아무 구속 없이 일어나는 분류 자체를 위한 분류)에는 유익한 점도 있다. 1867년, 국제정신병의사총회는 정신 이상을 단순 정신 이상, 간질 정신 이상, 마비 정신 이상, 노인성 치매, 기질 치매, 백치증, 크레틴병의 일곱 범주로 분류하라고 권고했다. 1918년, 『정신병자 보호 시설에서의 사용을 위한 통계 편람Statistical Manual for the Use of Institutions for the Insane』은 정신 질환을 22개의 주요 집단으로 나누었다.[20] 1952년에 『정신 질환 진단 통계 편람Diagnostic and Statistical Manual of Mental Disorder』(줄여서 *DSM*이라고 부름)의 출판과 함께 양자 도약이 일어났는데, 이 편람에는 미국정신의학회가 승인한 106가지 진단이 실렸다. *DSM* 개정판이 세 번 더 나올 때까지 분류 고리는 점점 속도가 느려지면서 약 300가지에서 안정되었다. *DSM-5* 전담팀을 이끌었던 데이비드 컵퍼David J. Kupfer는 "*DSM-5* 개정판을 만들면서 우리는 보수적 접근법을 취하려고 했다."라고 말했다.[21] *DSM-5*는 저장 강박증과 대마 금단 증후군 같은 새로운 진단을 15가지 추가했지만, 일부(예컨대 성 혐오 장애)는 삭제했고, 자폐 스펙트럼 장애처럼 여러 가지 진단을 하나의 명칭 아래 통일하기도 했다.[22] 전체적으로 볼 때, 제5판은 제4판보다 정신 질환 진단이 3개 더 적게 실렸다.[23]

우리는 당연히 거품이 조만간 터지리라고 생각하지만, 사실은 많은 거품은 고원에 이른 다음 그곳에서 오랫동안 머문다. 정신 질환 거품에도 바로 이런 일이 일어났고, 기린의 목에도 이런 일이 일어난 게 분명한데, 기린의 목은 수백만 년 동안 안정 상태를 유지했기 때문이다.

자연에서 일어나는 과잉의 진화에 대한 우리의 이해는 인간 거품에 대한 연구에서 혜택을 얻을지도 모르는데, 이 연구는 현재 만들어지고 있는 과잉에 접근하게 해주기 때문이다. 세쿼이아가 현재의 키까지 자라고, 벽도마뱀이 아주 넓은 범위를 발달시키기까지는 지질학적 시간이 필요했기 때문에, 이들을 현재 상태까지 이끌어온 과정들은 추측만 할 수 있을 뿐이다. 사람의 경우는 아무리 줄여서 말하더라도 이보다 훨씬 빠르다. 품종 개량가들이 회색늑대*Canis lupus*를 몸길이가 9.65cm밖에 안 되는 치와와 밀리Milly와 몸길이가 1.1m인 그레이트데인 제우스Zeus로 변화시키는 데에는 겨우 1만 5000~3만 년밖에 걸리지 않았다. 167m²의 면적을 차지하고 무게가 거의 50톤이나 나간 최초의 현대 컴퓨터 ENIAC(1946)이 만들어진 지 겨우 70년이 조금 지났을 때, IBM은 소금 알갱이보다 작은 컴퓨터 '크립토앵커crypto-anchor'를 만들었다.[24]

우리가 끝없이 제조하고 혁신하는 것은 자연이 우리에게 그렇게 하라고 명령해서 그런 것이 아니다. 우리가 그러는 이유는 우리의 생존이 그것에 달려 있지 '않기' 때문이다—왜냐하면, 생존이 너무나도 쉬워서 우리는 시간이 남아돌아 따분함을 느끼고, 우리는 자신이 발명한 것 때문에 죽지 않을 만큼 충분히 강하므로.

얼마 전까지만 해도 대다수 사람들은 스스로를 돌보았다. 직접 식량을 재배하고, 집을 짓고, 물을 길어왔다. 일반적으로 과세와 폭력의 합법적 사용만 국가와 관련 공동체 기구에 위임했다.[25] 오늘날 우리는 돌봄을 거의 전적으로 남에게 의지하고 있다. 위임—새로운 전문화의 생산—은 안전망을 강화시킨다. 그 결과로 복지 제도가 조금씩 향상될 때마다 보장받는 사람들의 의존성이 증가되어 더 많은 신경세포가 생존 과제에 매달려야 하는 부담에

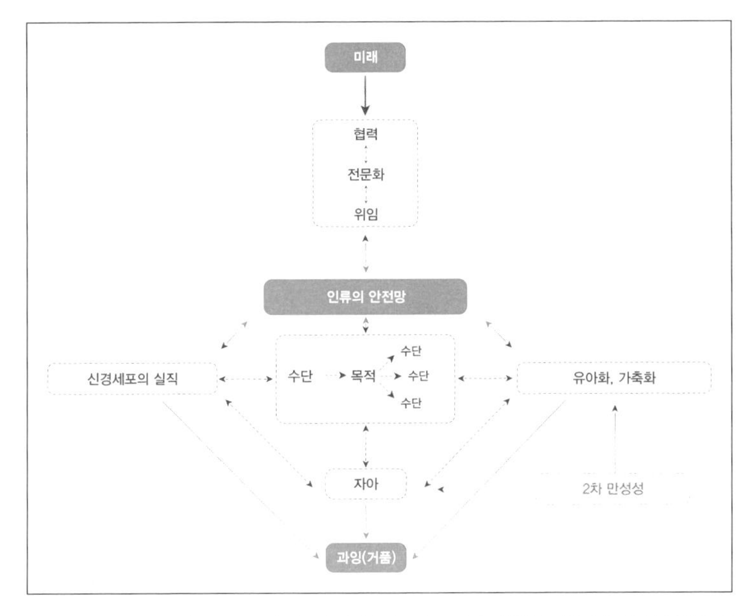

〈그림 9-2〉 인류의 안전망 지도. 인류의 성공과 과잉은 우리 종의 미래 지향성이 만들어낸 협력과 전문화, 위임에 기초한 안전망의 산물이다.

서 벗어났다(〈그림 9-2〉 참고).

이런 조건에서 대다수 사람들은 그저 여가와 안락을 즐기고 자신의 독특성을 추구하기만을 바란다. 하지만 어떤 사람들은 자신의 게으른 회백질세포를 안전망을 개선하는 데 투자하며, 그 결과로 더 많은 시간과 에너지가 생기고, 이를 이용해 안전망을 추가로 개선할 수 있다. 이 선량한 시민들 덕분에 우리 종은 비할 데 없이 낭비적인데도 불구하고 없앨 수 없는 존재가 되었다. 만약 감염병이나 세계적인 핵전쟁이 전체 인구의 99% 이상을 죽인다 하더라도, 수백만 명은 살아남아서 계속 후손을 낳을 것이다. 이들은

200명이 아프리카를 떠나기 전에 남아 있던 1만 명에 비하면 확실한 승산이 있다. 지구에 생명이 존재하는 한, 인류도 그 일부로 살아남을 것이다.

우리의 미래 지향성은 끝없는 낭비와 불안과 무한한 의존성의 기회를 낳을 수 있다. 하지만 그것은 또한 우리 종을 무적의 존재로 만든다. 자연 선택은 사람속의 기본 하부 구조를 공급했는데, 사람속은 낭비적인 뇌 때문에 멸종할 수밖에 없는 모델이었다. 하지만 그런 일이 일어나기 전에 미래가 호모 사피엔스를 그 안전망 속에 가둠으로써 적자와 평범한 자를 모두 살아남게 했다. 우리의 거품이 아무리 크게 부풀어오르고, 우리의 마음이 선택의 관심사인 생존과 번식에서 아무리 멀리 벗어나 방황하더라도, 우리는 늘 여기에 있을 것이다.

제10장

탁월성 음모: 진화윤리학 비판

The Excellence Conspiracy: Critique of Evolutionary Ethics

자연 선택이 가축화 유추에서 유래했다는 사실을 감안하면, 다윈이 묘사한 자연이 사회의 청사진으로 간주되는 것은 전혀 놀랍지 않다. 다윈주의는 자연 법칙을 경쟁적이고 진보적인 사회 관행인 품종 개량과 동일시한다. 따라서 경쟁과 진보 역시 자연 법칙이다. 자연은 거역해서는 안 되기 때문에 여기서 즉각 어떤 윤리가 생겨난다. 그 윤리는 살아남으려면 경쟁하고 혁신하고 최적화해야 한다는 것이다. 요컨대, 남보다 뛰어나지 않으면 도태된다! 이 잔인한 상황에 항의하는 것은 절대로 물러서지 않는 현실의 논리에 항의하는 것과 같다.

내 연구는 이 이론의 결과로 생기는 부조화를 드러낸다. 야생 자연을 주의 깊게 관찰하면, 혁신이 사형 집행 영장에 해당하는 경우가 많다는 것을 알 수 있다. 대개는 종들은 정체 상태에 있을 때 훨씬 상황이 좋다. 한편, 사람이 아닌 종들의 일상생활에서 경쟁의 역할은 과대평가돼 있는데, 모든 종의 자연사에서 경쟁이 담당하는 역할은 수억 년 동안 계속 축소돼왔을 가능성이 높다. '자연 선택' 대신에 사용하자고 내가 제안한 용어인 '자연 도태'는 최적화보다 훨씬 적은 것을 요구한다. 자연의 안전망은 낭비와 평범성을 용인하고, 인류의 안전망은 낭비와 평범성을 강요한다. 탁월성 추구는 자연에서는 상상조차 할 수 없다. 사람들 사이에서는 심리적 필요 때문에 그것이 생겨날 수는 있지만, 단지 선택이 너무나도 느슨하여 새로운 수단과 목적(숙달해야 할 새로운 전문화와 열망해야 할 새로운 목표)을 만들지 않으면 우리가 따분함과 절망에 빠질 수 있기 때문에 그렇다.

솔직히 우리는 탁월성을 추구하는 우리의 열정을 자연이 정당화한다고 주장할 수 없다. 설령 자연 선택이 상대 빈도가 아니라 자연 법칙이라 하더라도, 우리는 그렇게 주장할 수 없는데, '~이다'라는 관찰 사실에서 '~여야 한다'라는 결론을 이끌어내는 것은 오류(존재-당위 오류 is-ought fallacy)이기 때문이다. 하지만 사람들이 자연의 사례를 따라야 한다고 주장하는 한(자연의 권위는 자명하기 때문에 사람들은 그러려고 한다), 우리는 적어도 그 사례를 정확하게 이해하고, 우리가 아는 생명과 일치하는 윤리를 만들어야 한다. 진화생물학자들은 자연이 경쟁과 최적화가 일어나는 장소일 수 있지만 대개는 그렇지 않다는 사실을 안다. 만약 그들이 그 반대가 사실인 양 행동하길 멈추고, 중성을 거부하고 모든 곳에서 적응을 찾으려는 행동을 멈춘다면, 일반 대중도 그 사실을 알게 될 것이다.

이 장의 전반부는 진화생물학에서 인간의 이념으로 연속적으로 흘러가다가 다시 뒤로 돌아갈 것이다. 진화의 모든 명령은 생물학적 원리 또는 이론과 어긋난다. 제9장에서 반복된 주제가 수단이 목적으로 끊임없이 변하는 것이었다면, 이 장에서 반복되는 주제는 수단이 가치로 변하는 것이다. 이 연금술의 결과는 진화 자체를 위한 진화, 혁신 자체를 위한 혁신, 경쟁 자체를 위한 경쟁, 최적화 자체를 위한 최적화, 탁월성 자체를 위한 탁월성이다.

이 장의 후반부는 이것들 중에서 맨 마지막인 탁월성(특히 그 불합리성)에 초점을 맞춘다. 나는 탁월성은 성 선택의 흔적이라고 주장한다. 하지만 성 선택은 사람의 진화에서 더 이상 아무 역할도 하지 않는데, 생존과 생식의 관점에서 볼 때 개인 간의 차이는 매우 사소하기 때문이다. 즉, 배우자 선택에서 얻는 적합도 이득이 거의 없다. 하지만 우리는 여전히 크림이 맨 위로 떠오른다고 믿는 듯이 경쟁한다. 탁월성은 한때 소중한 구애 도구였지만, 지금은 그 목적을 잃고 그 자체가 목적이 되었다. 결론적으로 자연은 우리에게 탁월성을 권하지 않으며, 따라서 우리는 그것을 우리 자신에게 권하지 않는 세계를 구상하려고 노력할 수 있다.

진화냐 정체냐?

진보에 대한 믿음은 진화론에서 그 과학적 정당성을 찾는데, 다윈 자신도 이를 암묵적으로 승인했다. 다윈의 이론에는 위계와 진보가 뿌리박혀 있는데, 살아남은 생물은 도태된 생물보다 우월하다고 상정한다. 하지만 대부분의 조건에서 자연은 진보가 아닌 정체를 선호한다고 믿어야 할 이유가 많다.

관성이 변화보다 확률적으로나 논리적으로 유리하다는 근거는 다음의 삼단 논법에서 나온다. 자연에서 성공과 실패는 오로지 개별적인 것이고, 지금 이곳에 있는 개체에게만 일어난다. 각각의 개체는 자연의 안전망에 의해 외부와 내부의 사소한 교란으로부터 보호받는다. 큰 교란은 정의상 드물게 일어나며, 큰 교란에서 살아남으려면 재능보다는 운이(즉, 선택보다는 부동이) 더 필요하다. 따라서 모든 생물은 비록 생존을 확실하게 보장하는 것은 아니더라도 상당한 탄력성을 갖고 있다고 결론 내릴 수 있다. 살아남아 자식을 낳는 최선의 전략은 가능하면 이미 이런 기술에서 성공을 입증한 조상을 최대한 닮고, 통제할 수 없는 불의의 상황에서 운이 따르는 것이다.

우리는 새로운 것과 변화에 관한 문제에서 자연의 지혜를 따르지 않는다. 만약 자연의 질서와 보조를 맞추려면, 우리는 새로운 것과 변화 중에서 어느 쪽도 추구해서는 안 된다. 자연은 진보나 목적이 없으며, 오로지 확률과 평형의 계승만 있을 뿐인데, 이 중 어느 것이 다른 것보다 낫다고 할 수 없다. 하지만 진화윤리학이 깊이 스며들어 있는 현대 자본주의 사회에서 정체는 나쁜 것으로 낙인 찍혀 있다. 제자리걸음을 하는 것보다 수치스러운 것은 없다. 이 수치는 단지 개인적인 것에 그치지 않는다. 정지는 자연사에서 인류가 차지한 위치를 배신하는 것으로 간주된다. 『인간의 유래』에서 전체 이야기를 마무리 짓는 단락이 이를 잘 드러낸다. "인간은 순전히 자신만의 노력으로 이룬 것은 아니지만, 생물의 계층 구조에서 정상까지 올라간 것에 자부심을 일부 느낄 자격이 있다. 그리고 원래 그 자리에 있었던 것이 아니라 이 위치까지 올라갔다는 사실은 먼 미래에 더 높은 운명이 기다리고 있다는 희망을 품게 해준다."[1] 하지만 왜 "지구에서 지금까지 나타난 동물들 중 가장 지배적인 종"은 더 높은 곳으로 올라가길 갈망할까? 다윈은 다윈주의의 이단에 해당하는 글을 썼지만, 자신은 그것을 알아채지 못했는데, 아마도 그 이단적 내용이 가축화의 진보 모형을 포함한 자신의 이론에 내재하는 모순이기 때문일 것이다. 혹은 대다수 현대인에게 그런 것처럼 단순히 다윈의 눈에는 진보가 자명한 것이었을 수도 있다. 우리는 환경에 잘 적응하기 위해 변화를 실행에 옮기는 경우가 드물다. 우리는 변화 자체를 위해 변한다.

물론 진화는 일어난다. 모든 기관과 과정은 복제 오류에서 유래한다. 하지만 이것은 어떤 가치도 의미하지 않는다. 생존자는 그저 운이 좋았을 뿐이며, 불운한 생물이 멸종하더라도 다른 생물의 형편이 더 나아지지는 않는다. 생물의 교체에는 목적이나 개선이 없으며, 새로운 것의 논리도 없다. 생명은 변화의 섬이 여기저기 널려 있는 일상의 바다이다. 새로운 것을 숭상하는 우리의 태도를 자연의 편애 탓으로 돌려서는 안 되는데, 자연은 그 자식들에게 정반대의 교훈을 가르치기 때문이다. 살아 있는 존재에게는 정체가 훨씬 낫다. 하지만 지루함에 지친 우리의 신경세포는 이성에 귀를 기울이려 하지 않는다.

DNA 복구와 복제보다 자연의 보수성이 더 명백하게 드러나는 곳은 없다. 자연은 돌연변이에 맞서 싸우기 위해 할 수 있는 것을 다 한다. 하지만 DNA를 연구하는 생물학자들은 유전체 자체보다 훨씬 덜 보수적이다. 생물학자들은 끊임없이 기술과 개념을 갱신해야 한다. 그들은 자신의 연구 대상이 싫어하는 변화를 좋아한다. DNA에서는 새로운 것(복제 오류)이 암으로 이어질 수 있다. DNA를 연구하는 사람에게는 새로운 것이 경력으로 이어질 수 있다. 과학자는 혁신하지 않으면 죽는다—직업적으로. 유방세포는 정확하게 복제되어야 한다. 그러지 않으면 그 사람을 죽일 수 있다—문자 그대로. 세포에게 성공은 무엇일까? 딸세포가 모세포를 정확하게 닮는 것이다. 사람에게 성공은 무엇일까? 아들이 아버지를 능가하는 것이다. 다행히도 복제는 전체 횟수 중 99.9999944%가 성공해(세포 분열이 한 번 일어날 때 복제되는 30억 개의 염기쌍 중 돌연변이는 170개 정도만 나타난다) 우리를 무사히 살아가게 해준다. 다행히도 전체 횟수 중 0.0000056%는 실패하는데, 이것이 진화를 가능하게 한다.

만약 모방이 새로운 것보다 성공 확률이 더 높다면, 왜 우리는 모방을 경멸하고 새로운 것을 소중하게 여길까? 나는 두 가지 원인을 지적하고 싶은데, 하나는 생물학자에게 일반적인 것이고 하나는 특별한 것이다. 일반적인 원인은 독창성을 숭배하던 19세기의 낭만주의 시대로 거슬러 올라간다. 낭만주의 에토스에 따르면, 진정한 예술가는 동시대 사람들과 달라야 하며, 진정한 걸작은 정상적인 취향과 단절해야 하므로 관습에서 벗어나는 것이어야 한다. 그래서 삶에서 모방보다 더 진정한 것은 하나도 없는데도 불구하고, '독창적인' 것은 '진정한' 것과 동의어가 되었다. 낭만주의는 이미 유행이 지났지만, 그 영향력은 현대 문화에 깊이 각인돼 있다. 새로운 것을 숭배하는 이 성향은 아직 우리에게 남아 있으며, 소비자의 의무로 쉽게 변한다.

생물학적 원인은 윌리스와 다윈이 변이성을 숭배한 1850년대로 거슬러 올라간다. 변이는 진화의 알파요 오메가이다. 변이는 자연 선택의 원재료이기 때문에 좋은 것임이 틀림없다. 이 공리 때문에 일부 생물학자들은 DNA 복제 자체의 오류성이 선택된다고 믿었다. 생물학자 나비에 아유브Nabieh Ayoub는 이렇게 설명한다. "바로 이 비효율성이 진화의 원동력이다: 자연 선택은 변이를 통해 작용하며, 변이는 DNA에 일어나는 변화에서 유래한다. 따라서 복구 메커니즘을 강하게 능률화하려는 필요와 DNA에 일부 오류를 남기려는 필요 사이에 미묘한 균형이 이루어진다."[2] 다시 말해서, DNA의 결함은 어떤 목적이 있다. 하지만 이것은 부산물을 목적인으로 변화시키는 일종의 오류이다. '~이다(is)'에서 '~여야 한다(ought)'뿐만 아니라 '반드시 ~여야 한다(must)'까지 나온다. 내가 평생의 사랑을 암병동에서 만났다면, 암은 바람직한 것이 되는가? 암은 선택된 것인가?

자연은 "혁신하면 죽는다."라고 경고하는 반면, 인류는 "혁신하지 않으면 (따분함으로) 죽는다."라고 경고한다. 사람은 어떻게 자연에서 가장 치명적인 과정들을 견뎌낼 수 있을까? 미래가 원동력이 된 복지 체계의 보호 덕분에 그럴 수 있다. 우리가 변화 자체를 위한 변화를 비교적 무사히 추구할 수 있는 이유는 이 때문이다.

경쟁이냐 중성이냐?

생명은 영원한 경쟁이고, 진화는 생존을 위한 티켓이라는 격언은 널리 퍼진 두 패러다임에 공통적으로 적용된다. 두 패러다임은 신다윈주의와 신자유주의(그 이전에는 다윈주의와 신고전파 경제학)이다. 이 두 패러다임의 손쉬운 동맹 때문에 생물학자들은 자연에서의 평범성을 용인하지 않고, 경제학자들은 사회에서의 평범성을 용인하지 않는다고 나는 생각한다. 경쟁, 용불용설, 적자 생존, 공짜 점심은 없다, 정글의 법칙을 비롯해 이와 비슷한 유행어로 신다윈주의와 신자유주의는 사람을 포함해 늘 멸종의 벼랑에 내몰린 이기적 생물들의 비극적 이미지를 조장한다. 이 견해에 따르면,

모든 환경은 정의상 적대적이고, 생존은 나머지 모든 이기적 생물을 경쟁에서 물리친 자에게 주어지는 보상이다.

하지만 자연 경쟁으로부터 사회 경쟁을 추론하는 것은 이중으로 문제가 있다. 야생 자연에서의 생존 경쟁은 과장된 것이고, 사회에서의 생존 경쟁은 대개 은유적 표현에 지나지 않는다. 자연철학의 도구(관찰, 내성, 유추, 아 포르트티오리 논증, 연역, 상식)는 이 추론이 성립할 수 없음을 드러낸다.

자연은 역경이 사방에 널려 있고, 나를 죽이지 않는 것은 나를 더 강하게 만드는 학교가 아니다. 오히려 자연에서 나를 죽이지 않는 것은 그저 나의 탄력성을 증명할 뿐이다. 항상성과 CCCP 덕분에 애초부터 나를 죽이기가 힘들다. 경쟁은 실재하지만, 그것은 그저 삶의 한 측면에 불과하며, 그 상대 빈도는 낮다. 저 밖의 세상은 그렇게 위험한 곳이 아니다—적어도 항상 위험하지는 않다. 측백나무*Cupressaceae*나 제브라피시*Danio rerio*나 사람이 하루 중 갈등이나 투쟁에 쓰는 시간은 몇 분이나 되고, 유유자적하게 보내는 시간은 얼마나 되는가?

자연의 안전망은 생물에게 많은 여가 시간을 제공한다. 그 자신도 비교적 여유롭게 살아간 다윈은 안데스콘도르*Vultur gryphus*를 보고서 존경의 마음을 금치 못했다. "콘도르는 가장 우아한 첨탑들과 원형 구조물들에서 특정 지점 위로 솟아오르면서 아주 높은 곳에서 자주 목격된다. 어떤 경우에는 나는 이들이 재미로 이렇게 솟아오른다고 확신한다."[3] 검은대머리수리*Cathartes atratus* 역시 "아주 높은 곳에서 자주 목격된다. 각각의 새는 빙빙 돌면서 가장 우아한 선회를 보여준다. 이것은 순전히 재미로 그러는 것이 분명하다."[4] 하지만 이것은 『종의 기원』이 나오기 전, 그러니까 자연 선택 이론의 환원주의 증기 롤러로 오직 적합도만 남기고 모든 주름을 싹 없애버리기 전의 다윈이었다. 마찬가지로 월리스 역시 처음에는 옳았지만 나중에는 틀렸다. 나는 이미 앞에서 "박물학자들은 자연의 모든 것에 대해 어떤 용도를 발견하지 못할 때 너무 쉽게 '상상'을 한다."[5]라고 한 그의 말을 인용한 적이 있다. 이것은 트르나테 논문이 나오기 전의 월리스였다. 지금까지 여가는 사회과학에서 많이 연구했지만, 생물학에서는 대체로 무시했다. 『자연에서의 여가Leisure in Nature』란 책은 아직 나오지 않았다.

만약 자연에서 한가롭고 평온한 순간이 영양을 섭취하거나 위험한 순간보다 많다면, 한층 더 강력한 이유로 사회에서도 그럴 것이다. 우리는 먹이를 놓고 경쟁할 필요가 없고, 안전에 대해서도 걱정할 이유가 별로 없다. 인류의 확립된 복지 제도가 둘 다 제공하기 때문이다. 만약 우리가 경쟁을 한다면, 가상의 도전 앞에서 그렇게 한다. 즉, 우리는 경쟁 자체를 위해 경쟁한다. 따라서 경쟁의 다양화에는 한계가 없다. 경쟁은 어떤 면에서 더 나은 삶을 보장할 수 있지만, 경쟁의 거부는 최악의 경우에는 은유적 죽음을 초래한다. "논문을 발표하지 않으면 죽는다.Publish or perish."라는 말은 문자 그대로 받아들여서는 안 된다.

우리의 안녕은 말할 것도 없고 일상 경험과 일치하지 않는데도 불구하고, 왜 우리는 경쟁의 미덕(사실은 필요성)을 옹호할까? 왜냐하면, 끝없이 빈둥거리는 것보다는 경쟁이 더 재미있기 때문이다. 우리는 살아남기 위해 경쟁하는 것이 아니라, 자신과 함께 할 일이 필요하기 때문이다. 따분함을 느끼는 신경세포들은 행동을 갈망하고, 자기기만에 빠진 천재들은 우리에게 그런 행동을 제공하라고 강요한다. 우리가 우리의 가장 강력한 무기인 손의 사용을 금지하는 스포츠인 축구에 푹 빠지는 이유는 이 때문이다. 팔은 다리보다 인지적으로 더 발달했지만, 골키퍼를 제외한 나머지 선수들은 다리만 사용해야 한다. 우리는 자신을 위해 도전을 만들어내야 한다. 축구가 세상에서 가장 인기 있는 스포츠인 것은 놀라운 일이 아니다.

최적화냐 평범성이냐?

다윈의 자연 선택과 애덤 스미스의 보이지 않는 손은 가족처럼 닮은 점이 있다.[6] 이 두 힘 덕분에 자연과 시장은 그 지혜를 널리 인정받는다. 자연은 자신이 하는 일을 알고, 우리는 시장을 신뢰한다. 신자유주의는 다윈 시대에 진화론 논쟁이 벌어지는 동안 일어난 주요 지적 운동인 공리주의 철학을 자세히 설명하면서 호모 에코노미쿠스(경제적 인간)를 주관적으로 정의한 자신의 목적을 추구하는 합리적이고 이기적인 행위자로 간주한다. 호모 에코노미쿠스가 인생에서 추구하는 주요 목표는 만족이다. 소비자로서는 효용을 최대화하려고 하고, 생산자로서는 이익을 최대화하려고 한다. 신다윈주의는 동일한 원리를 사람 이외의 생물에게 적용한다. 경제적 생물은 유전자의 명령에 따라 적합도라는 목적을 추구하는 합리적이고 이기적인 행위자로 취급된다. 경제적 생물은 경제적 인간과 마찬가지로 더 적은 것을 가지고 더 많은 것을 이루려고 하며, 최소의 노력으로 최대의 자손을 낳으려고 한다—최적의 효율로 식량을 구하고, 자주 그리고 성공적으로 짝짓기를 하면서. 단지 생물뿐만 아니라 심지어 과정과 세포, 유전자도 비용과 편익에 집착하는 합리적 실체로 묘사된다. 도킨스의 『이기적 유전자Selfish Gene』는 이러한 의인화의 정수를 보여준다. 최적화는 어렵지만, 우리(그리고 살아 있는 모든 생물)는 그 방법을 배워야 하는데, 공짜 점심 같은 것은 없기 때문이다.

이것은 터무니없는 소리다. 관찰과 경험을 통해 늘 반대 증거가 나오는 현실을 감안하면, 이 말이 어떻게 자연 법칙의 위치까지 올라갔는지 의아한 생각이 든다. 공짜 점심은 자연에 흔하며, 사회에는 더 흔하다. 고래가 비교적 큰 동물에서 거대한 동물로 진화한 것도 다 공짜 향연 덕분이다. 450년 전의 빙기는 바다 동역학을 변화시켜 크릴과 여러 작은 동물의 수가 크게 불어났다. 바닷물에서 작은 먹이를 걸러서 먹는 수염고래류*Mysticeti*는 이렇게 밀집한 먹이를 섭취하는 데 유리한 장비를 갖추고 있었다.[7] 그리고 인터넷은 인류의 역사에서 가장 큰 공짜 점심이 아닌가? 돈이나 인정을 요구하지 않고 이미지와 영상, 지식을 공급하는 업로더들 덕분에 우리는 가상 식당에서 공짜 음식을 무한정 먹는다. 사회에서와 마찬가지로 자연에서도 삶은 가끔 소풍과 같고, 돈이 나무에 열리는 것과 같은 상황이 펼쳐진다.

물론 모든 사람이 보이지 않는 손을 믿는 것은 아니다. 시장은 악평을 받는 곳도 일부 있고, 합리성 가정 위에는 의심의 구름이 짙게 드리워져 있다. 행동경제학은 행위자가 비합리적 행동을 할 때가 많다는 점을 분명히 한다. 우리 모두는 아모스 트버스키Amos Tversky와 대니얼 카너먼Daniel Kahneman 같은 사람들을 통해 과학적 승인까지 받은 이 패러다임 전환에서 영감을 얻어야 한다.[8] 경제학자 허버트 사이먼Herbert Simon이 만든 개념인 '적정 만족satisficing'을 받아들이면서 그런 노력을 시작할 수 있다. 자연의 복지 제도가 주는 교훈을 대다수 동료들보다 잘 이해한 사이먼은, 진정한 의사결정은 최적의 해결책을 찾는 것이 아니라 만족스러운 해결책을 찾는 것이라고 주장했다. "명백히 생물들은 '적정 만족'을 느끼기에 충분할 만큼 잘 적응한다. 이들은 일반적으로 '최적화'하지 않는다."[9] 나는 '굿 이너프good enough(충분히 훌륭한)'란 용어를 또 다른 동료 여행자이자 정신분석가인 도널드 위니캇Donald Winnicott에게서 빌려왔다. 그의 '충분히 훌륭한 어머니good enough mother' 개념은 "건강의 토대는 자신의 아기를 평범하게 사랑하면서 돌보는 평범한 어머니가 만든다."라고 주장한다.[10] 모성 부문에서 세계 신기록을 깨길 열망하는 여성은 아무도 없다. "승리는 모든 것이 아니다. 그것은 유일한 것이다."라는 말은 프로 선수에게는 적용될지 모르지만, 사람이건 다른 동물이건 아마추어에게 유일하게 중요한 것은 게임에서 계속 남는 것이다.

최적화 중에서 극단적인 갈래인 완벽주의는 더욱더 그렇다. 완벽주의를 추구하는 것은 자연에서는 자살 행위로, 수확 체감의 법칙을 혹독하게 적용하는 집행자를 만나기로 약속하는 것과 같다. 인류의 복지 쿠션은 우리가 지나칠 정도로 완벽을 추구하게 해주면서 값비싼 비용이 드는 그 노력에 필요한 자원에 접근하게 해준다. 하지만 과학자와 작가, 공학자는 완벽주의에 탐닉할 수 있는 반면, 자연은 효과가 있기만 하다면 어떤 것에라도 만족한다.

탁월하라!

『기네스 세계 기록』은 탁월성에 집착하는 인간의 캐리커처를 보여준다. 아무리 터무니없어 보이더라도 각 영역은 치열한 경쟁 공간이 된다. 『기네스 세계 기록』은 1951년 11월 10일, 아일랜드 웩스퍼드주에서 벌어진 새 사냥 모임 뒤에 탄생했다. 사냥에 나선 기네스맥주회사 상무이사 휴 비버Hugh Beaver는 유럽검은가슴물떼새*Pluvialis apricaria*를 겨냥했으나 맞히지 못했다. 이 창피스러운 실수 뒤에 비버는 사냥에 동참한 사람들과 유럽에서 가장 빠른 엽조가 무엇이냐를 놓고 논쟁을 벌였다. 유럽검은가슴물떼새일까, 아니면 붉은뇌조*Lagopus lagopus scotica*일까? 비버는 어떤 책에서도 그 답을 찾을 수 없었다. 애거서 크리스티Agatha Christie는 발명은 필요의 딸이 아니라, "게으름에서 나온다."라고 말했다.[11] 그래서 비버는 술집 논쟁을 해결하는 데 필요한 책을 내 기네스 맥주를 홍보하자는 아이디어를 생각했다. 그 뒷이야기는 역사가 되었다(참고로 유럽에서 가장 빠른 엽조는 유럽검은가슴물떼새로 밝혀졌다).[12]

『기네스 세계 기록』의 어리석음으로부터 마음을 뒤흔드는 결론까지의 거리는 종이 한 장에 불과하다. 그 결론은 탁월성이 음모(사실상 모든 사람이 참여하고, 모두가 집단적으로 서로를 함정에 빠뜨리는 음모)라는 것이다. 탁월성 추구는 거의 모든 사람에게 나쁜 거래인데, 평범성을 용인하는 자연의 속성과도 분명히 어긋난다. 그래도 많은 사람들은 열심히 분투하는 것을 우리의 운명으로 알고 있으며, 탁월성의 신에게 허리를 굽히지 않는 사람들도 그 제자들을 찬양하고 아마도 그들과 합류하길 열망한다. 탁월성은 사회마다 측정 방식이 다를 수 있지만, 거기에 내재하는 선과 가치는 보편적으로 인정된다. 이를 의심하는 사람은 자본주의의 경쟁 명령뿐만 아니라, 흔히 다윈주의의 자연 법칙이라고 오해받는 것과 싸워야 한다.

탁월성 음모를 보여주는 대표적 예로는 미국의 놀라운 세계 기록 보유자 조이 체스넛Joey Chestnut이 있다. 체스넛은 주요 텔레비전 방송국들의 프로그램에 출연해 자신이 가장 잘하는 일을 보여준다. 그것은 바로 음식을 많이 먹는 것이다. 많이 먹기 대회를 주관하는 국제 기구인 메이저 리그 이팅Major League Eating에 따르면, 체스닛은 "역사상 가장 위대한 대식가"이다.[13] 네이선 핫도그 먹기 대회는 1972년부터 매년 미국 독립기념일에 열리는데, 2007년 대회에서 체스닛은 전년도 챔피언인 고바야시 다케루小林尊를 꺾었다. 그날 체스닛은 12분 만에 핫도그를 66개나 먹었다. 2017년에는 72개를 먹음으로써 기록을 갱신했다.

이 사례는 당연히 "도대체 왜?"라는 단순한 질문을 낳는다. 왜 어떤 사람들은 핫도그 먹기 챔피언이 되려고 할까? 다윈의 생물학적 연속성 원리를 받아들인다면(그래야 한다!), 신기록에는 비록 숨겨져 있는 것이라 하더라도 대체 어떤 자연적 기능이 있느냐고 묻지 않을 수 없다. 가장 그럴듯한 대답은 신기록 달성, 그리고 일반적으로 탁월성 추구는 성 선택의 논리를 따른다는 것이다. 성 선택은 대개 암컷이 수컷 배우자의 화려함을 선호하는 현상으로 나타난다. 다윈은 공작(인도공작*Pavo cristatus*, 참공작*Pavo muticus*, 콩고공작*Afropavo congensis*)의 크고 화려한 색의 꽁지깃과 순록*Rangifer tarandus*의 가지를 치며 길게 자란 뿔처럼 낭비적인 형질이 일반적으로 수컷에게만 나타나며, 따라서 구애 행동에서 어떤 기능을 한다는 사실을 관찰했다. 암컷이 왜 생존에 손해가 되는 경우가 많은 수컷의 과장을 선호하는지는 알 수 없다. 하지만 수컷의 이러한 트레이드오프는 자식을 낳지 못하고 늙어 죽는 것보다는 젊어서 자식을 낳고 죽는 편이 더 낫다는 것을 보여준다.

어떤 사람은 체스닛의 폭식이 성적 매력으로 보이지 않는다고 생각할 것이다. 여성도 동일한 기록을 추구한다는 사실을 감안하면, 기록 달성에 어떻게 성 선택이 작용할 수 있겠는가? 허벅지 사이에 수박을 넣고 14.65초 만에 3개를 깬 우크라이나의 세계 기록 보유자 올가 랴슈크Olga Liashchuk는 이성을 유혹하는 데 어떤 이점이 있을까? 1분 만에 전화번호부 5권을 잡아 찢음으로써 기네스 세계 기록을 세운 미국의 서커스 곡예사 린지 린드버그Linsey Lindberg는 또 어떤가?

이 문제에 대한 답을 얻으려면, 기록 달성이 성 선택의 연장일 가능성이 있긴 하지만, 이러한 행동은 더 이상 원래의 구애 행동 목적과는 상관이 없다는 점을 인식해야 한다. 탁월성은 인류의 목적-수단-목적 변화에 따라 영향을 받아왔다. 짝짓기라는 목적은 탁월성이라는 수단과 단절되어, 이제 우리는 탁월성 자체를 위해 탁월성을 추구하고, 기록 자체를 위해 기록을 추구한다.

구애 행동은 더 이상 탁월성을 요구하지 않는데, 인류는 더 이상 다윈주의의 수직적 조건에서 진화하지 않기 때문이다. 나중에 더 자세히 이야기하겠지만, 우리는 양성 선택에서 벗어났다. 첫 번째 진화 동안에 자연 선택의 위력은 우리 모두를 충분히 훌륭하게 만들었다. 우리는 생존하고 생식하기 위해 생물학적으로 개선될 필요가 없다. 따라서 이제 탁월성에는 선택적 목적이 없으며, 최선의 표본을 성적으로 선호하는 행동이 선택적 대립 유전자의 생존(첫 번째 진화를 이끌었던)이라는 결과를 낳지도 않는다. 우리는 두 번째 진화의 정체 상태에서 살고 있다. 변화는 더 이상 생존 경쟁에서 적합도를 개선하는 선택과 적응 고정이 발휘하는 기능이 아니다. 대신에 변화는 우연의 산물이다. 사실, 현존하는 거의 모든 종은 바로 이 위치에 있다. 하지만 인류는 언제나처럼 미래를 상상하는 능력 때문에 유일무이한 존재이다. 사람 이외의 동물은 본질적으로 동일한 짝짓기 후보들 중에서 미소한 차이를 선택하는 데 만족해야 하는 반면, 우리의 상상력은 생물학 영역에서 크게 벗어나 끊임없이 다양화하면서 일어나는 군비 경쟁을 지속시켰다. 비록 안전망은 거의 모든 남성이 충분히 훌륭하도록 보장하긴 하지만, 우리는 탁월성 자체를 남성과 여성 모두에게 무수한 방식으로 영감을 줄 수 있는 하나의 에토스로 만들었다.

그 작용 방식을 이해하기 위해 먼저 성적 경쟁을 완화시키는 메커니즘부터 살펴보자. 로널드 피셔는 처음에는 양 성 모두 생식과 상관없는 형질들을 비슷하게 갖고 있었지만, 두드러진 기관이나 행동을 선호하는 여성의 취향 때문에 남성들 사이에서 양성 피드백 고리가 생겨나게 되었다는 가설을 세웠다. DNA 로또가 더 근사한 모형을 내놓을 때마다 여성들은 짝짓기 상대로 그를 선호했고, 그래서 그의 유전체는 개체군에서 널리 퍼져나가게 되었다 (이 점에서 여성은 품종 개량가와 같은 기능을 했다. 둘 다 돌연변이에 대해 까다롭다. 다윈이 성 선택의 형상을 본떠 자연 선택을 만들어냈다고 주장할 수도 있다).[14]

하지만 남성의 형질 과장이 심화되는 이 과정은 영원히 계속될 수 없다. 물리적, 생리적, 발달적 제약이 조만간 성장에 종지부를 찍게 한다. 스티븐 제이 굴드는 이러한 제약을 '오른쪽 벽right wall'이라고 불렀는데, 그 너머에서는 추가 성장이 더 이상 지속될 수 없는 지점을 말한다. 성 선택 형질의 경우, 개인적 생존에서 입는 손해를 유전체 생존에서 얻는 이득으로 더 이상 만회할 수 없을 만큼 그 형질이 아주 두드러지게 성장했을 때 오른쪽 벽에 이르게 된다. 성장을 향한 추가적인 돌연변이는 모두 치명적일 수 있고, 적어도 비용-편익 측면에서 손해를 보게 된다.

오른쪽 벽에 맨 처음 이른 남성은 단지 성적 매력이 조금 더 있는 정도에 그치지 않았다. 모든 남성 중에서 가장 매력이 있었다. 하지만 그는 유일한 기록 보유자로 오래 남아 있을 수 없었다. 그가 가진 극강의 대립 유전자는 그에게 인도의 수컷 물소 유브라지처럼 생식을 독점하게 해주었다. 그래서 다음 세대에는 그 대립 유전자가 널리 퍼졌고, 그다음에는 전체 개체군으로 퍼졌다. 그 결과로 모든 남성이 정상 부근에 모이게 되었다. 굴드는 이러한 경향을 '탁월성의 확산'이라고 불렀다.[15] 인간의 본질적 평등성을 부정하는 견해는 많았는데, 특히 과학적 인종차별주의를 주도하는 사람들이 부정했다. 하지만 굴드가 체계적으로 탐구한 것과 동일한 직관을 이전의 지적 풍조에서 발견할 수 있다. 근대 정치 이론가인 토머스 홉스Thomas Hobbes는 "자연은 몸과 마음의 능력이 아주 동등하도록 사람들을 만들었다. 가끔 어떤 사람이 다른 사람보다 몸이 더 강하거나 마음이 더 빠른 경우가 분명히 있긴 하지만, 모든 것을 종합해 고려하면, 사람과 사람 사이의 차이는 어떤 사람이 다른 사람이 따라올 수 없는 장점이 자신에게 있다고 주장할 수 있을

만큼 그렇게 크지 않다."라고 썼다.[16]

공작의 꽁지깃, 순록의 뿔, 사람의 2차 성징은 이미 오래전에 정점에 도달했다. 피셔는 "상대적 안정성의 조건은…… 장식물이 진화하는 과정보다 훨씬 오래 지속될 것이다. 기존의 종 대부분에서 폭주 과정은 이미 억제된 것이 분명하다."라고 가정했다. 사실, 2차 성징은 다른 형질보다 훨씬 빨리 고정될 것이다. 피셔는 "성적 깃털의 더 기묘한 발달은 대다수 형질과 마찬가지로 길고 균일한 진화적 발전 과정 때문에 나타난 것이 아니라, 갑작스럽게 분출된 변화 때문에 나타났다."라고 주장했다.[17]

이렇게 하여 인류는 두 번째 진화의 수평 단계에 들어섰는데, 이 단계에서는 선택을 통한 개선이 일어난 게 아니라, 충분히 훌륭한 것들 사이에서 다양성이 커져갔다. 이 평형의 시기에 양 성은 딜레마에 봉착하게 된다. 남성은 "이제 모든 경쟁자가 비슷하게 최고의 능력을 갖게 되었으니, 어떻게 해야 남들보다 뛰어날 수 있을까?" 하고 고민하게 된다. 여성은 "이제 모든 구혼자가 똑같은 성적 매력을 갖고 있으니, 배우자를 어떻게 선택해야 할까?" 하고 고민하게 된다.

성적 매력에서 이 오른쪽 벽을 만났을 때 두 가지 효과가 나타난다. 남성의 형질은 다양화하고, 여성의 취향은 더 특이하게 변한다. 모든 남성은 생존과 생식에는 문제가 없을 만큼 충분히 훌륭하지만, 3차 성징이라고 부를 수 있는 것들의 크기와 모양, 색에서 다소 차이가 난다. 3차 성징은 생식 자체와는 아무 관계가 없지만 바람직성의 표지가 되는 기관들을 말한다. 예를 들면, 암컷 새는 구부러진 부리를 좋아하고, 여성은 뾰족한 귀를 좋아할 수 있다. 성징이 오른쪽 벽에 이른 상태에서 일부일처제를 따르는 암컷은 복혼제를 따르는 암컷보다 취향이 더 특이해야 하는데, 일부일처제를 따르는 암컷은 거의 동일한 구혼자들 중에서 특정 배우자를 선택해야 할 이유를 찾아야 하기 때문이다. 이 예측은 알렉시스 체인Alexis Chaine과 브루스 라이언Bruce Lyon이 흰날개멧새*Calamospiza melanocorys*를 대상으로 한 독창적인 연구를 통해 확인되었다.[18] 주요 성징인 색은 오래전에 오른쪽 벽에 도달했다. 이제 암컷은 몸 크기와 부리 크기 같은 다른 기준을 고려하며, 선호도에서 큰 유연성을 보인다. 이것은 특별한 선호 체계가 없다는 것을 뜻한다. 일부 암컷은 몸이 가장 큰 수컷을 원하지만, 다른 암컷은 몸 크기에는 아무 관심이 없다.

이것은 윌리엄 베이트슨과 해럴드 브린들리가 곤충의 2차 성징에서 발견한 넓은 범위의 변이를 설명해준다. 예를 들면, 두 사람은 일부 수컷 양집게벌레*Forficula auricularia*의 꽁무니 집게가 암컷보다 크지 않은 반면, 어떤 수컷의 꽁무니 집게는 암컷에 비해 3배나 크다는 사실을 발견했다. 유럽사슴벌레*Lucanus cervus*의 큰턱과 기드온장수풍뎅이*Xylotrupes Gideon*의 겉날개와 뿔의 범위 역시 이에 못지않게 눈길을 끈다.[19] 수백만 년 전에 오른쪽 벽에 도달한 이 형질들은 크게 다양화하여 더 이상 구애 행동에서 예측 가능한 역할을 하지 않는다(〈그림 10-1〉 참고).

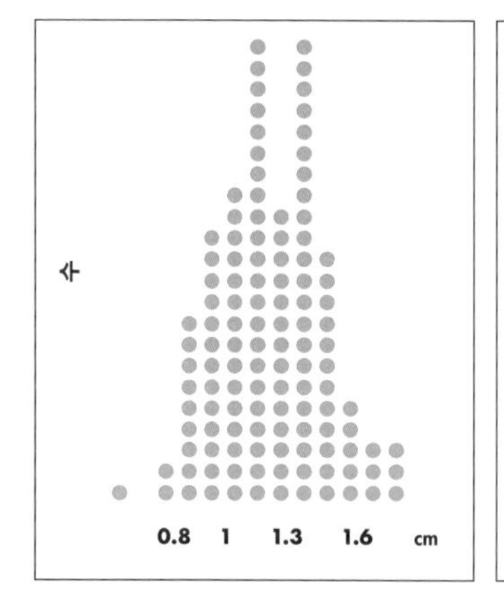

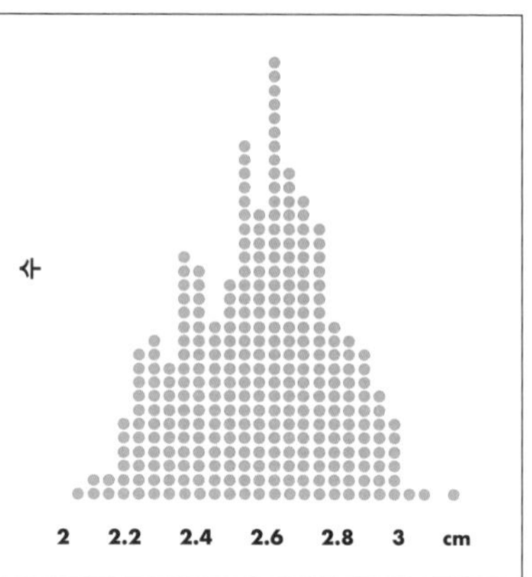

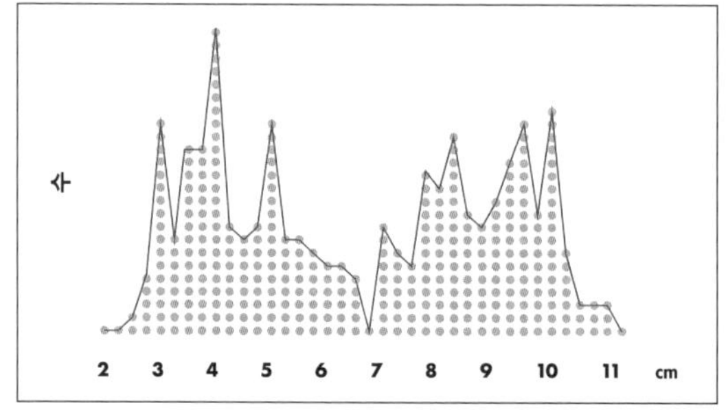

〈그림 10-1a와 10-1b, 10-1c〉 짝짓기에는 충분히 훌륭한: 많은 종의 수컷은 2차 성징에서 넓은 범위를 보여준다. 왼쪽: 유럽사슴벌레 큰턱 길이의 빈도. 가운데: 기드온장수풍뎅이 겉날개 길이의 빈도. 오른쪽: 기드온장수풍뎅이 뿔 길이의 빈도. 관찰 증거는 이러한 다양성이 성 선택의 산물이 아니라 그 반대, 즉 성적으로 오른쪽 벽에 도달한 상황에서 암컷의 특이한 취향이 낳은 산물임을 시사한다. 모든 수컷의 생식 능력이 충분히 훌륭한 상황에서 암컷은 더 이상 뚜렷이 구분되는 선호를 보이지 않는다.

이런 범위들에서 우리가 관찰하는 것은 수컷의 다양성에 대한 암컷의 무관심이 낳은 산물이다. 이러한 관용은 두 번째 진화 동안에 다양한 신체 형태가 번성할 여지를 충분히 보장한다. 사람들 사이에서는 일부 여성은 자신보다 키가 훨씬 큰 남성을 선호하는 반면, 다른 여성은 자신과 키가 비슷한 남성을 선호한다. 어떤 여성은 근육질 남성을 좋아하는 반면, 다른 여성은 물렁살이 많거나 여윈 남성을 좋아한다. 또, 초록색 눈이나 검은색 머리카락 또는 특별한 모양의 입을 좋아하는 여성도 있다. 이것들은 모두 생식적으로 전혀 중요하지 않다. 폭주 성장 단계는 최선보다 못한 것을 차별하여 불이익을 주는 것이 특징인 반면, 평형 단계는 관대한데, 모두가 충분히 훌륭하기 때문이다.

사람과 사람 이외의 동물은 모두 탁월성의 민주화를 즐기지만, 특이함이 나타나는 범위는 사람이 훨씬 더 넓다. 이 차이는 미래의 발명에서 비롯된다. 상상력이 없는 동물은 제안과 요구에서 수동적일 수밖에 없다. 이들은 각자의 취향에 맞춰 자신의 몸을 발달시킬 수도 없고, 자신의 특정 탁월성 분야를 과시하기 위해 새로운 활동을 설계할 수도 없다. 이들은 전적으로 돌연변이 로또에 의존할 수밖에 없다. 반면에 사람은 대안 현실을 상상하는 능력이 있어서 선제적으로 행동을 취할 수 있다(예컨대 성형 수술을 통해 귀를 뾰족하게 만드는 식으로). 남성과 여성은 이 능력을 사용해 새로운 비해부학적 탁월성 분야들을 만든다. 차별화의 원천이 기하급수적으로 증가함에 따라 개인적 취향을 개발하고 탐닉할 기회도 마찬가지로 증가한다.

긴 꼬리long tail 개념은 사람의 구애 행동 시장이 오른쪽 벽 발치에 있는 것처럼 보이는 현상을 잘 설명해준다. 긴 꼬리 개념은 저널리스트이자 사업가인 크리스 앤더슨Chris Anderson이 온라인 상거래 덕분에 생겨난 틈새 상품의 생존력을 설명하려고 개발했다. 앤

더슨은 "우리 문화와 경제는 수요 곡선의 꼭대기 부분에 있는 비교적 적은 수의 '히트 상품'(주류 상품과 시장)에 집중된 초점에서 점점 더 벗어나 꼬리 부분에 있는 아주 많은 수의 틈새를 향해 다가가고 있다."라고 썼다.[20] 히트 상품은 계속해서 나오지만, 틈새 상품 역시 팔릴 수 있다. 이와 비슷하게 수요가 많은 성징(주류 상품) 소유자는 짝을 쉽게 찾을 수 있다. 하지만 인기가 덜한 방식(틈새 상품)에 탁월한 사람도 희망을 포기할 이유가 없다. 일부일처제를 따르는 종에서는 거의 모든 개체에게 짝이 돌아간다(〈그림 10-2〉 참고).

오른쪽 벽 부근에 모이는 현상이 탁월성의 민주화로 이어지고, 특이한 취향의 긴 꼬리가 지속시키는 다양화가 그 뒤를 잇는 이 모형은 성 선택에만 국한되지 않는다—모든 오른쪽 벽에는 긴

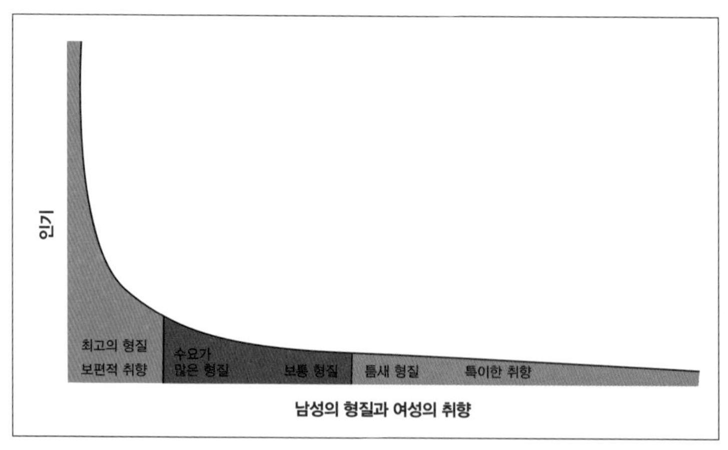

〈그림 10-2〉 사람의 생식에서 나타나는 긴 꼬리 현상: 사람의 성징은 아주 오래전에 안정화되어 사실상 모든 남성이 동일한 생식 능력을 가지게 되었다. 그 결과, 가장 인기 있는 형질을 갖지 않은 남성도 특이한 취향을 가진 여성 사이에서 짝을 찾을 수 있다. 이런 상황에서 짝을 찾기 위한 경쟁은 무의미하다. 누구에게나 짝이 돌아가기 때문이다.

꼬리가 달린다. 이 모형은 모든 경로의 안정화는 완화된 압력하에서 점점 더 많은 접근법이 생존력을 입증함에 따라 질적으로나 양적으로나 변이성이 증가할 것이라고 예측한다. 이것은 형질(예컨대 콩팥단위 수의 넓은 범위)과 종(예컨대 서로 다르지만 선택적으로 적합한 수천 종류의 뿔매미), 그리고 심지어 취미와 경력에도 해당한다. 예를 들어 애국적인 일본인에게 하나를 선택하라고 권하는 수십 가지 '전통' 무술을 생각해보라. 일반 대칭성과 오른쪽 벽의 결합은 자연이 요구하는 것을 훨씬 넘어서서 팽창을 낳지 않을 수 없는데, 그것은 곧 과잉이다.

사람은 오른쪽 벽 발치에서 편안하게 살아간다. 자연 선택은 우리를 강건한 생물학적 기초로 무장시켰고, 인류의 안전망은 우리의 모든 기본 필요를 쉽게 충족시키도록 보장하며, 일부일처제와 탁월성의 민주화가 결합됨으로써 거의 모든 사람에게 짝이 돌아간다(여성은 자신의 기회에 대해 염려할 필요가 없다. 여성은 항상 수요 곡선의 꼭대기에 위치하는데, 난자 덕분에 없어서는 안 되는 존재이기 때문이다). 자연 도태는 계속되지만, 솎아내야 할 치명적인 돌연변이는 얼마 남아 있지 않다. 양성 선택은 기여할 게 거의 없는데, 그 효과는 오른쪽 벽에서 한계에 이르기 때문이다. 우리는 리얼리티 쇼나 월스트리트, 논문을 발표하지 않으면 죽는 상황, 핫도그 먹기 대회 같은 것들에서만 경쟁에 몰입한다. 이것들은 성 문제의 오른쪽 벽에 도달하기 전에 남성들 사이에서 치열하게 벌어졌던 경쟁의 희미한 그림자에 지나지 않는다. 기이한 기록과 아주 큰돈을 놓고 벌어지는 경쟁은 아직도 개인의 생존과 대립 유전자의 생존에 기여할지 모르지만, 중심 무대가 아니라 변두리에서만 일어나고, 그것도 먼 옛날에 벌어졌던 경쟁에 비하면 그 치열함이 훨씬 덜하다.

이것은 인류가 탁월성 자체를 위한 탁월성 고리에 깊이 휘말려 있음을 시사한다. 대다수 경쟁자는 게임 자체를 위한 게임을 한다. 그 목적인 생존과 생식은 이미 보장돼 있다. 이제 우리는 마침내 편안하게 지낼 수 있는데도 왜 이렇게 많이, 그리고 아마도 이전보다 훨씬 더 많이 경쟁을 할까? 지루함을 느끼는 신경세포가 우리를 가만히 있게 내버려두지 않기 때문이다. 신경세포는 탁월성 음모를 꾸미는 비밀 결사이다. 신경 세포는 우리 문화의 형성을 좌우하는데, 이 문화는 탁월성을 당연한 것으로 여기고 우리를 새로운 것과 독창적인 것과 더 나은 것을 만듦으로써 탁월성을 향해 나아가라고 강요한다. 하지만 안녕과 건강, 부, 자존심, 안락, 쾌락, 효율에 수확 체감 효과가 아주 크게 나타난다. 탁월성 음모가 초래하는 그 모든 고통을 감안하면, 탁월성 음모는 튼튼한 동맹을 구하지 못하고 와해될 수도 있다. 여기서 교육이 개입한다. 놀렌스 볼렌스Nolens volens, 즉 싫든 좋든, 우리는 탁월성을 추구하는 경로를 계속 유지하라고 배운다. 그 때문에 감수해야 하는 손해가 아무리 크더라도 말이다.

학교 교육

아기가 태어나면 즉각 비교되고("잰 아빠를 쏙 빼닮았어."), 순위가 매겨지며("잰 누나보다 훨씬 다루기가 수월해."), 훈련된다("7시 30분에 목욕하고 나서 자러 가."). 가축화는 집에서 시작된다. 처음 몇 개월 동안 아기를 길들이는 것은 부모가, 그리고 어쩌면 그 밖의 가족도 해야 할 일이다. 하지만 아기가 만 한 살이 되면, 부모는 인생의 정글은 매우 혹독하므로 자신들의 아마추어 양육으로는 아기를 키우기에 충분치 않다고 판단한다. 심지어 자격을 갖춘 교사조차 자식을 어린이집에 맡긴다. 물론 근근이 생계를 이어가면서 직접 자식을 돌봐야 하는 사람들도 많다. 하지만 이들도 기회만 주어진다면, 부모의 책임을 다른 사람에게 위임하고 진정한 자아를 찾아나서려고 할 것이다.

결국에는 아이를 맡길 돈이 없는 사람도 아이를 맡길 기회가 오는데(사실은 법적으로 강요받게 되는데), 양육에는 너무나도 많은 것이 걸려 있어 아이를 키우는 책임을 온전히 부모에게만 맡길 수 없기 때문이다. 만 다섯 살 무렵부터 국가가 나선다. 유치원부터 성인이 될 때까지 현실 생활을 위한 준비는 무엇보다 중요한 사회적 계획이다. 학교는 학생을 전체 탁월성 스펙트럼에 노출시킨다. 학생은 급우들을 능가하는 실력을 보임으로써 개인적으로 탁월성을 보이라는 요구를 받는다. 또, 다른 집단들과 경쟁하는 집단의 일원으로 노력하면서 집단적으로도 탁월성을 보이라는 요구를 받는다. 그리고 무엇보다 중요하게는 자신을 능가함으로써 탁월성을 보이라는 요구를 받는다. 학생은 늘 이전보다 더 많이 할 수 있고, 더 잘할 수 있다는 것을 배운다.

이 세 영역만으로는 도전 과제로 충분치 않다는 듯이 학생들은 또한 절대적인 것과 맞서 경쟁하라는 요구를 받는다. 수학, 화학, 언어를 비롯해 여러 분야에서는 모든 질문에 거의 항상 정답이 있다. 스포츠 분야에서는 어린 운동선수도 기록과 세계 챔피언을 잘 안다. 심지어 시각예술, 문학, 음악, 무용을 비롯해 그 밖의 창조적인 분야들에서도 학생들은 위대하다고 일반적으로 인정되는 작품과 맞닥뜨린다. 어른이 되고 나면 상대주의에 지배당할지 모르지만, 학교를 다니는 동안은 객관성과 상호 주관성의 요구에서 벗어날 수 없다.

이것은 탁월성 자체를 위해 탁월성을 훈련하는 과정이다. 이 훈련이 합리적 수단이 될 수 있는 합리적 목적 같은 것은 없다. 어린이를 양육하는 경쟁적 환경은 부모에게는 저주와 같은 것인데, 부모는 그런 경쟁이 무의미하다는 것을 안다. 어른이라면 매주 지리학, 시학, 삼각법, 역사, 농구 등에서 시험을 치르고 점수가 매겨지는 과정을 아무도 견뎌내지 못할 것이다. 그런 것은 허구 속의 디스토피아에나 나오는 이야기이다. 게다가 어른은 모든 것에서 탁월한 실력을 발휘하는 사람은 없으며, 그렇게 하려고 노력해봤자 적절한 보상이 따르지 않는다는 사실을 안다. 현대의 르네상스적 인간은 모든 것을 다 하지만 제대로 하는 것은 하나도 없는 사람으로 폄하당한다. 대신에 한 가지 계통의 일(아마도 하위 전문 분야)을 선택하고, 자신의 삶에서 나머지 영역들은 모두 다른 하위 분야 전문가에게 위임해야 한다.

하위 분야 전문가로서 살아가는 어른은 또한 학교에서 가르치는 과목들이 거의 다 호구지책과 아무 관련이 없다는 사실을 안다. 대다수 사람들의 경우, 이 과목들에서 배운 지식을 사용한 곳은 시험밖에 없다. 학생은 공부한 것 중 많은 것을 잊어버리더라도 자신의 경력에서 성공하는 데 아무런 위험이 따르지 않는다. 어떤 직업을 택하건, 6세부터 18세까지 학교에서 배운 사실과 방정식, 규칙 중 극히 일부만 알고 있으면 충분하다. 학교는 필요 이상의 자격을 갖춘 사람들을 만들어내는 조립 라인이다.

그렇다고 해서 내가 탁월성이 절대로 유용하지 않다고 주장하는 것은 아니다. 다만, 대다수 사람들에게는 그렇게 많은 노력을 쏟아부을 가치가 없다고 말할 뿐이다. 우리는 최선을 다하도록 프로그래밍되었지만, 최선이 필요한 경우는 드물다. 인구 증가와 낭비적인 서구식 생활방식의 세계화에 보조를 맞춰 안전망을 떠받칠 목적으로 탁월성을 발휘할 필요가 있는 사람은 전체 인구 중 극히 일부에 불과하다. 사회는 맬서스주의의 반대쪽으로 간다. 기하급수적 인구 증가에 따른 수요는 훨씬 적은 인적 자원의 증가로 충족시킬 수 있다. 필요한 극소수 엘리트가 안전망을 유지하고 필요한 만큼 확대시키는 동안 나머지 사람들은 평범성에 만족하면서 살아갈 수 있다. 시장에서는 C 학점 이상을 요구하는 일자리가 별로 많지 않다.

따라서 과잉이 유발한 파멸적 기후 변화라는 오른쪽 벽의 가능성에도 불구하고, 탁월성 추구는 누적되는 우리 자신의 과잉보다 한발 앞서게 한다는 점에서 사회에 좋을 수 있다. 하지만 개인에게 탁월성은 헛수고나 다름없다. 최선을 추구하는 사람은 충분히 훌륭한 적정 수준을 추구하는 사람보다 적합도가 떨어진다. 이들은 더 자주 실패하고, 실패로 인해 치러야 할 대가도 더 크다. 운동선수, 예술가, 과학자, 자본가, 품종 개량가는 동료들뿐만 아니라 자신과도 끊임없이 경쟁해야 하며, 승리를 거둘 확률은 아주 낮다.

미국 스포츠는 이 잔인한 현실을 X선 사진처럼 투영해 보여준다. 전미대학체육협회(NCAA)가 제공한 2017년 자료에 따르면, 2016~2017년에 100만 명이 넘는 고등학교 미식축구 선수들 중에서 대학 수준의 경기를 뛴 선수는 7만 3000명을 조금 넘고, 내셔널 풋볼 리그에 드래프트된 선수는 253명에 불과했다. 농구는 성공 확률이 더 낮다. 고등학교 농구 선수 55만 명 중에서 프로 선수로 드래프트되는 사람은 겨우 50명으로, 비율로는 0.00009%에 불과하다. 야구는 성공 확률이 조금 더 높지만, 여전히 아주 낮은 편이다. 고등학교 선수들 중에서 0.0015%(49만 2,000명 중 735명)만이 빅 리그에 진출한다(〈그림 10-3〉 참고).[21]

왜 개인들은 얻는 것보다 잃는 게 훨씬 많은데도 탁월성 음모를 지지할까? 그 비밀의 열쇠가 운동선수들에게 있을지 모른다. 탁월성에 이르는 길은 피와 땀과 눈물(그리고 어쩌면 뇌 손상까지)로 뒤덮여 있다.[22] 그 부산물은 좌절과 자기혐오, 열등 콤플렉스, 절망이다. 최종 목적지에 이르는 경우는 드물고, 심지어 그곳은 최종 목적지도 아닌데, 운동선수의 경력은 필연적으로 짧기 때문이다. 하지

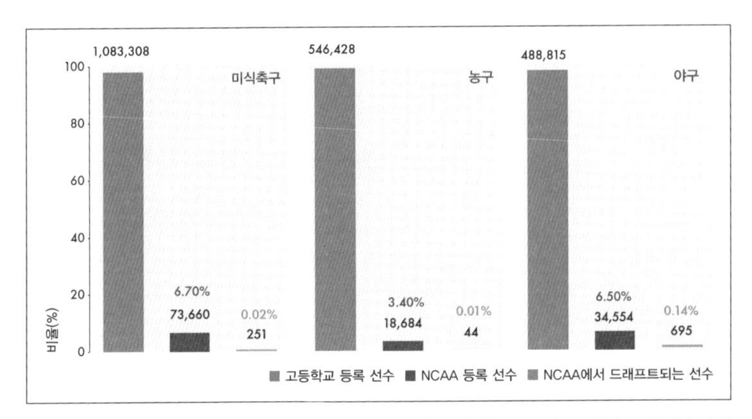

〈그림 10-3〉 패자의 고통: 운동선수는 탁월성 추구의 어리석음과 매력을 모두 잘 보여준다. 프로 선수가 될 확률은 불가능에 가까울 정도로 낮다. 프로 선수가 되는 데 성공하는 사람들도 있지만, 그 이면에는 쓰라린 패배를 경험하는 수백만 명이 있으며, 그 과정에서 이들의 꿈과 신체는 망가지고 만다. 하지만 최선을 추구하는 노력은 따분함을 참지 못하는 우리의 신경세포를 달래준다.

만 그 여행은 아주 신나고, 따분함에 빠진 신피질에게는 매우 즐거운 것이다—적어도 여행이 끝나고, 이전에 최고를 꿈꾸던 선수가 이제 뒷전으로 물러나 느긋하게 관전하는 팬이 되기 전까지는.

이 책은 평범성을 옹호하는 선언서가 아니다. 단지 평범성 상태의 지속 가능성을 인정할 뿐이다. 나는 경쟁에 반대하는 평화주의 팸플릿을 뿌리는 게 아니다. 단지 우리가 현명하게 그것을 선택하자고 주장할 뿐이다. 나는 독재나 학교 폐지를 선호하지 않는다. 우리는 신경세포의 실직 상태를 완화시키려고 엽 절개술을 시도하려고 해서는 안 된다. 또, 의회가 최적화나 신기성, 유아화, 인류의 안전망을 불법화하길 바라지도 않는다. 나는 그렇게 하는 것이 가능하다는 듯이 오로지 현재 속에서만 살아가라고 권하지 않는다.

이 책은 분명히 다윈에 반대하는 책이 아니다. 오히려 그 반대다. 나는 다윈과 그의 개념, 그 개념들의 적절한 장소(그 설명력을 최대한 발휘할 수 있는 곳)를 제대로 알려고 노력한다. 하지만 이것은 논란의 대상이 되는데, 다윈은 종의 발달에 관한 모든 것과 그 밖의 많은 것을 설명한다고 널리 알려져 있기 때문이다. 하지만 "même la plus belle fille du monde ne peut donner que ce qu'elle a(세상에서 가장 아름다운 여성도 오직 자신이 가진 것만 줄 수 있다.)."라는 프랑스어 표현이 있다. 자연 선택은 생명과학에서 가장 아름다운 이론이지만, 종의 기원에 관한 첫 번째 진화만 설명할 수 있다. 두 번째 진화는 설명하지 못한다. 즉, 평형 조건에서 종들이 다양화하면서 생물학자들이 무시하는 넓은 종내 범위와 생물학자들이 적응적인 것으로 가정하는, 선택적으로 중성인 종간 특징을 설명하지 못한다. 자연 선택은 인간 문제의 상태도 설명하지 못한다—사람들과 정부들이 자연 선택을 사회생활의 모형으로 받아들이는 경우를 제외하고. 굿 이너프 이론은 자연 선택 이론만큼 아름답지 않지만, 탁월성 음모에도 불구하고 지속되는 자연과 사회의 기초를 더 현실적으로 설명한다.

이 책은 자연 도태와 자연 관용 이론을 자세히 설명하면서 진화를 다윈 이래 탁월성 음모를 정당화하는 데 사용돼온 진화윤리학으로부터 구하려고 시도한다. '혁신하지 않으면 죽는다'와 '경쟁력을 키우라' 같은 명령은 다윈주의와 신다윈주의가 묘사하는 자연 선택과 연결 관계가 강하지만, 오른쪽 벽의 탁월성이 민주화된 상황에서는 경쟁이 극적으로 감소하면서 실제로 작용하는 자연 선택과의 연결 관계는 아주 약하다(이와는 대조적으로 다윈의 변화를 동반한 대물림 이론은 인간 행동의 계보와 관련 있으므로 따라서 아마도 윤리학과 밀접한 관련이 있다). 이제 더 공정한 윤리학이 나올 시기가 무르익었다. 탁월성 추구는 일부 사람들에게는 존경할 만한 소명이지만, 진리, 믿음, 일, 가족, 평온, 사랑, 평화, 쾌락, 건강, 스릴, 재미를 포함해 많은 가치 중 하나에 불과하다. 탁월성에 대한 욕망이 자연의 승인을 계속 받는 반면, 다른 가치의 추구가 부수 현상으로 간주되는 이유는 우리(언제나 그러는 일반 대중과 적응을 계속 비과학적으로 상정하는 생물학자들)가 자연 선택을 자연 법칙으로 오해하기 때문이다.

이 구조 작업의 기반을 이루는 지적 계획은 적어도 다윈의 변덕스러운 가축화 유추를 중심으로 교리 원칙을 다시 만들어 그 결과를 지적 설계라고 부르는 창조론자들의 주장이 틀렸음을 입증한다. 생물은 설계된 것이 확실할 만큼 완벽하지 않다. 생물은 심지어 최적의 트레이드오프조차 반영하고 있지 않다. 생물에 관한 모든 것은 뒤죽박죽으로 뒤섞인 속성을 드러낸다. 때로는 어떤 면에서 잘 적응하기도 하지만, 대개는 그저 충분히 훌륭하고 충분히 운이 좋아 멸종하지 않았을 뿐이다. 만약 생물이 설계된 것이라면, 부주의한 창조자가 아무렇게나 설계한 것이 분명한데, 그 결과는 적어도 성공만큼 실패도 많다. 그렇지 않다면 사람속의 우리 형제자매들이 모두 멸종한 사실과 우리조차 멸종할 뻔한 사실을 어떻게 설명할 수 있겠는가? 우리 뇌는 선택되었을 리가 없는 것과 마찬가지로, 전능한 창조자의 손에서 설계되었을 리도 만무하다. 적어도 그 설계자는 우리를 친절하게 대하는 존재는 아니었을 것이다. 지나치게 큰 머리 때문에 너무나도 많은 사람들이 죽어갔다.

하지만 잘하면 굿 이너프 이론은 지적 설계를 개념들의 유전자 풀에서 제거하는 것 이상의 일을 할 수 있다. 진화를 진화윤리학에서 구하는 것은 탁월성을 추구하면서 궁지에 몰린 우리에게도 좋을 수 있는데, 불필요하고 불편한 노력에서 벗어날 수 있기 때문이다. 더 중요하게는 내가 설명한 이론은 먹느냐 먹히느냐에 중점을 둔 자본주의의 속설을 거부한다. 이 속설은 그렇지 않았더라면 미래에 기반을 둔 안전망이 공급할 손쉬운 삶에 개인이 접근할 기회를 선택적으로 박탈하는 정책의 근간을 이루고 있다.

이 정책을 정당화할 수 있는 근거는 자연에 존재하지 않는다. 성적 경쟁의 관점에서 볼 때 탁월성은 보편적인데, 이것은 모두가 충분히 훌륭하다는 뜻이다. 생존의 관점에서 볼 때에는 충분히 훌륭한 것이 탁월한 것보다 유리한데, 탁월성을 추구하는 노력은 생존에 걸림돌이 되기 때문이다. 자연 선택의 가장 좋은 사례—다윈 핀치, 갈라파고스땅거북—조차 온갖 종류의 방식에서 탁월한 상태에 훨씬 못 미친다. 이들은 단지 충분히 훌륭한 정도에 지나지 않는다. 다만 충분히 훌륭한 단계에 이르는 것이 정글에서 살아가는 사촌들보다는 더 어렵기 때문에, 핀치와 땅거북은 인상적인 적응을 하게 된 것이다. 인간 사회는 탁월성을 발휘할 공간이 있지만, 같은 이유 때문에 그런 것은 아니다. 즉 갈라파고스 제도처럼 인간 사회가 가혹한 환경이어서 그런 게 아니다. 우리에게 탁월성이 필요한 이유는 단지 우리가 저지른 과잉의 무게에 대해 우리 자신을 안전하게 하기 위해서이다. 탁월성은 일종의 클루지, 즉 쉽고 풍부한 삶을 살아가면서 우리의 경이로운 뇌가 경험하는 따분함을 덜어주기 위한 임시변통의 해결책이다.

따라서 자연이 우리 각자에게 탁월성을 요구하거나 그것에 대해 어느 누구에게 보상을 한다는 것은 터무니없는 생각이다. 탁월성으로 간주되는 것과 그에 따르는 보상은 사회가 선택한다. 인간 세계는 똑똑한 사람과 우둔한 사람, 전문가와 딜레탕트, 열심히 일하는 사람과 게으름을 피우는 사람, 챔피언과 평범한 사람을 모두 수용할 수 있는 넓고 거의 경계가 없는 방이 있다.

만약 우리가 자연의 지혜를 존중한다면, 평범성에 대한 관용이 자연이 지닌 천재성의 한 측면이라는 사실을 인정해야 한다. 우리도 그에 어울리는 훌륭한 학생이 되어야 한다.

미주

머리말

1. Sigmund Freud, A *General Introduction to Psychoanaylysis*, trans. G. Stanley Hall (New York: boni and Liveright, 1920), 247. 프로이트는 이 우아한 표현을 독일 생리학자 에밀 뒤 부아 레몽 Emil du Bois-Reymond가 쓴 글에서 표절했을 가능성이 있다. John Horgan, "Copernicus, Darwin and Freud: A Tale of Science and Narcissism," *Cross-Check* (blog), *Scientific American*, September 21, 2015, https://blogs.scientificamerican.com/cross-check/copernicus-darwin-and-freud-a-tale-of-science-and-narcissim/ 참고.
2. 나는 정신분석의 해로운 효과를 Daniel S. Milo, *Clefs* (Paris: Belles Lettres, 1983); Daniel S. Milo, *Pour Narcisse: Essai de l'amour impartial* (Paris: Belles Lettres, 1995); Daniel S. Milo, *Héros et cobayes* (Paris: Belles Lettres, 1997)에서 다루었다.
3. Alfred Russel Wallace, letter to Charles Darwin, 2 July 1866, https://www.darwinproject.ac.uk/letter/DCP-LETT-5140.xml#back-mark-5140.f5.
4. Beth Shapiro et al., "The Flight of the Dodo," *Science* 295 (2002): 1683.
5. Richard Dawkins, *The God Delusion* (Cambridge, UK: Black Swan,

2007), 190. Emphases added.

6. Charles Darwin, letter to John D. Hooker, 13 July 1856.
7. Alfred Russel Wallace, "On the Habits of the Orang-Utan," *Annals and Magazine of Natural History* 18, 2 (1856): 26-32.
8. Charles Darwin, *On the Origin of Species by Means of Natural Selection, or the Preservation of Favoured Races in the Struggle for Life* (London: John Murray, 1859), 102. Emphasis added.
9. Robert H. Frank, *The Darwin Economy: Liberty, Competition, and the Common Good* (Princeton, NJ: Princeton University Press, 2011).
10. "Corporate Darwinism: Only Strong Survive," National Broadcasting Corporation (NBC), http://www.nbcnews.com/id/28315979/ns/business-retail/t/corporate-darwinism-only-strong-survive/#.WnYW-6jiaUk.
11. Juan Jose Rio and Vincent Stevens, "Corporate Darwinism in the Digital Age," *Delta Perspective*, February 2014.
12. Darwin, *Origin of Species*, 484.
13. Charles Darwin, *On the Origin of Species by Means of Natural Selection, or the Preservation of Favoured Races in the Struggle for Life*, 2nd ed. (London: John Murray, 1860), 65-66. Emphases added.
14. St. George Jackson Mivart, *On the Genesis of Species* (New York: Appleton, 1871).
15. George Romanes, "Physiological Selection: An Additional Suggestion on the Origin of Species," *Zoological Journal of the Linnean Society* 19, 115 (1886): 337-411, 349.
16. Alfred Russel Wallace, "The Limits of Natural Selection as

Applied to Man," in *Contributions to the Theory of Natural Selection* (London: Macmillan, 1870).

17. Charles Darwin, *The Descent of Man, and Selection in Relation to Sex* (London: Murray, 1871), 1:152.
18. Romanes, "Physiological Selection," 343.
19. Alfred Russel Wallace, "The Problem of Utility: Are Specific Characters Always or Generally Useful?" *Zoological Journal of the Linnean Society of London* 25, 165 (1896): 481–496. Emphasis in original.
20. "Birth of a Giraffe at the Dallas Zoo," uploaded April 2015, https://www.youtube.com/watch?v=P05BRjsAAkg.
21. Frederick T. Addicott, "Abscisic Acid in Abscission," in F. T. Addicott, ed., *Abscisic Acid* (New York: Praeger, 1983), 269–300.
22. J. F. Bertram et al., "Human Nephron Number: Implications for Health and Disease," *Pediatric Nephrology* 26, 9 (2011): 1529–1533.
23. David C. Marshall and Cathy B. R. Hill, "Versatile Aggressive Mimicry of Cicadas by an Australian Predatory Katydid," PloS One 4, 1 (2009): e4185, http://journals.plos.org/plosone/article?id=10.1371/journal.pone.0004185.
24. François Jacob, *Of Flies, Mice, and Men*, trans. Giselle Weiss (Cambridge, MA: Harvard University Press, 1998), 5.
25. Peter Medawar, *The Art of the Soluble: Creativity and Originality in Science* (London: Penguin Books, 1969).
26. Janet Browne, *Charles Darwin: The Power of Place* (New York: Alfred A. Knopf, 2002), 247–248. 일부 실험에 관한 설명은 다음의 Charles Darwin, *Insectivorous Plants* (London: John Murray, 1875)

를 참고하라.

27. Daniel Finke, "Dennett: Darwin Had the Single Greatest Idea Anyone Ever Had," *Camels with Hammers* (blog), *Patheos*, February 12, 2011, http://www.patheos.com/blogs/camelswithhammers/2011/02/dennett-darwin-had-the-single-greatest-idea-anyone-ever-had/.
28. John F. W. Herschel to Charles Lyell, 20 February 1836, in Walter F. Cannon, "The Impact of Uniformitarianism: Two Letters from John Herschel to Charles Lyell, 1836–1839," *Proceedings of the American Philosophical Society* 105 (1961): 301–314.
29. Daniel Milo, "Street Names," in *Realms of Memory: The Construction of the French Past*, vol. 2, ed. Pierre Nora and Lawrence D. Kritzman (New York: Columbia University Press, 1996), 363–389; Daniel Milo, "La Bourse mondiale de la traduction: Un baromètre culturel?," *Annales, Economies, Sociétés, Civilisations* 39, 1 (1984): 92–115 ; Daniel Milo, "Les classiques scolaires," in *Les Lieux de Mémoire*, vol. 2, ed. Pierre Nora (Paris: Gallimard, 1986), 517–562; Daniel Milo, "La rencontre, insolite mais édifiante, du quantitatif et du culturel," *Histoire & Mesure* 2, 2 (1987): 7–37.
30. Daniel S. Milo, "Le Phœnix culturel. De la résurrection en histoire de l'art: l'exemple des peintres français, 1650–1750," *Revue française de sociologie* 27, 3 (1986): 481–503.
31. Sydney Brenner, "Sequences and Consequences," *Philosophical Transactions of the Royal Society B: Biological Sciences* 365, 1537 (2010): 207–212.
32. François Jacob, *La statue intérieure* (Paris: Odile Jacob, 1987), 430.

번역은 저자가 한 것임.

33. Charles Mann, "Lynn Margulis: Science's Unruly Earth Mother," *Science* 252 (1991): 378–381.
34. Mann, "Lynn Margulis," 381.
35. Dick Teresi, "Lynn Margulis Says She's Not Controversial, She's Right," *Discover*, June 17, 2011.
36. 에펠탑은 Daniel S. Milo, "L'extraordinaire représentatif: le génie inconnu et ses contemporains," *Le Genre humain* 35 (1999): 131–146을 참고하라. 1000년의 공포는 Daniel S. Milo, "L'An Mil: un problème d'historiographie moderne," *History and Theory* 27, 3 (1988): 261–281과 Daniel S. Milo, "La fin de siècle n'aura pas lieu," *Le Débat*, 60 (1990): 219–225를 참고하라. 햄릿과 아담과 하와는 Milo, *Clefs*, and Milo, *Héros et cobayes*를 참고하라. 지킬 박사와 하이드 씨 그리고 판도라의 상자는 Daniel S. Milo, "Heroes as Guinea Pigs," *Common Knowledge*, 5, 1 (1996): 33–58를 참고하라. 반 고흐는 Milo, "Phœnix culturel"를 참고하라. 나르키소스는 Daniel S. Milo, *Pour Narcisse: Essai de l'amour impartial* (For Narcissus: Essay in Impartial *Love*) (Paris: Les Belles Lettres, 1995)를 참고하라.

제1장 기린

1. "Presentation," Grande Galerie de l'Evolution, http://www.grandegaleriedelevolution.fr/fr/propos-grande-galerie-evolution/presentation.
2. Stephen J. Gould, " The Tallest Tale: Is the Textbook Version of Giraffe Evolution a Bit of a Stretch?" *Natural History* 105, 5 (1996): 18–19.

3. Africa Road Travel, "Giraffe Stretched Her Neck to Heaven," *Southern Africa Travel* (blog), June 21, 2011, https://roadtravel1.wordpress.com/2011/06/21/giraffe-stretched-her-neck-to-heaven.
4. Thierry Buquet, "Les Legendes relatives a l'origine hybride et a la naissance des girafes selon les auteurs arabes," *Bulletin d'Etudes Orientales* 62 (2014): 125 – 147.
5. Horace, *Ars Poetica*, lines 1 – 6, 10 – 14, 26.
6. Horace, *Epistle* (to the Emperor Augustus), bk. 2, epistle 1 (194ff.).
7. Thierry Buquet, "Nommer les animaux exotiques de Baybars, d'Orient en Occident," in Christian Muller and Muriel Roiland-Rouabah, eds., *Les non-dits du nom. Onomastique et documents en terres d'Islam* (Berouth: Presses de l'Ifpo, 2013).
8. J. J. L. Duyvendak, *China's Discovery of Africa* (London: Probsthain, 1949), 32.
9. Erik Ringmar, "Audience for a Giraffe: European Expansionism and the Quest for the Exotic," *Journal of World History* 17, 4 (2006): 375 – 397.
10. Ringmar, "Audience," 381.
11. Quoted in C. A. Spinage, *The Book of the Giraffe* (London: Collins, 1968), 73.
12. Etienne Geoffroy Saint-Hilaire, "Quelques considerations sur la girafe," *Annales des sciences naturelles* 11 (1827): 210 – 223.
13. Aristotle, *Metaphysics*, trans. Hugh Tredennick (Cambridge, MA: Harvard University Press, 1933), bk. 1, pt. 2, 9.
14. Adam Smith, " The Principles Which Lead and Direct Philosophical Enquiries; Illustrated by the History of

Astronomy," in *Essays* (London: Alexander Murray, 1869 [1759]), 340, 326.

15. Buquet, "Les Legendes," 125.
16. Buquet, "Legendes," 147.
17. Edgar Williams, *Giraffe* (London: Reaktion Books, 2010).
18. Aristotle, *The Generation of Animals*, trans. A. L. Peck (Cambridge, MA: Harvard University Press, 1949), bk. 2, 746b, 244.
19. Buquet, "Legendes," 137.
20. Aristotle, *Metaphysics*, bk. 1, pt. 2, 9.
21. Georges-Leclerc, comte de Buffon, *œuvres completes de Buffon suivies de ses continuateurs*, trans. by author (Paris: Furne 1837 [1764]). Tome IV Mammiferes, 519. Emphases added.
22. Buffon, *œuvres completes*, 522.
23. Charles Darwin, *On the Origin of Species by Means of Natural Selection, or the Preservation of Favoured Races in the Struggle for Life*, 4th ed. (London: John Murray, 1866), xiii.
24. Michael Allin, *Zarafa: A Giraffe's True Story from Deep in Africa to the Heart of Paris* (London: Review, 1999).
25. Olivier Lagueux, "Geoffroy's Giraffe: The Hagiography of a Charismatic Mammal," *Journal of the History of Biology* 36 (2003): 225 – 247.
26. Augustin Perille-Courcelle, in J. Bolzinger, "La Girafe de Charles X," *Echo de Joigny* 2 (1970): 25 – 28.
27. Geoffroy Saint-Hilaire, "Quelques considerations," 215.
28. Geoffroy Saint-Hilaire, "Quelques considerations," 215.
29. Johann Wolfgang von Goethe, quoted by Darwin, *Origin*, 147.
30. Geoffroy Saint-Hilaire, "Quelques considerations," 216.

31. Darwin, *Origin*, 4th ed., xiv.
32. Darwin, *Origin*, 4th ed., xiv.
33. 다윈은 켄트주와 서식주에 걸친 윌드 지방의 삭박削剝(풍화 작용이나 침식 작용으로 표면이 깎여나가 지표면이 낮아지는 현상)이 일어나는 데에는 3억 666만 2400년이 걸렸을 것이라고 추론했다. Charles Darwin, *On the Origin of Species by Means of Natural Selection, or the Preservation of Favoured Races in the Struggle for Life* (London: John Murray, 1859), xiii.
34. 이래즈머스 다윈은 『종의 기원』에서 '역사적 스케치'의 각주 외에는 일절 등장하지 않는다는 사실이 눈길을 끄는데, 아마도 라마르크의 학설에 빠져 있었던 것이 그 이유일 것이다. "내 할아버지인 이래즈머스 다윈 박사가 라마르크의 견해와 그것의 잘못된 근거를 대체로 미리 예상했다는 사실이 흥미롭다." Darwin, *Origin*, 4th ed., xiv.
35. Charles Darwin, *On the Origin of Species by Means of Natural Selection, or the Preservation of Favoured Races in the Struggle for Life*, 6th ed. (London: John Murray, 1872), 178.
36. Gould, " Tallest Tale," 18–23, 54–57.
37. Jean-Baptiste Lamarck, *Zoological Philosophy. An Exposition with Regard to the Natural History of Animals* (New York and London: Hafner, 1963 [1809], trans. Hugh Elliot and the author), 122 (*Philosophie Zoologique* [1809], 256–257).
38. Lamarck, *Zoological Philosophy*, 86 (French ed., 131).
39. Lamarck, *Zoological Philosophy*, 70.
40. Jean-Baptiste Lamarck, *Recherches sur l'organisation des corps vivants et particulierement sur son origine, sur la cause de ses developpements et des progres de sa composition* (Paris: Chez l'auteur, 1802) 50.

41. Lamarck, *Zoological Philosophy*, 113.
42. Alfred Russel Wallace, "On the Tendency of Varieties to Depart Indefinitely from the Original Type," *Proceedings of the Linnean Society of London* 3 (1858): 53–62.
43. Lamarck, *Zoological Philosophy*, 45.
44. Georges Canguilhem, *Knowledge of Life* (New York: Fordham University Press, 2008 [1965]), 100.
45. Lamarck, *Zoological Philosophy*, 123.
46. 사실, 나무늘보와 매너티를 제외한 모든 포유류는 목뼈가 7개 있다. Robert Chambers, *Vestiges of the Natural History of Creation*, 2nd ed. (London: Hatchard & Son, 1845), 101.
47. Wallace, " Tendency," 61.
48. Darwin, *Origin* ("Historical Sketch"), xiii.
49. Charles Darwin, *The Variation of Animals and Plants under Domestication*, vol. 2 (London: John Murray, 1868), 220–221.
50. Charles Darwin, "Miscellaneous Objections to the Theory of Natural Selection," in *On the Origin of Species*, 6th ed., 168–204.
51. St. George Mivart, *On the Genesis of Species* (New York: Appleton, 1871), 36–37.
52. Mivart, *Genesis*, 37–38.
53. Darwin, "Miscellaneous," 179.
54. Mivart, *Genesis*, 40–41.
55. Darwin, "Miscellaneous," 178–180.
56. Mivart, *Genesis*, 35.
57. Mivart, *Genesis*, 26.
58. Darwin, "Miscellaneous," 177.

59. George Romanes, *Darwin, and after Darwin: An Exposition of the Darwinian Theory and Discussion of Post-Darwinian Questions* (London: Longmans, Green, 1893), 254.
60. Alfred Russel Wallace, *Darwinism: An Exposition of the Theory of Natural Selection with Some of Its Applications* (London: Macmillan, 1889), 202.
61. Mivart, *Genesis*, 43.
62. Barbara Leuthold and Walter Leuthold, "Food Habits of Giraffe in Tsavo National Park, Kenya," *East African Wildlife Journal* 10 (1972): 129–141; Robin Pellew, "The Feeding Ecology of a Selective Browser, the Giraffe (Giraffa camelopardalis tippelskirchi)," *Journal of Zoology* 202 (1984): 57–81.
63. R. E. Simmons and L. Scheepers, "Winning by a Neck: Sexual Selection in the Evolution of Giraffe," *American Naturalist* 148, 5 (1996): 771–786.
64. G. Mitchell, S. van Sittert, and J. D. Skinner, "The Demography of Giraffe Death in a Drought," *Transactions of the Royal Society of South Africa* 65, 3 (2010): 165–168.
65. Samuel Taylor Coleridge, *Lectures 1808–1819 On Literature*, in *The Collected Works of Samuel Taylor Coleridge* (Princeton, NJ: Princeton University Press, 1987 [Winter 1818–1819]): 2, 315.
66. R. E. Simmons and L. Scheepers, "Winning."
67. G. Mitchell, S. van Sittert, and J. D. Skinner, "Sexual Selection Is Not the Origin of Long Necks in Giraffes," *Journal of Zoology* 278, 4 (2009): 281–286.
68. G. Mitchell et al., "Growth Patterns and Masses of the Heads and Necks of Male and Female Giraffes," *Journal of Zoology*

290, 1 (2013): 49 – 57.

69. Darwin, "Miscellaneous," 179.
70. Elissa Z. Cameron and Johan T. du Toit, "Winning by a Neck: Tall Giraffes Avoid Competing with Shorter Browsers," *American Naturalist* 169 (2007): 130 – 135.
71. Stephen Jay Gould and Elisabeth Vrba, "Exaptation—a Missing Term in the Science of Form," *Paleobiology* 8, 1 (1982): 4 – 15.
72. Gould, " Tallest Tale," 57.
73. Richard Dawkins, *Climbing Mount Improbable* (London: Viking, 1996), 91 – 93.
74. Maria Rios, Israel M. Sanchez, Jorge Morales, "A New Giraffid (Mammalia, Ruminantia, Pecora) from the Late Miocene of Spain, and the Evolution of the Sivathere-Samothere Lineage" *PloS One* 12, 11 (2017): e0185378.
75. Brian Switek, "Why Do Giraffes Have Such Long Necks?" *Wired*, June 21, 2017.

제2장 가축화 유추

1. Charles Darwin, *On the Origin of Species by Means of Natural Selection, or the Preservation of Favoured Races in the Struggle for Life* (London: John Murray, 1859), 12.
2. Darwin, *Origin*, 31. From John Lord Somerville, *The System Followed during the Last Two Years by the Board of Agriculture* (London: W. Miller, 1800), 69.
3. Darwin, *Origin*, chap. 11, "Geographical Distribution."
4. Charles Darwin, *The Variation of Animals and Plants under Domestication*, 2 vols. (London: John Murray, 1868), 1:3.

5. 『사육과 재배 하에서 일어나는 동물과 식물의 변이』는 『종의 기원』보다 훨씬 긴데, 이것은 다윈이 품종 개량 방법과 수단에 열렬한 관심을 가졌음을 보여준다.
6. Francis Darwin, ed., *The Foundations of the Origin of Species: Two Essays Written in 1842 and 1844* (Cambridge: Cambridge University Press, 1909).
7. Darwin, *Origin*, 28.
8. Alfred Russel Wallace, "On the Tendency of Varieties to Depart Indefinitely from the Original Type," *Proceedings of the Linnean Society of London* 3 (1858): 61.
9. Darwin, *Origin*, 1, 2, 4. 다윈은 『종의 기원』 제목에 '한 논문의 개요 Abstract to an Essay'라는 표현을 추가하려고 했지만, 출판사 사장인 존 머리 John Murray가 그 생각을 접도록 설득했다; letter to Charles Lyell, 30 March, 1859.
10. Alfred Russel Wallace, *Darwinism: An Exposition of the Theory of Natural Selection with Some of Its Applications* (London: Macmillan, 1889), vi.
11. George Romanes, "Physiological Selection: An Additional Suggestion on the Origin of Species," *Zoological Journal of the Linnean Society* 19, 115 (1886): 337–411.
12. Darwin, *Origin*, 31.
13. Darwin, *Variation*, 2:235.
14. Lyudmila Trut, "Early Canid Domestication: The Farm-Fox Experiment: Foxes Bred for Tamability in a 40-Year Experiment Exhibit Remarkable Transformations That Suggest an Interplay between Behavioral Genetics and Development," *American Scientist* 87, 2 (1999): 160–169.

15. Ludwik Fleck, *The Genesis and Development of a Scientific Fact* (Chicago: University of Chicago Press, 1979 [1935]).
16. Laurence Loewe, "Natural Selection," *Nature Education* 1, 1 (2008): 59.
17. Jay Neitz and Maureen Neitz, " The Genetics of Normal and Defective Color Vision," *Vision Research* 51, 7 (2011): 633–651.
18. Charles Darwin, *The Descent of Man and Selection in Relation to Sex* (London: John Murray, 1871), 90.
19. Darwin, *Descent of Man*, 90.
20. Darwin, *Origin*, 42. Emphasis added.
21. Stephen Jay Gould, *Ever Since Darwin* (New York: Norton, 1977), 45.
22. Darwin, *Origin*, 39.
23. Stephen Jay Gould, *Punctuated Equilibrium* (Cambridge, MA: Harvard University Press, 2007), 31.
24. Richard Dawkins, *The Selfish Gene* (Oxford: Oxford University Press, 1976), 17–18.
25. Herbert Spencer, *Principles of Biology* (London and Edinburgh: Williams and Norgate, 1864), 1:444–445.
26. Alfred Russel Wallace to Charles Darwin, July 2, 1866, Darwin Correspondence Project, https://www.darwinproject.ac.uk/letter/DCP-LETT-5140.xml#back-mark-5140.f5.
27. Charles Darwin to Alfred Russel Wallace, July 5, 1866, Darwin Correspondence Project, https://www.darwinproject.ac.uk/letter/DCP-LETT-5145.xml#mark -5145.f3.
28. Soutik Biswas, " The Bull Whose Semen Is Worth $3,000," *BBC News*, February 11, 2015; Aabshar H. Quazi, "Meet Yuvraj and

Sultan, Haryana's Super Bulls Whose Semen Is Worth Lakhs of Rupees," *Hindustan Times*, May 25, 2017.

29. G. C. Bosma, R. P. Custer, and M. J. Bosma, "A Severe Combined Immunodeficiency Mutation in the Mouse," *Nature* 301, 5900 (1983): 527–530.
30. Darwin, *Origin*, 84.
31. Darwin, *Origin* (2nd ed., 1860), 65–66.
32. Darwin, *Origin*, 39.
33. Richard Dawkins, *The God Delusion* (Cambridge, UK: Black Swan, 2007), 190.
34. Heather Hamilton, " The Relationship between Cow Size and Production: Do Relationships Exist between Cow Size, Nutrient Requirements and Production Capability?" *Beef*, December 27, 2011.
35. Charles Darwin, *Journal of researches into the natural history and geology of the countries visited during the voyage of H.M.S. Beagle round the world, under the command of Capt. Fitz Roy, R.N.*, 2nd ed. (London: John Murray, 1845), 454.

제3장 갈라파고스 제도와 핀치

1. David L. Lack, *Darwin's Finches: An Essay on the General Biological Theory of Evolution* (Cambridge: Cambridge University Press, 1947); Peter R. Grant and B. Rosemary Grant, *40 Years of Evolution: Darwin's Finches on Daphne Major Island* (Princeton, NJ: Princeton University Press, 2014).
2. Aristotle, *Parts of Animals,* trans. E. S. Forster (Cambridge, MA: Harvard University Press, 1937), 55.

3. Charles Darwin to Alfred Russel Wallace, April 6, 1858.
4. The HMS Beagle Project, http://www.hmsbeagleproject.org/voyage.
5. Charles Darwin to W. D. Fox, August 1835, Darwin Correspondence Project, https://www.darwinproject.ac.uk/letter/DCP-LETT-282.xml.
6. Charles Darwin to Caroline Darwin, July–August1835, Darwin Correspondence Project, https://www.darwinproject.ac.uk/letter/DCP-LETT-281.xml.
7. Jonathan B. Losos and Robert E. Ricklefs, "Adaptation and Diversification on Islands," Nature 457, 12 (2009): 830–836.
8. Charles Darwin, *Journal of Researches into the Geology and Natural History of the Various Countries Visited by H.M.S. Beagle Round the World under the Command of Capt. Fitz Roy*, 2nd ed. (London: John Murray, 1845 [1839]), 410.
9. Charles Darwin to Ernst Dieffenbach, December 16, 1843.
10. Darwin, *Journal of Researches*, 2nd ed., 430.
11. Darwin, *Journal of Researches*, 2nd ed., 435.
12. Darwin, *Journal of Researches*, 2nd ed., 484.
13. Charles Darwin, "Ornithological Field Notes," ed. Nora Barlow, *Bulletin of the British Museum (Natural History) Historical Series*, vol. 2, 7 (1963 [1836–1837]): 201–279.
14. Alfred Russel Wallace, "On the Law which has Regulated the Introduction of New Species," *Annals and Magazine of Natural History* 16, 2nd ser. (1855): 184–192.
15. Galapagos Conservancy, "Biodiversity," https://www.galapagos.org/about_galapagos/about-galapagos/biodiversity.

16. Darwin, *Journal of Researches*, 36.
17. Darwin, *Journal of Researches*, 56.
18. Charles Darwin to Catherine Darwin, November 8, 1834, Darwin Correspondence Project, https://www.darwinproject.ac.uk/letter/DCP-LETT-262.xml.
19. Charles Darwin to Catherine Darwin, November 8, 1834.
20. Rosemary Grant and Peter Grant, "What Darwin's Finches Can Teach Us about the Evolutionary Origin and Regulation of Biodiversity," *BioScience* 53, 10 (2003): 965–975.
21. Lack, *Darwin's Finches*, 11.
22. Darwin, "Ornithological," 242. Emphasis added.
23. Charles Darwin, "Galapagos Notebooks," ed. Gordon Chancellor and John van Wyhe, 43b and 34b, respectively, http://darwin-online.org.uk/content/frameset?itemID=EH1.17&viewtype=text&pageseq=1.
24. Darwin, "Galapagos Notebooks," 30b.
25. Darwin, *Journal of Researches*, 394–395.
26. Frank D. Steinheimer, "Charles Darwin's Bird Collection and Ornithological Knowledge during the Voyage of H.M.S. 'Beagle,' 1831–1836," *Journal of Ornithology* 145 (2004): 300–320.
27. Charles Darwin, *The Foundations of "The Origin of Species": Two Essays Written in 1842 and 1844*, ed. Francis Darwin (Cambridge: Cambridge University Press, 1909), 161.
28. Frank D. Steinheimer, "Charles Darwin's Bird Collection and Ornithological Knowledge during the Voyage of H.M.S. 'Beagle,' 1831–1836," *Journal of Ornithology* 145 (2004): 300–

320.

29. Charles Darwin, *Journal of Researches into the Geology and Natural History of the Various Countries Visited by H.M.S. Beagle, under the Command of Captain Fitzroy, R.N.* from 1832 to 1836 (London: Henry Colburn, 1839), 461–462.
30. Charles Darwin, *The Zoology of the Voyage of H.M.S. Beagle, under the Command of Captain Fitzroy, R.N., during the Years 1832 to 1836* (London: Smith, Elder, 1839), 10.
31. Darwin, *Journal of Researches*, 375.
32. Darwin, *Journal of Researches*, 384.
33. Darwin, *Journal of Researches*, 394; Robert FitzRoy, *Narrative of the Surveying Voyages of His Majesty's Ships Adventure and Beagle between the Years 1826 and 1836* (London: Henry Colburn, 1839), 498.
34. John Van Denburgh, *The Gigantic Tortoises of the Galapagos Archipelago: Expedition of the California Academy of Sciences to the Galapagos Islands, 1905–1906*, Proceedings of the California Academy of Sciences, vol. 2, pt. 1 (San Francisco: California Academy of Sciences, 1914): 203–374.
35. Thomas H. Fritts, "Morphometrics of Galapagos Tortoises: Evolutionary Implications," in *Patterns of Evolution in Galapagos Organisms*, ed. R. I. Bowman, M. Berson, and A. Leviton (San Francisco: Pacific Division of the American Association for the Advancement of Science, 1983); Thomas H. Fritts, "Evolutionary Divergence of Giant Tortoises in Galapagos," *Biological Journal of the Linnean Society* 21 (1984): 165–176.
36. R. Bour, "Les tortues terrestres geantes des iles de ocean

indien occidental: Donnees geographiques, taxinomiques et phylogenetiques," *Stvdia Geologica Salmanticensia* 1 (1984): 17–76.

37. Darwin, *Journal of Researches*, 390.

38. Charles Darwin, *Beagle Diary*, ed. Richard Darwin Keynes (Cambridge: Cambridge University Press, 1988): 353.

39. Darwin, *Journal of Researches*, 387.

40. Maren N. Vitousek, Dustin R. Rubensten, and Martin Wikelsi, " The Evolution of Foraging Behavior in the Galapagos Marine Iguana: Natural and Sexual Selection on Body Size Drives Ecological, Morphological, and Behavioral Specialization," in *Lizard Ecology: The Evolutionary Consequences of Foraging Mode*, ed. S. M. Reilly, L. D. McBrayer, and D. B. Miles (Cambridge: Cambridge University Press, 2007), 491–507.

41. Martin Wikelski, "Evolution of Body Size in Galapagos Marine Iguanas," *Proceedings of the Royal Society B: Biological Sciences* 272, 1576 (2005): 1985–1993.

42. Martin Wikelski and Corinna Thom, "Marine Iguanas Shrink to Survive El Nino," *Nature* 403 (2000): 37.

43. Sabine Tebbich, Kim Sterelny, and Irmgard Teschke, " The Tale of the Finch: Adaptive Radiation and Behavioral Flexibility," *Philosophical Transactions of the Royal Society B: Biological Sciences* 365 (1543): 1099–1109.

44. 멘델의 이야기에 관해 더 자세한 내용은 Jim Endersby, *A Guinea Pig's History of Biology* (Cambridge MA: Harvard University Press, 2009), 95–127을 참고하라.

45. Christine E Parent, Adalgisa Caccone, and Kenneth Petren,

"Colonization and Diversification of Galapagos Terrestrial Fauna: A Phylogenetic and Biogeographical Synthesis," *Philosophical Transactions of the Royal Society B: Biological Sciences* 1508 (2008): 3347–3361.

46. Darwin, *Journal of Researches*, 454.
47. Darwin, *Journal of Researches*, 390.
48. Ira L. Wiggins and Duncan M. Porter, *Flora of the Galapagos Islands* (Stanford, CA: Stanford University Press).
49. P. A. Colinvaux, "Climate and the Galapagos Islands," *Nature* 240 (1974): 17–20.
50. Darwin, *Journal of Researches*, 34.
51. Tebbich, Sterelny, and Teschke, " Tale of the Finch."
52. Diego Santiago-Alarcon, Susan M. Tanksley, and Patricia G. Parker, "Morphological Variation and Genetic Structure of Galapagos Dove(Zenaida galapagoensis) Populations: Issues in Conservation for the Galapagos Bird Fauna," *Wilson Journal of Ornithology* 118 (202): 194–207.
53. George Romanes, "Physiological Selection: An Additional Suggestion on the Origin of Species," *Zoological Journal of the Linnean Society* 19, 115 (1886): 349. Emphasis in original.
54. Peter Grant, personal communication.

제4장 뇌

1. Charles Darwin, *The Descent of Man, and Selection in Relation to Sex* (London: John Murray, 1871), 1:136.
2. Darwin, *Descent of Man*, 1:137.
3. Alfred Russel Wallace, " The Limits of Natural Selection as

Applied to Man," in *Contributions to the Theory of Natural Selection* (London: Macmillan, 1870), 335.

4. Wallace, "Limits of Natural Selection," 334.
5. John Whitfield, " Two Neanderthals Turn Up," *Nature Online*, September 10, 2002.
6. Samantha Strindberg et al., "Guns, Germs, and Trees Determine Density and Distribution of Gorillas and Chimpanzees in Western Equatorial Africa," *Science Advances* 4, 4 (2018): eaar2964.
7. Chad D. Huff et al., "Mobile Elements Reveal Small Population Size in the Ancient Ancestors of *Homo Sapiens*," *Proceedings of the National Academy of Sciences* 107, 5 (2010): 1-6. 유효 개체군 크기는 개체군 내에서 생식할 수 있는 개체의 수를 가리킨다.
8. Ann Gibbons, "How We Lost Our Diversity," *Science Online*, October 8, 2009.
9. Margaret A. Bakewell et al., "More Genes Underwent Positive Selection in Chimpanzee Evolution Than in Human Evolution," *Proceedings of the National Academy of Sciences* 104, 18 (2007): 7489–7494.
10. Lev A. Zhivotovsky, Noah A. Rosenberg, and Marcus W. Feldman, "Features of Evolution and Expansion of Modern Humans, Inferred from Genomewide Microsatellite Markers," *American Journal of Human Genetics* 72, 5 (2003): 1171-1186. 최근의 연구들은 이 수치를 반박하지만, 아프리카를 떠나기 전에 인구가 4만을 넘었다고 하는 연구 결과는 하나도 없다.
11. Jean-Jacques Hublin, *Quand d'autres hommes peuplaient la terre. Nouveaux regards sur nos origins* (Paris: Flammarion, 2008);

John D. Clark, "The Acheulian Industrial Complex in Africa and Elsewhere," in *Integrative Paths to the Past*, ed. R. Corrucini and R. Ciochon (Englewood Cliff, NJ: Prentice Hall, 1994), 451–469.

12. Maciej Henneberg and John Schofield, *The Hobbit Trap: Money, Fame, Science and the Discovery of a "New Species"* (Kent Town, S. Australia: Wakefield Press, 2008).
13. Phillip Tobias, *The Brain in Hominid Evolution* (New York: Columbia University Press, 1970), 170.
14. C. B. Ruff et al., "Body Mass and Encephalization in Pleistocene Homo," *Nature* 387, 6629 (1997): 173–176.
15. E. S. Deevey, " The Human Population," *Scientific American* 203, 3 (1960): 194–204.
16. Quentin D. Atkinson et al., "mtDNA Variation Predicts Population Size in Humans and Reveals a Major Southern Asian Chapter in Human Prehistory," *Molecular Biology and Evolution* 25, 2 (2008): 468–474; John Hawks et al., "Recent Acceleration of Human Adaptive Evolution," *Proceedings of the National Academy of Sciences* 104, 52 (2007): 20753–20758.
17. Ruff et al., "Body Mass," 173.
18. S. McBrearty and N. G. Jablonski, "First Fossil Chimpanzee," *Nature* 437, 7055 (2005): 105–108.
19. Ashley Montagu, *Introduction to Physical Anthropology*, 3rd ed. (Springfield, IL: Charles C. Thomas, 1960), 87–89.
20. Central Intelligence Agency of the United States, "Country Comparison, Infant Mortality Rate," *World Factbook*, https://www.cia.gov/library/publications/the-world-factbook/rankorder/2091rank.html.

21. Loftur Guttormsson and Olof Garðarsdottir, " The Development of Infant Mortality in Iceland, 1800–1920," *Hygiea Internationalis* 3, 1 (2002): 151–176.
22. Guttormsson and Garðarsdottir, "Development," 151.
23. Lucretius, *On the Nature of Things*, trans. W. H. Mallock (London: Adam and Charles Black, 1900), bk. 5, 222–227.
24. Michel de Montaigne, "Apology of Raimond Sebond," *Essays of Montaigne*, vol. 4, trans. Charles Cotton, rev. William Carew Hazlett (New York: Edwin C. Hill, 1910 [1580]), 231.
25. Paul R. Ehrlich et al., "Precocial and Altricial Young," 1988, https://web.stanford.edu/group/stanfordbirds/text/essays/Precocial_and_Altricial.html.
26. The Maryland Zoo, "Fact Sheet: Cheetah," 2014, http://www.marylandzoo.org/assets/Cheetah-7.18.14.pdf; M. K. Laurenson, "High Juvenile Mortality in Cheetahs (Acinonyx jubatus) and Its Consequences for Maternal Care," *Journal of Zoology* 234 (1994): 387–408.
27. Michael S. Joo, "Macropus giganteus: Eastern Gray Kangaroo," 2004, http://animaldiversity.org/accounts/Macropus_giganteus/.
28. Richard Zann and David Runciman, "Survivorship, Dispersal and Sex Ratio of Zebra Finches Taeniopygia guttata in Southeast Australia," *Ibis* 136, 2 (1994): 136–143.
29. Stephen Jay Gould, "Human Babies as Embryos," in *Ever Since Darwin* (New York: W. W. Norton, 1979 [1976]), 70–75; Adolf Portmann, "Die Tragzeiten der Primaten und die Dauer der Schwangerschaft beim Menschen: Ein Problem der

vergleichenden Biologie" (The gestation periods of primates and the duration of pregnancy in humans: A problem of comparative biology), *Revue Suisse de Zoologie* 48 (1941): 511 – 518.

30. Wenda R. Trevathan and Karen R. Rosenberg, "Human Evolution and the Helpless Infant," in *Costly and Cute: Helpless Infants and Human Evolution* (Albuquerque: New Mexico University Press, 2016), 1 – 28.
31. Dominic Holland et al., "Structural Growth Trajectories and Rates of Change in the First 3 Months of Infant Brain Development," *JAMA Neurology* 71, 10 (2014): 1266 – 1274.
32. Stephen C. Cunnane and Michael A. Crawford, "Survival of the Fattest: Fat Babies Were the Key to Evolution of the Large Human Brain," *Comparative Biochemistry and Physiology Part A: Molecular and Integrative Physiology* 136, 1 (2003): 17 – 26.
33. Rus Hoelzel, ed., *Marine Mammal Biology: An Evolutionary Approach* (Malden, MA: Wiley-Blackwell, 2002).
34. William R. Leonard et al., "Metabolic Correlates of Hominid Brain Evolution," *Comparative Biochemistry and Physiology Part A: Molecular and Integrative Physiology* 136, 1 (2003): 5 – 15.
35. Jane Goodall, *The Chimpanzees of Gombe: Patterns of Behavior* (Cambridge, MA: Harvard University Press, 1986).
36. L. C. Aiello and P. Wheeler. " The Expensive-Tissue Hypothesis: The Brain and the Digestive System in Human and Primate Evolution," *Current Anthropology* 36 (1995): 199 – 221; A. Navarrete, C. P. van Schaik, and K. Isler, "Energetics and the Evolution of Human Brain Size," *Nature* 480 (2011): 91 – 93; D.

L. Warren and T. L. Iglesias, "No Evidence for the 'Expensive-Tissue Hypothesis' from an Intraspecific Study in a Highly Variable Species," *Journal of Evolutionary Biology* 25 (2012): 1226–1231; "Solving the Brain Crisis," Science 280, 5368 (1998): 1345–1347.

37. Katharine Milton, "Diet and Primate Evolution," *Scientific American* 269, 2 (2006): 86–93.
38. Rob Dunn, "How to Eat Like a Chimpanzee," guest blog, *Scientific American*, August 2, 2012, https://blogs.scientificamerican.com/guest-blog/how-to-eat-like-a-chimpanzee.

제5장 중성을 받아들이다

1. Alfred Russel Wallace, "On the Habits of the Orang-Utan of Borneo," *Annals and Magazine of Natural History* (1856): 26–31.
2. Alfred Russel Wallace, "Mimicry and Other Protective Resemblances among Animals," *Westminster Review* 88 (July 1867). 인용 부분은 머리말에 나온다.
3. Aristotle, *Posterior Analytics*, trans. Edmund S. Bouchier (Oxford: Blackwell, 1901), bk. 1, chap. 31: "Sense Perception Cannot Give Demonstrative Science."
4. George Romanes, "Argument from the Inutility of Specific Differences," in "Physiological Selection: The Criticisms," *Nineteenth Century* 21 (1887): 382–388.
5. This theory originates with Marc Kirschner and John Gerhart's *The Plausibility of Life* (New Haven, CT: Yale University Press, 2005).

6. Aileen M. Kelly, *The Discovery of Chance: The Life and Thought of Alexander Herzen* (Cambridge, MA: Harvard University Press), 181.
7. *The Digest of Justinian*, trans. Allan Watson (Philadelphia: Pennsylvania University Press, 1985), 2.3.2:186.
8. Kenneth Pennington, "Gratian and Compurgation: An Interpolation," *Bulletin of Medieval Canonical Law* 31 (2014): 253–256.
9. Tom Rob Smith, *Child* 44 (New York: Grand Central, 2008).
10. Tyler Vigen, "Spurious Correlations," tylervigen.com/spurious-correlations. 이 웹사이트의 저자는 미국의 과학 부문 지출과 자살에 관한 데이터를 미국 관리예산실과 미국 질병통제예방센터에서 얻었다.
11. John Arbuthnot, "Argument for Divine Providence, taken from the constant Regularity observ'd in the Births of both Sexes," *Philosophical Transactions* 27 (1710–1712): 186–190.
12. Central Intelligence Agency of the United States, "Sex Ratio," *World Factbook*, https://www.cia.gov/library/publications/the-world-factbook/fields/2018.html.
13. John Arbuthnot, *Of the laws of chance, or, A method of calculation of the hazards of game plainly demonstrated and applied to games at present most in use: which may be easily extended to the most intricate cases of chance imaginable* (London: Printed by Benj. Motte, and sold by Randall Taylor, 1692).
14. Jonathan Swift to Alexander Pope, September 29, 1725, *The Works of Jonathan Swift*, vol. 17 (Edinburgh: Archibald Constable, 1824), 6.

15. 아버스낫의 19:1 비율은 피셔의 유의 수준 0.05를 미리 예상한 것처럼 보인다.
16. Claude Bernard, *An Introduction to the Study of Experimental Medicine*, trans. Henry Copley Green (New York: Henry Schuman, 1949 [1865]), 8–9.
17. R. Randal Bollinger et al., "Biofilms in the Large Bowel Suggest an Apparent Function of the Human Vermiform Appendix," *Journal of Theoretical Biology* 249 (2007): 826–831.
18. Moshe Feldenkrais, *The Potent Self* (San Francisco: Harper and Row, 1985), 108.
19. M. K. Belmonte et al., "Autism as a Disorder of Neural Information Processing: Directions for Research and Targets for Therapy," *Molecular Psychiatry* 9, 7 (2004): 646–663.
20. Jakob von Uexkull, *Mondes animaux et monde humain* (Paris: Denoel, 1965 [1934]).

제6장 기묘한 범위

1. T. G. Cooper et al., "World Health Organization Reference Values for Human Semen Characteristics." *Human Reproduction Update* 16, 3 (2003): 231–245.
2. Pascal Gagneux, "Sperm Count," https://carta.anthropogeny.org/moca/topics/sperm-count; S. Tardif et al., "Reproduction and Breeding of Nonhuman Primates," in *Nonhuman Primates in Biomedical Research: Biology and Management*, ed. C. Abee K. Mansfield, S. Tardif, and T. Morris (Amsterdam: Academic Press, 2012): 197–249.
3. Alfred Russel Wallace, *Island Life, or The Phenomena and*

Causes of Insular Faunas and Floras (Chicago: University of Chicago Press, 2013 [1880]), 56.

4. Alfred Russel Wallace, *Darwinism* (London: Macmillan, 1901), 46.
5. J. A. Allen, "On the Mammals and Winter Birds of East Florida; with an Examination of certain assumed Specific Characters in Birds, and a Sketch of the Bird Faunæ of Eastern North America," *Bulletin of the Museum of Comparative Zoology at Harvard College* 3 (1871): 161–450, 186.
6. Wallace, *Darwinism*, 42.
7. Charles Darwin, *On the Origin of Species by Means of Natural Selection, or the Preservation of Favoured Races in the Struggle for Life* (London: John Murray, 1859), 61.
8. Charles Darwin, *The Foundations of The Origin of Species: Two Essays Written in 1842 and 1844*, ed. Francis Darwin (Cambridge: Cambridge University Press, 1909), 91.
9. Wallace, *Darwinism*, 54.
10. Wallace, *Darwinism*, 81.
11. The 1000 Genomes Consortium, "A Global Reference for Human Genetic Variation," *Nature* 526 (2015): 68–74.
12. Monkol Lek et al., "Analysis of Protein-Coding Genetic Variation in 60,706 Humans," *Nature* 536 (2016): 285–291.
13. Wallace, *Darwinism*, 81.
14. Wallace, *Darwinism*, 47.
15. William Bateson, *Materials for the Study of Variation, Treated with Especial Regard to Discontinuity in the Origin of Species* (London: Macmillan, 1894), 224.
16. William Bateson and Harold Hulme Brindley, "On Some

Cases of Variation in Secondary Sexual Characters, Statistically Examined," *Proceedings of the Zoological Society* 40 (1892): 585–594.

17. J. F. Bertram et al., "Human Nephron Number: Implications for Health and Disease," *Pediatric Nephrology* 26, 9 (2011): 1529–1533.
18. J. V. G. A. Durnin, "Basal Metabolism in Man," *Food and Agriculture Organization of the United Nations*, 1981, http://www.fao.org/docrep/MEETING/004/M2845E/M2845E00.HTM; B. J. McNamara et al., "A Comparison of Nephron Number, Glomerular Volume and Kidney Weight in Senegalese Africans and African Americans," *Nephrol Dial Transplant* 25, 5 (2010): 1514–20; Thamrong Chirachariyavej et al., "Normal Internal Organ Weight of Thai Adults Correlated to Body Length and Body Weight," *Journal of Medical Association Thai* 89, 10 (2006): 1702–1712.
19. Kimberley Molina and Vincent J. M. DiMaio, "Normal Organ Weights in Men: Part II—The Brain, Lungs, Liver, Spleen, and Kidneys," *American Journal Forensic Medical and Pathology* 33, 4 (2011): 368–372.
20. Jared M. Diamond, "Evolution of Biological Safety Factors: A Cost / Benefit Analysis," in *Principles of Animal Design: The Optimization and Symmorphosis Debate*, ed. Ewald R. Weibel, C. Richard Taylor, and Liana Bolis (Cambridge: Cambridge University Press, 1998), 21–27.
21. Diamond, "Evolution of Biological Safety Factors," 22.
22. Aristotle, *History of Animals*, bk. 3, 522b, in *The Complete*

Works of Aristotle, ed., Jonathan Barnes (Princeton, NJ: Princeton University Press), 1:829.

23. Renown Lab Critical Values List, 2015; A. Kratz et al., "Case Records of the Massachusetts General Hospital. Weekly Clinicopathological Exercises. Laboratory Reference Values," *New England Journal of Medicine* 7, 351 (2004): 1548–63; M. Ihrig et al., "Hematologic and Serum Biochemical Reference Intervals for the Chimpanzee (Pan Troglodytes) Categorized by Age and Sex," *Computational Medicine* 51, 1 (2001): 30–37.
24. Shunryu Suzuki, *Not Always So: Practicing the True Spirit of Zen*, ed. Edward Espe Brown (New York: HarperCollins, 2002).
25. Craig R. McClain et al., "Sizing Ocean Giants: Patterns of Intraspecific Size Variation in Marine Megafauna," *PeerJ*, January 13, 2015.
26. Darwin, *Origin*, 143.
27. Chirachariyavej et al., "Normal Internal Organ Weight of Thai Adults."
28. Molina and DiMaio, "Normal Organ Weights in Men," 368–372.
29. Wallace, *Darwinism*, 57, 81.
30. Alfred Russel Wallace, "The Origin of Species and Genera," *Nineteenth Century*, January 1880, 93–106, 93; http://people.wku.edu/charles.smith/wallace/S322.htm.
31. William Paley, *Natural Theology or Evidences of the Existence and Attributes of the Deity* (London: R. Pauldek, 1802), 64.
32. D. G. MacArthur et al., "A Systematic Survey of Loss-of-Function Variants in Human Protein-Coding Genes," *Science* 335, 6070 (2012): 823–828.

33. Motoo Kimura, " The Neutral Theory of Molecular Evolution: A Review of Recent Evidence," *Japanese Journal of Genetics* 66, 4 (1991): 367 – 386.
34. Steve Jones, *Almost Like a Whale: The Origin of Species Updated* (New York: Random House, 1999), 136.
35. Sean B. Carroll, *The Making of the Fittest: DNA and the Ultimate Forensic Record of Evolution* (New York: W. W. Norton, 2006), 76.
36. Ewan Birney, "ENCODE: My Own Thoughts," September 5, 2012, http://ewanbirney.com/2012/09/encode-my-own-thoughts.html; Chris M. Rands et al., "8.2% of the Human Genome Is Constrained: Variation in Rates of Turnover across Functional Element Classes in the Human Lineage," *PLOS Genetics* 10, 7 (2014): e1004525, http://journals.plos.org/plosgenetics/article?id=10.1371/journal.pgen.1004525.
37. Tabitha M. Powledge, "How Much of Human DNA Is Doing Something?" Genetic Literacy Project, August 25, 2014, https://geneticliteracy project.org/2014/08/05/how-much-of-human-dna-is-doing-something/.
38. https://www.nature.com/scitable/topicpage/transposons-the-jumping-genes-518.
39. Carlos M. Vicient, " Transcriptional Activity of Transposable Elements in Maize," *BMC Genomics* 11 (2010): 601, https://doi.org/10.1186/1471-2164-11-601.
40. Austin Burt and Robert Trivers, " Transposable Elements as Parasites, Not Host Adaptations or Mutualists," in *Genes in Conflict: The Biology of Selfish Genetic Elements* (Cambridge,

MA: Harvard University Press, 2006), 294–300.

41. Barbara McClintock, " The Significance of Responses of the Genome to Challenge," *Science* 226 (1984): 792–801.
42. Tobias Mourier et al., " Transposable Elements in Cancer as a By-Product of Stress-Induced Evolvability," *Frontiers in Genetics* 5, 156 (2014).
43. M. K. Sakharkar, V. T. Chow, and P. Kangueane, "Distributions of Exons and Introns in the Human Genome," In *Silico Biology* 4, 4 (2004): 387–393.
44. T. Ryan Gregory, *The Evolution of the Genome* (San Diego: Elsevier, 2005).
45. Bionumbers: The Database of Useful Biological Numbers, https://bionumbers.hms.harvard.edu/search.aspx.
46. Martin A. Nowak et al., "Evolution of Genetic Redundancy," *Nature* 388 (1997): 167–171.
47. G. C. Conant and A. Wagner, "Duplicate Genes and Robustness to Transient Gene Knock-Downs in *Caenorhabditis elegans*," *Proceedings of the Royal Society B: Biological Sciences* 27 (2004): 89–96.
48. Olivia Judson, "Use It or Lose It," *New York Times*, June 21, 2006, https://opinionator.blogs.nytimes.com/2006/06/21/use-it-or-lose-it.
49. M. Springer, J. Weissman, and M. Kirschner, "A General Lack of Compensation for Gene Dosage in Yeast," *Molecular Systems Biology* 6, 1 (2010): 368.
50. Jacques Monod, "From Enzymatic Adaption to Allosteric Transitions," *Nobel Lectures, Physiology or Medicine 1963*–

1970 (Amsterdam: Elsevier, 1972 [1965]).

51. Sean B. Carroll, "Chance and Necessity: The Evolution of Morphological Complexity and Diversity," *Nature* 409 (2001): 1102–1109.
52. L. G. Marshall and R. S. Corruccini, "Variability, Evolutionary Rates, and Allometry in Dwarfing Lineages," Paleobiology 4, 2 (1978): 101–118; I. Maeso, S. W. Roy, and M. Irimia, "Widespread Recurrent Evolution of Genomic Features," *Genome Biology and Evolution* 4, 4 (2012): 486–500.
53. David K. Moss et al., "Lifespan, Growth Rate, and Body Size across Latitude in Marine Bivalvia, with Implications for Phanerozoic Evolution," *Proceedings of the Royal Society B: Biological Sciences* 283, 1836 (2016): 20161364.
54. Aaron Clauset and Douglas Erwin, " The Evolution and Distribution of Species Body Size," *Science* 321, 5887 (2008): 399–401.
55. Clauset and Erwin, "Evolution," 400.
56. Dan-Eric Nilsson et al., "A Unique Advantage for Giant Eyes in Giant Squid," *Current Biology* 22 (2012): 683–688.
57. L. Demetrius, S. Legendre, and P. Harremoes, "Evolutionary Entropy: A Predictor of Body Size, Metabolic Rate and Maximal Life Span," *Bulletin of Mathematical Biology* 71 (2009): 800–818.
58. John Maynard Smith and John Haigh, " The Hitch-Hiking Effect of a Favorable Gene," *Genetics Research* 23, 1 (1974): 23–35.
59. Darwin, *Origin*, 159.
60. Benjamin Franklin et al., *Report of Dr. Benjamin Franklin, and other commissioners, charged by the King of France, with the*

examination of the animal magnetism, as now practised at Paris (London: Printed for J. Johnson, 1785), xvii.

61. Robert McCredie May and John H. Lawton, *Extinction Rates* (Oxford: Oxford University Press, 1995).
62. George Romanes, "Physiological Selection: An Additional Suggestion on the Origin of Speceies," *Zoological Journal of the Linnean Society* 19, 115 (1886): 348. 이탤릭체로 강조한 부분은 원문에도 그렇게 표시되었다.

제7장 자연의 안전망

1. Benjamin Prud'homme et al., "Body Plan Innovation in Treehoppers through the Evolution of an Extra Wing-Like Appendage," *Nature* 473 (2011): 85.
2. Francois-Xavier Bichat, *Recherches physiologiques sur la vie et la mort*, 3rd ed. (Paris: Brosson & Gabon, 1805), 1.
3. Baruch Spinoza, *Ethics* (Amsterdam, 1677), 3:6.
4. Marc Kirschner and John Gerhart, The *Plausibility of Life: Resolving Darwin's Dilemma* (New Haven, CT: Yale University Press, 2005); John Gerhart and Marc Kirschner, " The Theory of Facilitated Variation," *Proceedings of the National Academy of Sciences* 104, 1 (2007): 8582–8589; Ivan Schmalhausen, *Factors of Evolution* (Philadelphia: Blakiston, 1949).
5. Kirschner and Gerhart, *Plausibility of Life*, 43.
6. Kirschner and Gerhart, *Plausibility of Life*, 69.
7. Kirschner and Gerhart, *Plausibility of Life*, 60–61.
8. Gerhart and Kirschner, " Theory of Facilitated Variation."
9. George Romanes, "Physiological Selection: An Additional

Suggestion on the Origin of Species," *Zoological Journal of the Linnean Society* 19, 115 (1886): 337–411.

10. Claude Bernard, *Lectures on the Phenomena of Life Common to Animals and Plants*, trans. H. E. Hoff, R. Guillemin, and L. Guillemin (Springfield, IL: Charles C. Thomas, 1974 [1878]), 188.
11. Walter B. Cannon, "Organization for Physiological Homeostasis," *Physiological Reviews* 9, 3 (1929): 399–431.
12. Ashok Alva et al., "Improving Nutrient-Use Efficiency in Chinese Potato Production: Experiences from the United States," *Journal of Crop Improvement* 25, 1 (2011): 46–85.
13. Kirschner and Gerhart, *Plausibility of Life*, 76.
14. 촉진된 변이 이론은 철학자 대니얼 데닛Daniel Dennett의 직관과 일치하며, 그것을 설명하는 생화학적 메커니즘과 분자적 메커니즘을 제공한다: "많은 [변이] 중에서 일부는 다른 것보다 '가능성이 더 높다(높았다).' 즉, 이 변이들의 생김새는 다른 변이들의 생김새보다 가능성이 더 높았는데…… 단지 거대한 복제 과정에서 무작위로 생긴 오자가 겨우 하나 또는 몇 개밖에 없었다는 이유 때문에 그랬다." Daniel Dennett, *Darwin's Dangerous Idea: Evolution and the Meaning of Life* (New York: Simon & Schuster, 1995), 125. 이탤릭체로 강조한 부분은 원문에도 그렇게 표시되었다.
15. D'Arcy Wentworth Thompson, *On Growth and Form* (Cambridge: Cambridge University Press, 1942), 270.

제8장 내일의 발명

1. Charles Darwin, *The Descent of Man, and Selection in Relation to Sex* (London: Murray, 1871), 1:131.
2. Aristotle, *Poetics*, trans. S. H. Butcher (London: Macmillan, 1895),

1:11.
3. Elizabeth Culotta and Ann Gibbons, "Almost All Living People Outside of Africa Trace Back to a Single Migration More Than 50,000 Years Ago," *Science Magazine News*, September 21, 2016; Anna-Sapfo Malaspinas et al., "A Genomic History of Aboriginal Australia," *Nature* 538 (2016): 207–214; Luca Pagani, "Genomic Analyses Inform on Migration Events during the Peopling of Eurasia," *Nature* 538 (2016): 238–242.
4. Darwin, *Descent*, 1:199.
5. "The Age of Homo Erectus," http://atlasofthehumanjourney.com/HomoErectus.asp.
6. Israel Hershkovitz et al., " The Earliest Modern Humans Outside Africa," Science 359 (2018): 456–459; Alan Templeton, "Out of Africa Again and Again," *Nature* 416 (2002): 45–51.
7. Yuan-Chun Ding et al., "Evidence of Positive Selection Acting at the Human Dopamine Receptor D4 Gene Locus," *Proceedings of the National Academy of Science* 99, 1 (2002): 309–314; Luke J. Matthews and Paul M. Butler, "Novelty-Seeking DRD4 Polymorphisms Are Associated with Human Migration Distance Out-of-Africa after Controlling for Neutral Population Gene Structure," *American Journal of Physical Anthropology* 145 (2011): 382–389.
8. Y. Niimura, "Evolutionary Dynamics of Olfactory Receptor Genes in Chordates: Interaction between Environments and Genomic Contents, *Human Genomics* 4, 2 (2009): 107–118.
9. Fran Dorey and Beth Blacland, " The First Migrations out of Africa," October 30, 2015, https://australianmuseum.net.au/the-

first-migrations-out-of-africa.

10. Peter Medawar, *The Art of the Soluble: Creativity and Originality in Science* (London: Penguin Books, 1969).
11. Francois Jacob, *Of Flies, Mice, and Men*, trans. Giselle Weiss (Cambridge, MA: Harvard University Press, 1999), 5.
12. Rashi, 창세기 12장 2절의 주석, 번역은 저자가 한 것임.
13. Chris V. Nicholson, "In Tough Times, Irish Call Their Diaspora," *New York Times*, July 18, 2011, https://www.nytimes.com/2011/07/19/world/europe/19iht-irish19.html.
14. Stanley Coren, "How Dogs Think" (Annual Convention of the American Psychological Association, Toronto, 2009).
15. John W. Pilley with Hilary Hinzmann, *Chaser: Unlocking the Genius of the Dog Who Knows 1000 Words* (London: Oneworld Book, 2014).
16. Johannes Krause et al., " The Derived FOXP2 Variant of Modern Humans Was Shared with Neanderthals," *Current Biology* 17 (2007): 1908–1912.
17. Coren, "How Dogs Think"; American Psychological Association, "Dogs' Intelligence on Par with Two-Year-Old Human, Canine Researcher Says," *ScienceDaily*, August 10, 2009, www .sciencedaily.com/releases/2009/08/090810025241.htm.
18. Friedrich Nietzsche, *On the Use and Abuse of History for Life*, trans. Ian C. Johnston (Arlington, VA: Richer Resources, 2010 [1874]), 1:1.
19. Ronald M. Lanner and Stephen B. Vander Wall, "Dispersal of Limber Pine Seed by Clark's Nutcracker," *Journal of Forestry* 78

(1980): 637–639; Erich D. Jarvis and the Avian Brain Nomenclature Consortium, "Avian Brains and a New Understanding of Vertebrate Brain Evolution," *Nature Reviews Neuroscience* 6 (2005): 151–159.

20. Regina Paxton and Robert R. Hampton, " Tests of Planning and the Bischof-Kohler Hypothesis in Rhesus Monkeys (Macaca Mulatta)," *Behavioural Processes* 80, 3 (2009): 238–246.
21. Caroline R. Raby et al., "Planning for the Future by Western Scrub-Jays," *Nature* 445, 7130 (2007): 919–921; Sara J. Shettleworth, "Animal Behavior: Planning for Breakfast," *Nature* 445, 7130 (2007): 825–826.
22. Glenn Gould, "Advice to a Graduation" (speech delivered at the Royal Conservatory of Music, University of Toronto, November 11, 1964).
23. Bar-Yosef Ofer, " The Upper Paleolithic Revolution," *Annual Review of Anthropology* 31 (2002): 363–393.
24. Jared Diamond, *Why Is Sex Fun?: The Evolution of Human Sexuality* (London: Phoenix, 1998), 3.
25. R. K. Bruger, T. Kappeler-Schmaltzriedt, and J. M. Burkart, "Reverse Audience on Helping in Cooperatively Breeding in Marmosets," *Biology Letters* 14, 3 (2018).
26. Jon P. Rood, "Banded Mongoose Males Guard Young," *Nature* 248, 5444 (1974): 176.
27. Devra G. Kleiman and James R. Malcolm, " The Evolution of Male Parental Investment in Mammals," in *Parental Care in Mammals*, ed. David J. Gubernick and Peter H. Klopier (New York: Plenum, 1981), 371.
28. Kleiman and Malcolm, "Evolution," 357.

29. Bronislaw Malinowski, *The Sexual Life of Savages in North-Western Melanesia: An Ethnographic Account of Courtship, Marriage and Family Life among the Natives of the Trobriand Islands, British New Guinea* (New York: Eugenics, 1929).
30. Annette Weiner, *Trobrianders of Papua New Guinea* (New York: Holt, Rinehart and Winston, 1988).
31. Rachel Caspari and Sang-Hee Lee, "Older Age Becomes Common Late in Human Evolution," *PNAS* 101, 30 (2007): 10895-10900; K. Hawkes et al., "Grandmothering, Menopause, and the Evolution of Human Life Histories," *Proceedings of the National Academy of Sciences* 95, 3 (1998): 1336-1339.
32. Shaul Tchernichovsky, *Poems III*, trans. by the author (Berlin: Shtibel, 1929), 64-67.
33. Shakespeare, *The Tempest*, 4.1.179-181.
34. Stephen Jay Gould, " The Child as Man's Real Father," in *Ever Since Darwin: Reflections in Natural History* (New York, Norton, 1977).
35. Alexander Pope, *An Essay on Man* (London: J. Wilford, 1733), epistle 3, 125-132.

제9장 인류의 안전망

1. Montaigne, "Apology," 239.
2. Shakespeare, *Hamlet*, 2.2.183.
3. Shakespeare, *Hamlet*, 1.5.25.
4. Barry M. Popkin et al., "Global Nutrition Transition and the Pandemic of Obesity in Developing Countries," *Nutrition Reviews* 70, 1 (2012): 3-21; "Africa's Gains Come with an

Alarming Byproduct: Obesity," *New York Times*, January 28, 2018, A12.

5. Robert Fogel, *The Escape from Hunger and Premature Death, 1700 – 2100* (Cambridge: Cambridge University Press, 2006).
6. Stanley Coren, "How Dogs Were Created: A Deeper Look into Our Pets' History," *Modern Dog*, 2013, https://moderndogmagazine.com/articles/how-dogs-were-created/12679; UK Wolf Conservation Trust, "Domestication: The Evolution of the Dog," https://ukwct.org.uk/files/domestication.pdf.
7. Suzy Platt, ed., *Respectfully Quoted: A Dictionary of Quotations* (Washington, DC: Library of Congress, 1989), http://www.bartleby.com/73/1982.html.
8. Alfred Russel Wallace, "On the Tendency of Varieties to Depart Indefinitely from the Original Type," *Zoological Journal of the Linnean Society* 3, 9 (1858): 59 – 60.
9. Stephen Jay Gould, "A Biological Homage to Mickey Mouse," in *The Panda's Thumb: More Reflections in Natural History* (New York: W. W. Norton, 1980), 107; Stephen Jay Gould, Ontogeny and Phylogeny (Cambridge, MA: Belknap Press, 1977).
10. J. B. S. Haldane, *The Causes of Evolution* (London: Longmans, Green, 1932).
11. Robynne Boyd, "Do People Only Use 10 Percent of Their Brains?" *Scientific American*, February 7, 2008; Eric H. Chudler, "Myths about the Brain: 10 Percent and Counting," October 13, 2005, https://faculty.washington.edu/chudler/pdf/tenper.pdf.
12. Cynthia M. Schumann and David G. Amaral, "Stereological

Estimation of the Number of Neurons in the Human Amygdaloid Complex," *Journal of Comparative Neurology* 491, 4 (2005): 320–329.

13. Glenn Adamson and David Gordon, *Industrial Strength Design: How Brooks Stevens Shaped Your World* (Cambridge, MA: MIT Press, 2003), 4–5.
14. Aristotle, *Metaphysics*, trans. Hugh Tredennick (Cambridge, MA: Harvard University Press, 1933), bk. 1, pt. 2, 9. 앨프리드 노스 화이트헤드Alfred North Whitehead도 동의했다. "'필요는 발명의 어머니'는 어리석은 속담이다. ……현대 발명의 성장에서 기본을 이루는 것은 과학이며, 과학은 거의 전적으로 즐거운 지적 호기심에서 자라난 결과물이다." *The Aims of Education* (New York: Free Press, 1967 [1916]), 45.
15. Blaise Pascal, *Pensées*, trans. F. W. Trotter (New York: Dutton, 1959 [1637]), 38.
16. Tovi Browning, *The Power of Softness: Holistic Pulsing* (Tovi Browning International Centre, 2004).
17. 비록 많은 저자들은 산업화 국가들에서 과로하는 사람들에 대해 염려하지만, 그 사람들은 이전보다 여가 시간이 훨씬 많다. 시장의 승리는 그 반대가 옳음을 보여준다. 비록 그렇게 느껴지지 않을지 몰라도, 많은 경우에 과로는 선택 사항이다. 그리고 거의 모든 사람들은 그들의 조상들보다 적게 일한다. 예를 들어 다음을 보라. Derek Thompson, "The Myth That Americans Are Busier Than Ever," *Atlantic*, May 21, 2014.
18. Gerald N. Grob, "Origins of DSM-I: Appearance and Reality," *American Journal of Psychiatry* 148, 4 (1991): 421–431.
19. Isaac Ray, *Treatise on the Medical Jurisprudence of Insanity*, 2nd augmented ed. (Boston: William D. Ticknor, 1844 [1838]), 68.

20. Grob, "Origins," 425.
21. Laurie Martin, "APA Approves DSM-5: Final Stages Under Way," *Psychiatric Times*, December 6, 2012.
22. Darrel A. Regier, Emily A. Kuhl, and David J. Kupfer, " The DSM-5: Classification and Criteria Changes," *World Psychiatry* 12, 2 (2013): 92–98.
23. 개정판을 DSM-V 대신에 DSM-5로 표기한 이유는 미국정신의학회가 이것이 살아 있는 문헌이 되길 원했기 때문이다.
24. Joe Sommerlad, "IBM Unveils World's Smallest Computer," *Independent*, March 20, 2018.
25. Norbert Elias, *The Civilizing Process: Sociogenetic and Psychogenetic Investigations* (Oxford: Blackwell, 2000).

제10장 탁월성 음모: 진화윤리학 비판

1. Charles Darwin, *The Descent of Man, and Selection in Relation to Sex* (London: Murray, 1871), 2:405.
2. Smadar Reisfeld, " The Israeli-Arab Special Ed Student Who Became a Highly Praised Cancer Researcher," *Haarez*, March 26, 2017, https://www.haaretz.com/science-and-health/.premium.MAGAZINE-will-a-former-galilee-shepherd-find-a-cure-for-cancer-1.5451971.
3. John Gould, *Birds*, pt. 3, no. 1, of *The Zoology of the Voyage of H.M.S. Beagle*, ed. Charles Darwin (London: Smith Elder, 1838), 4.
4. Gould, *Birds*, 8.
5. Alfred Russel Wallace, "On the Habits of the Orang-Utan," *Annals and Magazine of Natural History* 18, 2 (1856): 30.
6. T. V. Carey, " The Invisible Hand of Natural Selection, and Vice

Versa," *Biology and Philosophy* 13, 3 (1998): 427–442; Robert Frank, "Charles Darwin, Economist," *American Interest* 7, 2 (2011): 28–36.

7. Graham J. Slater et al., "Independent Evolution of Baleen Whale Gigantism Linked to Plio-Pleistocene Ocean Dynamics," *Proceedings of The Royal Society B: Biological Studies* 284, 1855 (2017).
8. Amos Tversky and Daniel Kahneman, " The Framing of Decisions and the Psychology of Choice," *Science* 211, 4481 (1981): 453–458.
9. H. A. Simon, "Rational Choice and the Structure of the Environment," *Psychological Review* 63 (1956): 129–138.
10. D. W. Winnicott, " The End of the Digestive Process," *Collected Works*, vol. 3, *1946–1951*, ed. Lesley Cladwell and Taylor Robinson (New York: Oxford University Press, 2017 [1949]), 284.
11. Marjorie B. Garber, *Quotation Marks* (New York: Routledge, 2003).
12. "The History of the Book," http://www.book-of-records.info/history.html.
13. "Eater Profiles: Joey Chestnut," http://www.majorleagueeating.com/rankings.php?action=detail&sn =106.
14. Ronald Fisher, *The Genetical Theory of Natural Selection* (Oxford: Clarendon Press, 1930).
15. S. J. Gould, *Full House: The Spread of Excellence from Plato to Darwin* (New York: Three Rivers Press, 1996).
16. Thomas Hobbes, *Leviathan* (London, 1651), chap.13, par. 1.
17. Fisher, *Genetical*, 137.
18. Alexis S. Chaine and Bruce E. Lyon, "Adaptive Plasticity in

Female Mate Choice Dampens Sexual Selection on Male Ornaments in the Lark Bunting," *Science* 319 (2008): 459–462; T. G. Shane, "Lark Bunting (Calamospiza melanocorys)," in *The Birds of North America*, ed. A. Poole and F. Gill, no. 542 (Philadelphia: Birds of North America, 2000).

19. Chas. B. Davenport, "A History of the Development of the Quantitative Study of Variation," *Science* 12, 310 (1900): 857–884; William Bateson and Harold Brindley, "On Some Cases of Variation in Secondary Sexual Characters, Statistically Examined," *Proceedings of the Zoological Society of London* 60, 4 (1892): 591–593.
20. C. Anderson, *The Long Tail: How Endless Choice Is Creating Unlimited Demand* (London: Random House, 2006).
21. NCAA Research, "Estimated Probability of Competing in Professional Athletics," April 20, 2018, http://www.ncaa.org/about/resources/research/estimated-probability-competing-professional-athletics.
22. "Frequently Asked Questions about [Chronic Traumatic Encephalopathy]," https://www.bu.edu/cte/about/frequently-asked-questions.

0.1 Illustration: Charles Darwin.

1.1 Photograph: thesupermat.

1.2 The Tribute Giraffe with Attendant. Attributed to Shen Du (1357–1434). Philadelphia Museum of Art.

1.3 Data source: Thierry Buquet, "La belle captive. La girafe dans les ménageries princières au Moyen Âge," in *La bête captive au Moyen Âge et à l'époque modern*, ed. C. Beck and F. Guizard (Amiens: Encrage, 2012): 65–90.

1.4 Photograph: Bernard Gagnon.

3.1 Illustration: Essy Evian and Abigail Saggi.

3.2 Data: Rosemary Grant and Peter Grant, "What Darwin's Finches Can Teach Us about the Evolutionary Origin and Regulation of Biodiversity," *BioScience* 53, 10 (2003): 965–975. Photograph: David Ball / Alamy Stock Photo.

3.3 Illustration: John Gould.

3.4 Left photograph: Diego Delso, delso.photo, License CC-BY-SA. Right photograph: Matthew Field.

4.1 Data: C. B. Ruff et al., "Body Mass and Encephalization in Pleistocene Homo," Nature 387, 6629 (1997): 173–176. Illustration: Anna Geslev, Essy Evian, and Abigail Saggi.

4.2 Data: E. S. Deevey, "The Human Population," *Scientific American* 203, 3 (1960): 194–204. Illustration: Anna Geslev. 4.3 Data: Dominic Holland et al., "Structural Growth Trajectories and Rates of Change in the First 3 Months of Infant Brain Development," *JAMA Neurology* 71, 10 (2014): 1266–1274; Smithsonian National Museum of Natural History, "Bigger Brains: Complex Brains for a Complex World," http://humanorigins.si.edu/human-characteristics/brains.

4.4 Data source: Stephen C. Cunnane and Michael A. Crawford, "Survival of the Fattest: Fat Babies Were the Key to Evolution of the Large Human Brain," *Comparative Biochemistry and Physiology Part A: Molecular and Integrative Physiology* 136, 1 (2003): 17–26. William R. Leonard et al., "Metabolic Correlates of Hominid Brain Evolution," *Comparative Biochemistry and Physiology Part A: Molecular and Integrative Physiology* 136, 1 (2003): 5–15. Illustration: Anna Geslev.

5.1 Photographs: Hans Hillewaert, Rog01, Doug Belshaw, SuperJew, Clémence Delmas, Oceancetaceen, Linny Heng, Yoky.

5.2 Illustration: Essy Evian and Abigail Saggi.

6.1 T. G. Cooper et al., "World Health Organization Reference Values for Human Semen Characteristics," *Human Reproduction Update* 16, 3 (2003): 231–245.

6.2 Image and data source: Alfred Russel Wallace, *Darwinism: An Exposition of the Theory of Natural Selection, with Some of Its Applications* (New York: Macmillan, 1889), 47.

6.3 Data source: Craig R. McClain et al., "Sizing Ocean Giants: Patterns of Intraspecific Size Variation in Marine Megafauna," *PeerJ*, 2015.

Sunfish photograph: Nol Anders. Giant clam photograph: James Heilman.

6.4 Data source: Thamrong Chirachariyavej et al., "Normal Internal Organ Weight of Thai Adults Correlated to Body Length and Body Weight," *Journal of the Medical Association of Thailand* 89, 10 (2006): 1702–1712.

6.5 Photographs from left: Kevin Thiele, Elliott & Fry, George Beringer Jr., Alpsdake.

6.6 Illustration: Essy Evian and Abigail Saggi.

7.1 Left photograph: Bernard Dupont. Right photograph: USGS Bee Inventory and Monitoring Lab.

7.2 Marc Kirschner and John Gerhart, *The Plausibility of Life: Resolving Darwin's Dilemma* (New Haven, CT: Yale University Press, 2005).

8.1 Data: Genome Research Limited.

8.2 Hulton Deutsch / GettyImages.

8.3 Photographs: Henry G. Kaiser, Creative Commons, Thomas Quine, Peter Klashorst, Ansgar Walk, Luca Galuzzi, Jennifer Rosenberg.

9.1 Illustration: Essy Evian and Abigail Saggi.

9.2 Illustration: Essy Evian and Abigail Saggi.

10.1 Data: William Bateson and Harold Brindley, "On Some Cases of Variation in Secondary Sexual Characters, Statistically Examined," *Proceedings of the Zoological Society of London* 60, 4 (1892).

10.2 Illustration: Essy Evian and Abigail Saggi.

10.3 Data: "Estimated Probability of Competing in Professional Athletics," NCAA Research, 2018.

감사의 말

너무나도 많은 호의를 받았다! 너무나도 큰 빚을 졌다! 먼저 나를 동료 여행자로 받아들여주고 이 책에서 제시한 이론의 두 가지 핵심 사실을 증명한 생물학자들에게 감사드린다. 두 가지 사실은 공짜 점심 같은 것이 '있다는' 것과 그저 충분히 훌륭한 정도만으로도 그 식탁에 앉을 수 있다는 것이다.

하워드휴즈의학연구소와 위스콘신-매디슨대학교의 숀 캐럴Sean B. Carroll은 30분 동안 시간을 함께 보내기 위해 나를 초대했다. 그 30분은 5일간의 마스터 클래스master class(거장이 직접 하는 수업)가 되었다. 내가 생물학자들에게 "너무 많은 것을 설명하는 이론"이라는 제목으로 첫 번째 강연을 한 곳도 매디슨이었다. 강연이 끝날 때, 나는 『적자의 탄생The Making of the Fittest』(우리나라에서는 "한 치의 의심도 없는 진화 이야기"란 제목으로 번역 출간되었다—옮긴이)의 저자에게 '범자凡者의 탄생The Making of the Mediocre'이란 제목으로 후속편을 쓰라고 제안했다. 하지만 숀은 바빴고, 그래서 내가 그 책을 대신 썼다.

루트비히-막시밀리안 뮌헨대학교의 니콜라스 곰펠과 마르세유발달생물학연구소(IBDM)의 뱅자맹 프뤼돔은 딜레탕트에 불과한 나를 대화 상대로 받아들여준 최초의 생물학자들이다. 굿 이너프 이론은 우리의 브레인스토밍 동안에 제 형태를 갖추게 되었다. 니콜라스와 뱅자맹은 내게 제7장의 스타인 뿔매미를 소개했다.

하버드대학교의 제레미 거너워데나Jeremy Gunawardena가 제공한 비평과 비판은 내게 많은 개념을 다시 생각하게 만들었다. 제레미의 광범위한 지식 덕분에 우리의 대화는 최첨단 생물학과 철학과 급진적 정치 사이에서 왔다 갔다 했다. 『굿 이너프』는 내게 평생의 친구를 가져다주었다. 더 이상 무엇을 바라겠는가?

마크 커슈너는 하버드대학교의 시스템생물학과에서 함께 점심을 먹으면서 대화를 나누기 위해 나를 초대했는데, 순전히 관대함에서 나온 행동이었다. 이 대화가 계기가 되어 나는 하버드대학교 출판부와 접촉하게 되었다. 마크가 존 게하트와 함께 개발한 촉진된 변이 이론은 자연에서 평범한 개체들의 지속을, 심지어는 번성을 가능하게 만든다.

나는 바이츠만연구소의 론 밀로Ron Milo가 나의 설익은 개념을 어떻게 참아낼 수 있었는지 아직도 궁금하다. 론이 시도한 위대한 과학과 녹색 윤리의 결합은 우리 모두에게 모범이 되어야 한다. 론은 제2장을 읽고 비평을 제공했다.

바이츠만연구소의 우리 알론Uri Alon은 2011년에 내 개념들이 10년이나 너무 일찍 나왔다고 말했다. 좋은 행동을 감안해 그 선고 형량을 줄일 수 없을까? HHMI의 보도 스턴Bodo Stern은 매우 집요하면서도 용감한 방식으로 내가 말한 모든 것에 반대하고 나섰다. 컬럼비아대학교의 크리스토프 켈렌동크Christoph Kellendonk는 내 원고를 읽고 지지해줌으로써 내게 어려운 시간을 버텨낼 용기를 주었다. 프린스턴대학교의 피터 그랜트Peter Grant는 다윈핀치조차도 일부 시간만 다윈주의를 따른다는 내 직감이 옳음을 확인해주었다. 뮌스터대학교의 미할 라이헤만-프리트Michal Reicheman-Fried는 나는 전혀 느끼지 못했는데도 내게 생물학자의 기질이 있다고 믿었다.

베를린 훔볼트대학교의 아담 빌킨스Adam Wilkins는 나와 동일한 열정으로 나를 가르치고 나와 싸웠다. 이 책은 그의 가르침과 우리의 의견 불일치가 없었더라면 나오지 못했을 것이다.

파리 뮈제옴에 있는 기린들은 특별한 대접을 받을 자격이 있다. 터무니없이 긴 목은 자연 선택에 대해 질문을 던졌고, 나의 생물학 여행을 촉발했다.

하버드대학교 출판부가 부제에 '평범성'이 들어간 책을 출판하기로 결정한 것은 대단한 관대함의 증거이다. 편집 주간인 마이클 피셔Michael Fisher는 시스템생물학과에서 한 내 강연을 듣고 나서 책을 써보라고 제안했다. 아내 나오미Naomi가 죽고 나서 내가 의기소침한 상태에 빠져 있을 때, 마이클은 보호자처럼 신경 써서 이 계획을 챙겨주었다.

하버드대학교 출판부의 생명과학 부문 편집 주간인 재니스 오뎃Janice Audet은 결연한 의지로 바통을 이어받았다. 내 글에 그토록 많은 에너지와 능력을 쏟아부은 사람은 아무도 없다.

최종 원고 편집을 담당한 사이먼 왁스먼Simon Waxman은 간결한 것이 친절이라는 격언을 가르쳐주었다. 팀 존스Tim Jones와 그의 팀은 그림이 단지 개념을 그려내는 데 그치지 않고 의사소통이 이루어지도록 신경 썼다. 원고를 최종적으로 다듬어준 웨스트체스터출판서비스의 앤젤라 필리우라스Angela Piliouras와 제이미 난 타만Jamie Nan Thaman에게 감사드린다. 그림 작업을 도와준 애나 게슬레브Anna Geslev, 에시 에비언Essy Evian, 애비게일 새기Abigail Saggi에게도 감사드린다.

나의 오랜 절친 샬롬 와인스타인Shalom Weinstein은 누구나 꿈꾸는 최고의 조력자이기도 하다. 당연해 보이는 것을 의심스럽게 만드는 그의 재능은 매우 소중하다. 우리는 모든 장에 대해 비평을 교환했고, 그것도 원고를 여러 차례 반복해서 보면서 그렇게 했다. 뛰어난 초상화가인 파올로 카로치노Paolo Carrozzino에게 감사드린다. 내 제자이지만 친구가 된 롤랑도 프라츠-파에즈Rolando Prats-Paez는 나와 함께 걷지만 따라오길 망설인다. 그가 회의적 태도에서 열정적 태도로 바뀐 것은 내게 큰 힘이 되었다. 롤랑도 프라츠-파에즈는 세 장을 읽고 잘못을 바로잡았다. 탈 밀렛Tal Millet과 로라 포터Laura Porter, 아옐렛 샤빗Ayelet Shavit, 마이클 소보트카Michael Sobotka는 각자 한두 장을 읽고 비평을 해주었다. 파리 사회과학고등연구원에서 사회학자로 일하는 에바 일루즈Eva Illouz는 친절하게도 나를 위해 생물학을 깊이 파고들었다. 사상의 연대를 통해 우리의 우정이 배가되었다. 내게 유레카 순간이 찾아온 것은 카르멜라 모셰Karmela Moshe의 해먹에 누워 있을 때였다. 그것은 다윈이 자연 선택을 가축화의 형상을 빌려 만들어냈다는 깨달음이었다. 마침내 이 책을 쓸 수 있게 되었다.

사회과학고등연구원에서 내가 주최한 세미나에 참석한 사람들에게 큰 감사를 드린다. 그들은 철학 강의를 듣겠다고 신청했지만, 표현형과 유전자 발현에 관한 강의를 참고 들어야 했다.

내 막내딸 로라 밀로Laura Milo와 이스라엘 펠레크 갈릴리의 키부츠에서 로라와 함께 생활하는 구성원들은 생물학의 새로운 개념들을 설명해달라고 이따금씩 나를 초대했다. 그 대신에 그들은 나를 자신들과 같은 일원으로 대우해주었다. 로라는 자연에 아주 무관심하지만, 사회 정의에 대한 열정만큼은 끝이 없다. 탁월성에 관한 장은 로라에게 바친다.

컬럼비아대학교의 힐라 밀로 라술리Hila Milo Rasouly는 내 딸이자 내 스승이다. 이 책에 있는 개념 중 내 큰딸에게 먼저 물어보지 않은 것은 하나도 없다. 힐라의 흔적은 이 책 전체에서 분명히 드러난다. 내 사랑 나오미 아비브 밀로Naomi Aviv Milo에게는 이 책이 너무 늦게 나왔다. 하지만 나오미는 이 책이 나온다는 것을 알고 있었다.

찾아보기

ㄴ

ㄷ

ㄹ

ㅁ

ㅂ

ㅅ

ㅇ

ㅈ

ㅊ

ㅋ

ㅌ

굿 이너프

평범한 종을 위한 진화론

초판 1쇄 인쇄 2021년 6월 21일
초판 1쇄 발행 2021년 6월 28일

지은이 다니엘 S. 밀로
옮긴이 이충호
펴낸이 김선식

경영총괄 김은영
책임편집 강대건 **책임마케터** 김지우
콘텐츠사업9팀장 이수정 **콘텐츠사업9팀** 이수정, 강대건
마케팅본부장 이주화 **마케팅2팀** 권장규, 이고은, 김지우
미디어홍보본부장 정명찬
홍보팀 안지혜, 김재선, 이소영, 김은지, 박재연, 오수미
뉴미디어팀 김선욱, 허지호, 염아라, 김혜원, 이수인, 임유나, 배한진, 석찬미
저작권팀 한승빈, 김재원
경영관리본부 허대우, 하미선, 박상민, 권송이, 김민아, 윤이경, 이소희, 이우철, 김재경, 최완규, 김혜진, 이지우
외부스태프 **표지·본문디자인** 이슬기

펴낸곳 다산북스 **출판등록** 2005년 12월 23일 제313-2005-00277호
주소 경기도 파주시 회동길 490 다산북스 파주사옥 3층
전화 02-704-1724
팩스 02-703-2219 **이메일** dasanbooks@dasanbooks.com
홈페이지 www.dasanbooks.com **블로그** blog.naver.com/dasan_books
종이 IPP **인쇄·제본** 한영문화사 **후가공** 평창피앤지

ISBN 979-11-306-0129-8 (03470)

• 책값은 뒤표지에 있습니다.
• 파본은 구입하신 서점에서 교환해드립니다.